Mühlmeyer

Erfolgreiches Büromanagement mit WORD 2021/WORD Microsoft 365

Praxisbuch für kaufmännische Berufe

Merkur
Verlag Rinteln

Wirtschaftswissenschaftliche Bücherei für Schule und Praxis
Begründet von Handelsschul-Direktor Dipl.-Hdl. Friedrich Hutkap †

Verfasserin:
Kerstin Mühlmeyer, Oberstudienrätin

* * * *

2. Auflage 2024

Gesamtherstellung:
Merkur Verlag Rinteln Hutkap GmbH & Co. KG, 31735 Rinteln

E-Mail: info@merkur-verlag.de
lehrer-service@merkur-verlag.de
Internet: www.merkur-verlag.de

Merkur-Nr. 0819-02
ISBN 978-3-8120-0919-5

Vorwort

Dieses Praxisbuch deckt die Lernfelder des Rahmenlehrplans für den Ausbildungsberuf „Kaufmann/Kauffrau für Büromanagement" ab. Es beschreibt verständlich und anschaulich sowohl grundlegende als auch fortgeschrittene Funktionen und Techniken im professionellen Umgang mit dem Textverarbeitungsprogramm Microsoft WORD 2021/WORD Microsoft 365. Die im Rahmenlehrplan geforderten Kompetenzen und Zielformulierungen der einzelnen Lernfelder werden anhand zahlreicher Übungen vermittelt. Ein komplexes und handlungsorientiertes Kompetenztraining erleichtert den Schülerinnen und Schülern die praktische Anwendung im Büroalltag. Somit kann dieses Buch sowohl das systematische Arbeiten im Unterricht begleiten als auch die selbstbestimmte Erarbeitung der Schülerinnen und Schüler unterstützen.

Diese Charakterisierungen machen das Praxisbuch universell einsetzbar sowohl für andere kaufmännische Ausbildungsberufe als auch für vollzeitschulische Bildungsgänge.

Auch Bildungseinrichtungen, die sich auf die Aus- und Weiterbildung von berufstätigen Erwachsenen spezialisiert haben, profitieren vom Einsatz dieses Praxisbuchs.

Das Buch enthält die neuesten Schreib- und Gestaltungsregeln für die Text- und Informationsverarbeitung (DIN 5008) vom März 2020.

Aufbau

Kompetenzen und Lernziele

↓

Beschreibung der Programmfunktionen und Techniken

↓

Beschreibung der Vorgehensweise

↓

Übungsaufgaben

↓

Kompetenztraining

Bedeutung der Symbole

- Kompetenzen und Lernziele
- Beschreibungen
- Übungsaufgaben
- Kompetenztraining
- Tipps und Hinweise

Verwendete Einstellungen

Die Funktionen des Buchs basieren auf dem Betriebssystem Windows 10 Home und einer lokalen Installation von WORD Microsoft 365. Bei individuellen Microsoft Word-Einstellungen können jedoch die im Praxisbuch dargestellten Abbildungen abweichen.

Voraussetzungen

Die Schülerinnen und Schüler können selbstständig ihre Schreibfähigkeit am PC überprüfen und einschätzen. Durch ein spezielles Training können sie diese eigenverantwortlich verbessern. Das Schreibtraining ist nicht Inhalt dieses Buchs. Ebenso wird vorausgesetzt, dass die Grundoperationen wie z. B. Öffnen, Speichern, Schließen und Drucken beherrscht werden. Die Schülerinnen und Schüler sollten sich mit der Benutzeroberfläche von WORD 2021/WORD Microsoft 365 auskennen. Die einzelnen Programmfunktionen werden in diesem Praxisbuch ausführlich beschrieben und behandelt. Bei vorhandenen Defiziten können sich die Schülerinnen und Schüler mit diesem Praxisbuch die fehlenden, jedoch notwendigen Kompetenzen eigenverantwortlich und zielorientiert erschließen und aneignen.

Informationen zur Heinrich KG

Unternehmensbeschreibung

Name Geschäftssitz Registergericht	Heinrich KG – Büromöbel und Zubehör Rahlstedter Str. 144, 22143 Hamburg Amtsgericht Hamburg HRA 1101 Steuernummer: 27/430/0027 Die Heinrich KG ist Mitglied des Arbeitgeberverbandes. Der gültige Tarifvertrag findet Anwendung.
Gesellschafter	Komplementärin: Gerda Heinrich Kommanditist: Peter Heinrich Kommanditistin: Monika Heinrich
Eigenkapital	8 Mio. Euro
Telefon – Telefax **Homepage** **E-Mail**	☎ 040 67245-0 Fax 040 67245-87 www.heinrich-hamburg.de info@heinrich-kg.de
Bankverbindung	Hamburger Sparkasse IBAN: DE07 2005 0550 1120 2399 08 BIC: HASPDEHHXXX Postbank Hamburg IBAN: DE61 2001 0020 0064 0697 54 BIC: PBNKDEFF200
Mitarbeiter/-innen	200 Beschäftigte, davon 10 Auszubildende. Ein Betriebsrat und eine Jugend- und Auszubildendenvertretung sind eingerichtet.
Auszug aus dem Absatzprogramm	**Produktionsprogramm** ➤ Schreibtische ➤ Rollcontainer ➤ Konferenztische ➤ Aktenschränke/-regale ➤ Bürostühle ➤ Konferenzstühle Produktgruppe 1 Echtholz in den Ausführungen Buche, Ahorn und Eiche Produktgruppe 2 Kunststoffbeschichtet in verschiedenen Farben **Dienstleistungen** ➤ Montage der gelieferten Möbel ➤ Entsorgung von Altmöbeln **Handelswaren** ➤ Aktenvernichter ➤ Schreibtischlampen ➤ Flipcharts ➤ Telefonschwenkarme ➤ Pinnwände ➤ PC-/TV-/Hifi-Möbel
Fertigungsart	Einzel- und Serienfertigung

Inhaltsverzeichnis

Lernfeld 2 Büroprozesse gestalten und Arbeitsvorgänge organisieren

1 Seitenformatierungen ... 7
1.1 Seitenränder ... 7
1.2 Worttrennung (Silbentrennung) ... 8
1.3 Ausrichtung ... 9
1.4 Papierformat/Seitenformat ... 10
1.5 Seitenzahlen ... 11
1.6 Kopf- und Fußzeile ... 12
1.7 Seitenumbruch ... 13
1.8 Spalten ... 14
1.9 Fußnote/Endnote ... 15
2 Zeichenformatierungen ... 18
2.1 Schriftschnitt ... 18
2.2 Unterstreichungsarten ... 18
2.3 Schriftart/Schriftgrad ... 19
2.4 Schriftfarbe ... 19
2.5 Effekte ... 20
2.6 Zeichenabstand ... 21
2.7 Texteffekte ... 22
2.8 Format übertragen ... 22
2.9 Symbole und Sonderzeichen ... 23
2.10 Designs ... 24
2.11 Link ... 25
3 Absatzformatierungen ... 27
3.1 Ausrichtung ... 27
3.2 Einzug ... 28
3.3 Sondereinzug ... 29
3.4 Tabstopps (Tabulatoren) ... 30
3.5 Abstände ... 35
3.6 Zeilen- und Seitenumbruch ... 36
3.7 Aufzählungszeichen und Nummerierung ... 37
3.8 Gliederung ... 41
3.9 Rahmen und Schattierung ... 42
3.10 Initial ... 47
3.11 Textteile ausschneiden, kopieren, verschieben und einfügen ... 48
3.12 Suchen – Ersetzen – Gehe zu ... 50
3.13 Kommentare ... 53
3.14 Änderungen ... 55

Lernfeld 3 Aufträge bearbeiten

4 Grafische Objekte I ... 58
4.1 Grafiken ... 58
4.2 WordArt ... 60
5 Arbeiten mit Tabellen ... 62
5.1 Tabelle erstellen ... 63
5.2 Tabelle mit Formatvorlagen erstellen ... 63
5.3 Tabelle zeichnen ... 64
5.4 Arbeiten in einer Tabelle ... 65
5.5 Tabelle formatieren ... 66
5.6 Erarbeitung einer Tabelle ... 67
5.6.1 Ändern der Spaltenbreite ... 68
5.6.2 Ändern der Zeilenhöhe ... 69
5.6.3 Verschieben oder Kopieren von Spalten und Zeilen ... 70
5.6.4 Nachträglich Spalten und Zeilen einfügen und löschen ... 70
5.6.5 Zellen verbinden oder teilen ... 71
5.6.6 Textrichtung ändern ... 71
5.6.7 Schattierung und Rahmen ... 72
5.6.8 Zellenbegrenzungen ... 72
5.6.9 Tabelle zentrieren ... 73

5.6.10	Tabelleninhalt sortieren	73
5.6.11	Rechnen in Word	74
5.6.12	Text in Tabelle umwandeln	75
5.7	Tabellen dokumentenübergreifend verknüpfen	76
5.8	Daten exportieren und importieren	77
6	Erstellung von Formularen	78
6.1	Formularfelder/Steuerelemente	79
6.2	Formularfelder aus Vorversionen	86
7	Briefgestaltung I	92
7.1	Schreibregeln für Zahlengliederungen nach DIN 5008	92
7.2	Schreibweise Straßennamen	93
7.3	Anschriftfelder	95
7.4	Privatbrief	101
7.5	Privatbrief als Bewerbung	104

Lernfeld 4 Sachgüter und Dienstleistungen beschaffen und Verträge

8	Briefgestaltung II	110
8.1	Bestandteile Geschäftsbrief	110
8.2	Briefabschlüsse	113
8.3	Absender- und Geschäftsangaben	115
8.4	Geschäftsbrief mit Informationsblock	116
8.5	Geschäftsbrief mit Teilbetreff	121
8.6	Geschäftsbrief mit Fortsetzungsblatt	122
8.7	Falz- und Lochmarken (Heftrand)	123
8.8	Elektronischer Schriftverkehr (E-Mail)	124
9	Textformulierungen	126
9.1	Briefaufbau	126
9.2	Tipps für einen guten Briefstil	127
9.3	Tipps für den Briefanfang und den Briefschluss	131
9.4	Die Anfrage	132
9.5	Das Angebot	134
9.6	Die Bestellung	136
9.7	Die Auftragsbestätigung	137
9.8	Die Rechnung	138
10	Schnellbausteine und AutoText	140

Lernfeld 5 Kunden akquirieren und binden

11	Arbeiten mit Vorlagen	147
11.1	Dokumentvorlage	147
11.2	Feldfunktionen	148
12	Seriendruck	151
12.1	Serienbrief erstellen	153
12.2	Seriendruck-Symbolleiste	158
12.3	Regeln einfügen	159
12.4	Empfänger sortieren und filtern	161
13	Grafische Objekte II	163
13.1	Textfeld	163
13.2	Formen	166
13.3	SmartArt	167
13.4	Wasserzeichen	168
13.5	Diagramm	170
13.6	Leporello	171
13.7	Screenshot	173
13.8	Zeichnen Freihand	175

Stichwortverzeichnis 177

Shortcutverzeichnis 181

Schnellfinder 182

Lernfeld 2 Büroprozesse gestalten und Arbeitsvorgänge organisieren

Kompetenzen und Lernziele

Die Schülerinnen und Schüler besitzen die Kompetenz, mit den Grundoperationen in MS Word arbeiten zu können. Zu den grundlegenden Gestaltungsmöglichkeiten zählen die Anwendung von Seiten-, Zeichen- und Absatzformatierungen.

1 Seitenformatierungen

1.1 Seitenränder

Die Seitenränder bestimmen, wie der Text auf den einzelnen Seiten verteilt wird. In MS Word sind standardmäßig Seitenränder mit vordefinierten Einstellungen vorgegeben, die nicht abgeändert werden müssen. Verschiedene Teile eines Textes verlangen aber mitunter ein anderes Seitenformat. Mit Eingabe der Seitenränder kann jede Seite individuell eingerichtet werden.

Sie bestimmen die Seitenränder auf der Registerkarte **Layout/Gruppe Seite einrichten/Seitenränder** oder unter **Layout/Gruppe Seite einrichten/Benutzerdefinierte Seitenränder** ...

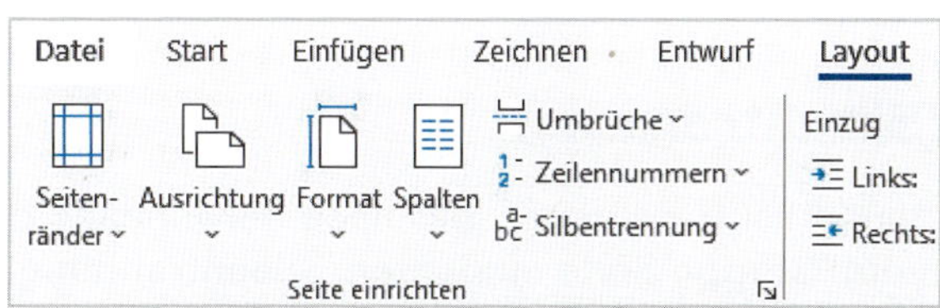

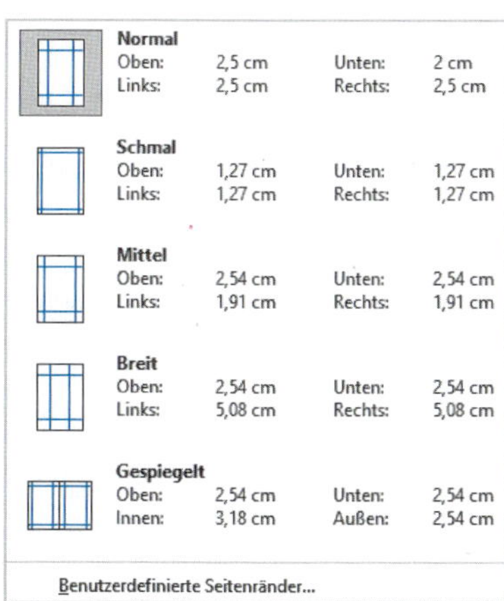

Klicken Sie auf „Normal", dann verwenden Sie die gebräuchlichste Randbreite. Diese wird automatisch auf das gesamte Dokument angewendet.

Die Optionen „Schmal", „Mittel" und „Breit" weisen auf unterschiedlich kleine bzw. große Seitenränder hin.

Beim Verwenden der Option „Gespiegelt" werden die Ränder der linken Seite auf die Ränder der rechten Seite gespiegelt. Die Innen- und Außenränder weisen jeweils dieselbe Breite auf.

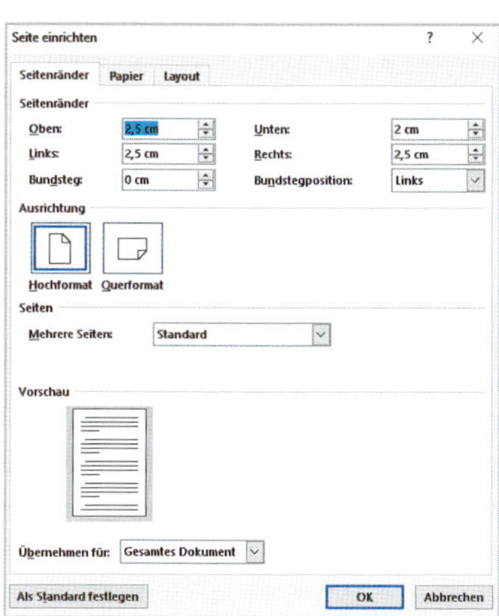

Klicken Sie auf „Benutzerdefinierte Seitenränder", wenn Sie die Seitenränder individuell eingeben möchten. Es öffnet sich das nebenstehende Fenster.

Der Bundsteg wird dem Rand zum Binden hinzugerechnet.

Die Seitenränder legen den Satzspiegel fest. Satzspiegel nennt man den Bereich, der für den Text vorgesehen ist, also die bedruckte Fläche.

Wenn Sie die Seitenränder nur für einen bestimmten Teil des Dokuments ändern möchten, markieren Sie den Text und legen die gewünschten Seitenränder im Dialogfeld fest. Klicken Sie im Feld „Übernehmen für:" auf „Markierten Text". MS Word fügt automatisch jeweils einen Abschnittswechsel mit den neuen Seitenrandeinstellungen vor und hinter dem Text ein.

Übungsaufgabe:

Übernehmen Sie den folgenden Text als Fließtext und richten Sie die Seitenränder ein!

Oben: 4,5 cm	Unten: 5 cm
Links: 2,41 cm	Rechts: 2,5 cm

Ergonomie

Der Begriff Ergonomie kommt aus dem Griechischen und setzt sich aus den Wörtern „ergon" – Arbeit, Werk und „nomos" = Gesetz, Regel zusammen. Er beschreibt die Wissenschaft von der Anpassung der Arbeitsbedingungen und Arbeitsabläufe. Optimiert werden soll die Anordnung der notwendigen Gegenstände und Arbeitsgeräte, damit das Ergebnis der Arbeit positiv beeinflusst wird. Ziel ist es, den arbeitenden Menschen möglichst wenig zu belasten und zu schädigen sowie effizientes und fehlerfreies Arbeiten zu gewährleisten. Somit ist die Ergonomie nicht nur bedeutend für den Arbeitsschutz und die Arbeitssicherheit, sondern auch für die Wirtschaftlichkeit und die Menschlichkeit.

Auch im Alltag gewinnt die Ergonomie immer mehr an Bedeutung, weil auch der private Bereich immer stärker technisiert wird. Dadurch können sämtliche alltägliche Tätigkeiten nach ergonomischen Kriterien analysiert werden. Dazu zählen nicht nur Arbeiten im Haushalt, wie Putzen, Bügeln und Kochen, sondern auch das Liegen im Bett bzw. auf der Couch. Ebenso wie das private Vergnügen an Laptop, Tablet oder Playstation® werden auch Autos oder Sportarten nach ergonomischen Gesichtspunkten ausgewählt.

1.2 Worttrennung (Silbentrennung)

Die automatische Silbentrennung kann während oder nach der Eingabe des Textes erfolgen. Klicken Sie auf der Registerkarte **Layout/Gruppe Seite einrichten/Silbentrennung/Automatisch**.

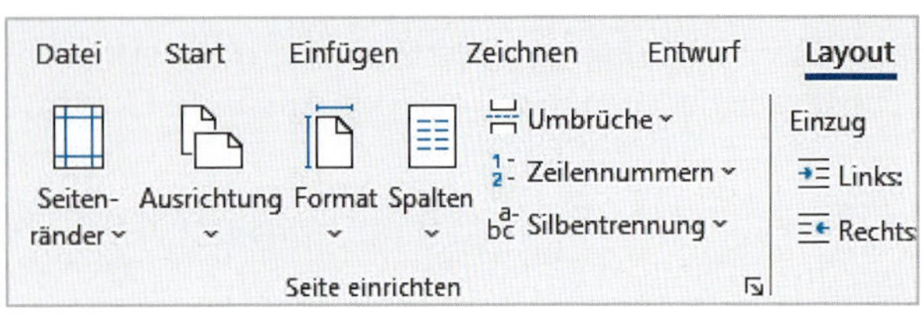

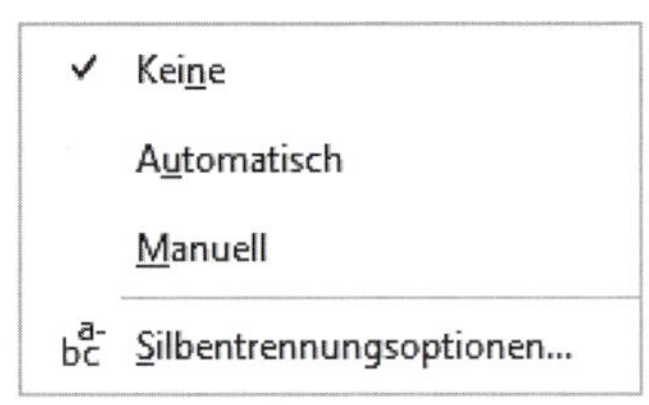

Bei Aktivierung durch ein Häkchen prüft MS Word automatisch, ob eine Trennung möglich ist oder nicht. Der Computer führt die Worttrennung selbstständig durch. Vorsicht: Nicht immer entsprechen die Trennungen den Rechtschreibregeln!

Wenn Sie mit dem Ergebnis der automatischen Silbentrennung nicht zufrieden sind, können Sie auch selbst entscheiden, ob und wo Sie ein Wort trennen möchten oder nicht. Dazu bietet MS Word die manuelle Silbentrennung an. Klicken Sie auf der Registerkarte **Layout/Silbentrennung/Manuell** oder **Silbentrennung/Silbentrennungsoptionen/Manuell**.

MS Word zeigt jeden Trennvorschlag an. Sie entscheiden selber, ob Sie den Trennvorschlag akzeptieren oder ändern möchten.

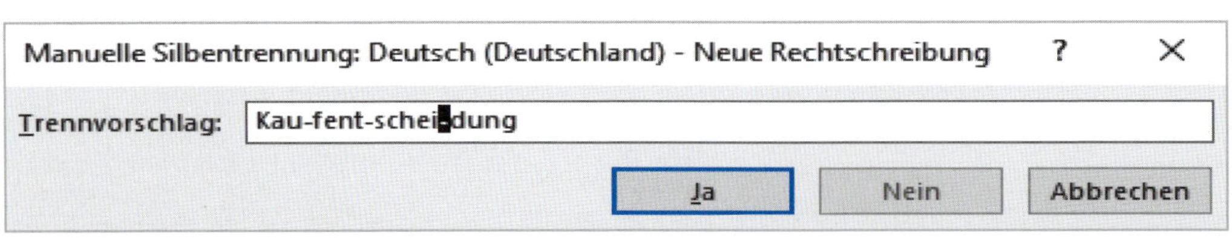

Ein manuell eingegebener Worttrennstrich (harter Trennstrich) bleibt auch in einem veränderten Text sichtbar. Wenn Sie möchten, dass der Trennstrich nach der Textkorrektur automatisch gelöscht wird, müssen Sie einen bedingten Trennstrich einfügen. Dazu wird der Cursor im Text an die betreffende Trennstelle gesetzt und die Tastenkombination [Strg] + [–] eingegeben. Bei weiteren Veränderungen im Text ist der Trennstrich nicht mehr sichtbar.

Unter den Silbentrennungsoptionen im Dialogfeld Silbentrennung

- geben Sie an, ob Wörter in Großbuchstaben, z. B. FOCUS, UNESCO, NATO getrennt werden sollen,
- geben Sie an, wie viele aufeinanderfolgende Zeilen getrennt werden sollen.

Klicken Sie auf OK.

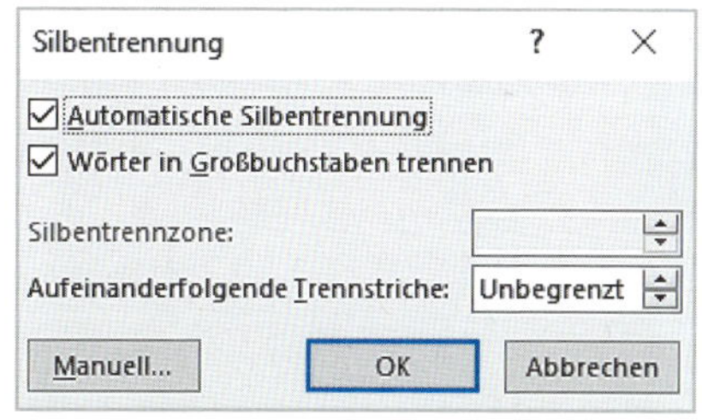

Neben dem Worttrennstrich sieht die neue DIN 5008 noch weitere Stricharten vor.

Es wird zwischen Kurzstrich und Langstrich unterschieden. Die Bezeichnung Mittestrich ist weggefallen.

Der **Kurzstrich** wird als Bindestrich und Ergänzungsstrich eingesetzt.

Beispiele:

Die E-Mail des Raiffeisen-Marktes über die Be- und Entladung der Waren haben wir heute erhalten.

Die Auszubildende ist heute für den Postein- und -ausgang zuständig.

Der **Langstrich** findet als Gedankenstrich und Streckenstrich Verwendung sowie als Zeichen für „bis" und „gegen".

Beispiele:

Über die offene Frage – die ich persönlich sehr wichtig finde – müssen wir heute sprechen.

Unsere Logistikabteilung plant die Lieferung über die Strecke Dortmund – Magdeburg.

Öffnungszeiten: 08:00 Uhr – 20:00 Uhr

Heute spielen im Revierderby der S04 – den BVB.

Übungsaufgaben:

1. Geben Sie den folgenden Text als Fließtext ein.
2. Stellen Sie die Seitenränder auf links: 2,5 cm und rechts: 5,0 cm.
3. Führen Sie die manuelle Silbentrennung durch.

Müssen Sie sich mehrere Passwörter merken? Ist es Ihnen auch schon einmal passiert, dass Sie ein Passwort vergessen haben? Die Arbeit mit Passwörtern ist gar nicht so leicht und oft auch zeitraubend und nervig. Aber es gibt diesbezüglich eine Neuentwicklung: Microsoft bietet eine neuartige Lösung an, die alle Passwörter ersetzt. Die Grundlage dabei ist der Fingerabdruck des Anwenders. Der Optical Desktop ist mit einem Fingerprint Reader ausgestattet. Wenn Sie in Zukunft ein Passwort eingeben müssen, brauchen Sie nur den Fingerprint Reader zu berühren und schon haben Sie Ihre Aufgabe erledigt und das Problem gelöst. Bevor Sie jedoch so komfortabel arbeiten können, müssen Sie mit der speziellen Software Ihren Fingerabdruck sichern und das betreffende Passwort das letzte Mal eingeben.

1.3 Ausrichtung

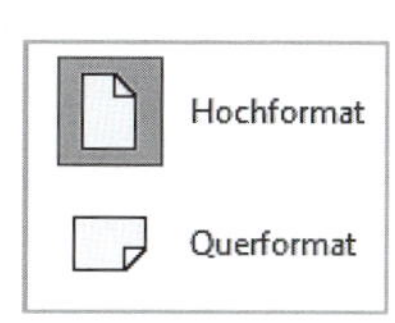

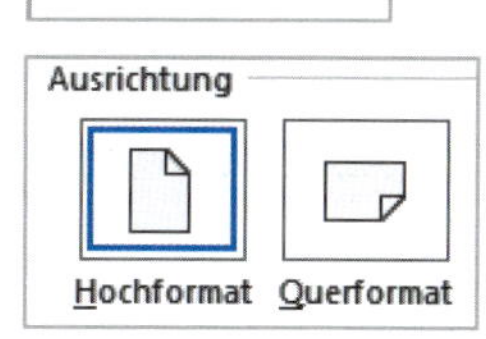

Meistens wird ein Blatt im Hochformat ausgedruckt. Das Querformat ist besonderen Zwecken vorbehalten, wie z. B. dem Leporello oder breiten Tabellen. Die Ausrichtung befindet sich auf der Registerkarte **Layout/Gruppe Seite einrichten/Ausrichtung** oder **Gruppe Seite einrichten/Seitenränder/Benutzerdefinierte Seitenränder**.

Übungsaufgabe:

Gestalten Sie einen Aushang zum Tag der offenen Tür im Querformat.

Einladung zum Tag der offenen Tür
Berufskolleg der Stadt Irgendwo
Berufsschulstraße 66
44556 Irgendwo

am 11. November 20..
von 08:00 Uhr bis 14:00 Uhr

Programm:
Präsentationen der Bildungsgänge
Persönliche Beratung
Vorstellung der Ausbildungsbetriebe
Information der externen Kooperationspartner
Führungen durch die Schule

Für das leibliche Wohl in Form von Fingerfood und Snacks ist gesorgt.

1.4 Papierformat/Seitenformat

Die Papierformate sind in DIN 476 geregelt. Für die Textverarbeitung ist die A-Reihe von Bedeutung. Daher ist in MS Word standardmäßig das A4-Format aktiviert. Klicken Sie auf der Registerkarte **Layout/Gruppe Seite einrichten/Format** oder **Auswahlpfeil Gruppe Seite einrichten/Registerkarte Papier** oder **Format/Weitere Papierformate**.

Wählen Sie im Katalog das gewünschte Papierformat aus. Bestätigen Sie mit OK.

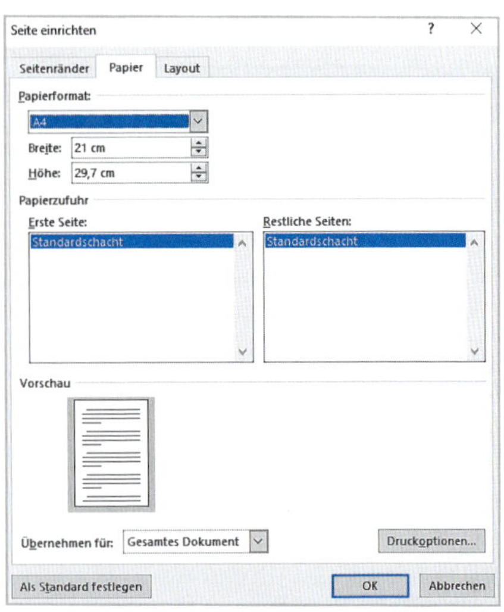

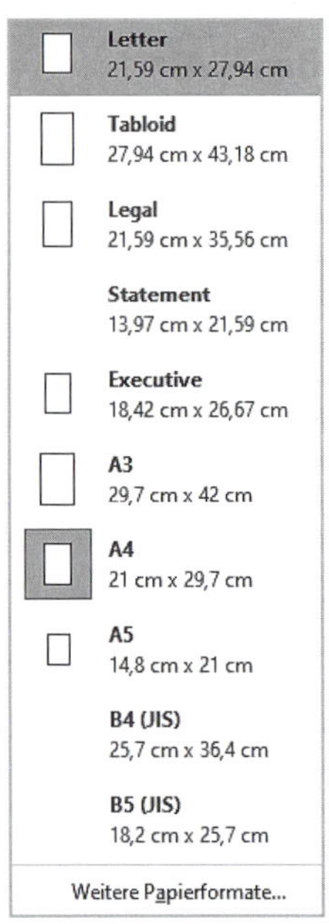

Papierformat:

Im Listenfeld können genormte Formate ausgewählt werden.

Zudem ist es möglich, benutzerdefinierte Formate einzugeben.

Papierzufuhr:

Über diese Option können Sie zunächst entscheiden, welche Seite ausgedruckt wird, aber auch aus welchem Papierschacht die Seite eingezogen werden soll. Die Zufuhr hängt davon ab, ob Ihr Drucker über mehrere Papierschächte und/oder einen manuellen Einzug verfügt. So können Sie beim Druck eines mehrseitigen Dokuments z. B. verschiedene Papiersorten wählen.

Übungsaufgabe:

Gestalten Sie für die Heinrich KG die folgende Weihnachtskarte an Ihre Firmenkunden im Querformat. Wählen Sie hierzu als Papierformat ein benutzerdefiniertes Format mit der Breite 20 cm und der Höhe 11 cm.

Zum Ende dieses Jahres bedanken wir uns für die Treue und die gute Zusammenarbeit. Wir wünschen Ihnen und Ihrer Familie frohe und besinnliche Weihnachtsfeiertage und ein gesundes und glückliches neues Jahr.

Ihre Mitarbeiter der Heinrich KG

1.5 Seitenzahlen

Um bei langen Dokumenten nicht den Überblick zu verlieren, bietet es sich an, Seitenzahlen zu vergeben. Diese können in der Kopf- oder Fußzeile oder auch links bzw. rechts neben dem Text platziert werden. Klicken Sie auf der Registerkarte **Einfügen/Gruppe Kopf- und Fußzeile/Seitenzahl**.

Wählen Sie nun „Seitenanfang", „Seitenende", oder „Seitenränder" und MS Word platziert die Ziffern an der ausgewählten Stelle.

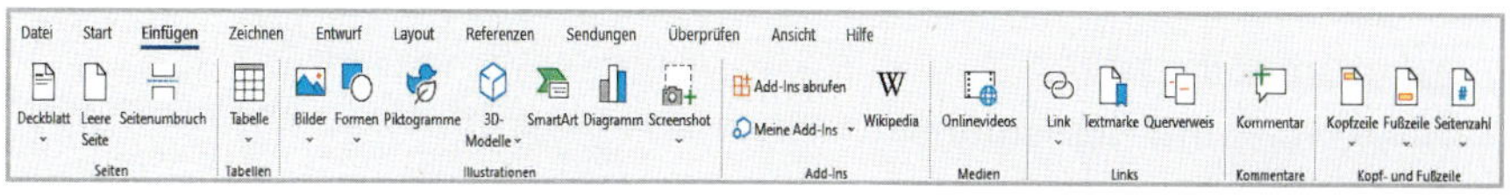

Der Befehl „Seitenzahlen formatieren" führt Sie zu dem Fenster „Seitenzahlenformat". Hier können Sie das gewünschte Design für das Zahlenformat festlegen.

Möchten Sie die Seitennummerierung nicht auf der ersten Seite beginnen, so tragen Sie im Feld „Beginnen bei:" die Seitenzahl ein, bei der die Zahlennummerierung anfangen soll.

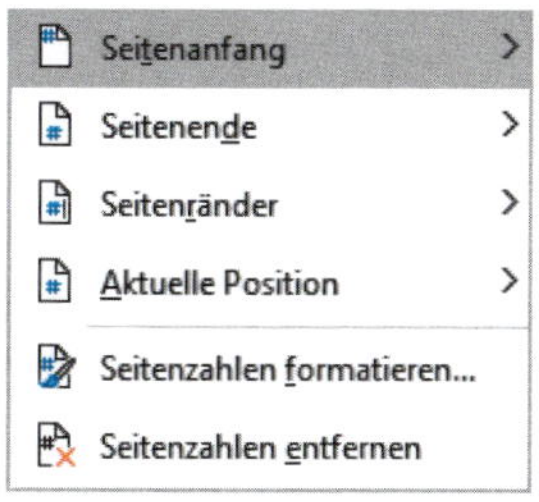

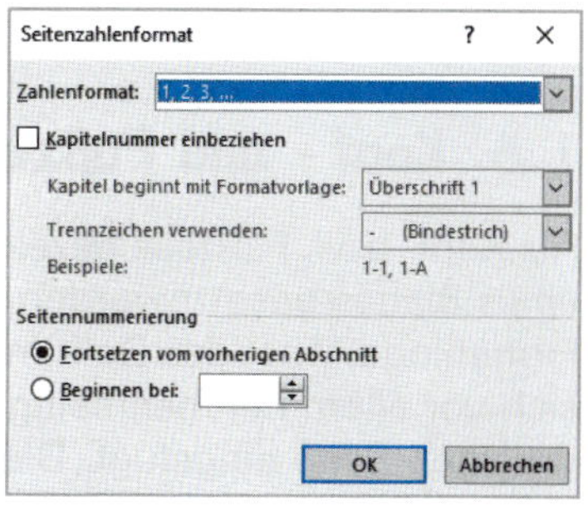

Übungsaufgabe:

Übernehmen Sie den folgenden Text und gestalten Sie das Dokument mit Seitenzahlen.

Arbeitsplatzgestaltung

Unser Rücken wird immer mehr belastet. Dauersitzen und Bewegungsmangel verstärken die Belastung. Die meiste Zeit im Büro wird am Computer verbracht, was die Unbeweglichkeit fördert. Folgen sind z. B. Verspannungen, Verschleiß, Kreislaufprobleme, Kopfschmerzen, Sehprobleme, Durchblutungsstörungen und psychische Belastungen. Deshalb sollte auf ausgleichende Bewegung und dynamisches Sitzen geachtet werden.

Die nachfolgenden Checklisten zeigen, auf welche Punkte es bei der Gestaltung von Bildschirm- und Büroarbeitsplätzen ankommt.

Checkliste Bürostuhl:
Prüfsiegel
Verstellbarkeit der Sitzfläche in Höhe und Tiefe
Verstellbarkeit der Sitzneigung
neigbare Rückenlehne
Drehbarkeit des Oberteils
kipp- und rollsichere Konstruktion
verstellbare Armlehnen
atmungsaktive Polsterung
höheneinstellbare Armlehnen
Stoßdämpfung
...

Checkliste Büroarbeitsplatz:
Beleuchtung
Lärmschutz
Platzbedarf
Raumklima
Strahlung
...

Checkliste Bildschirmarbeitsplatz:
Arbeitstisch
Arbeitsfläche
Bildschirm
Eingabemittel
Arbeitsmittel
Bürogeräte und -maschinen
Fußstütze
Vorlagenhalter
...

1.6 Kopf- und Fußzeile

Als Kopf- bzw. Fußzeile bezeichnet man Textzeilen, die in den oberen bzw. in den unteren Randbereich eines Blattes gesetzt werden. Sie können außer Text auch Grafiken, Seitenzahlen, Datum und Uhrzeit, Firmenlogo, Titel des Dokuments, Dateinamen oder Namen des Autors hinzufügen. Dieses empfiehlt sich vor allem bei mehrseitigen Dokumenten. Der Inhalt in der Kopf- oder Fußzeile wird auf jeder gedruckten Seite eingefügt. Die Einrichtung erfolgt auf der Registerkarte **Einfügen/Kopfzeile** oder **Fußzeile**.

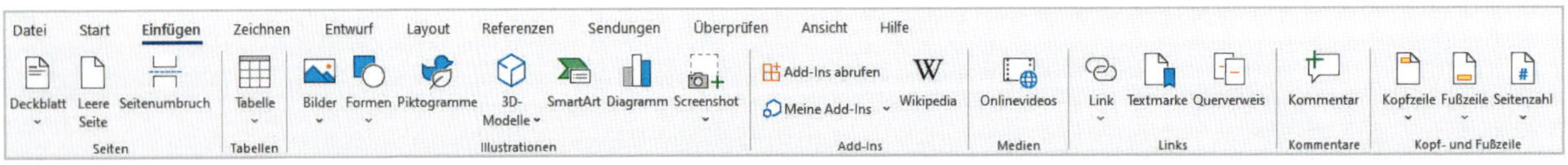

Wählen Sie aus dem Katalog der Schaltfläche Kopf- oder Fußzeile die gewünschte Gestaltung aus und geben Sie den Inhalt ein. Beenden Sie die Eingabe mit dem Button „Kopf- und Fußzeile schließen“.

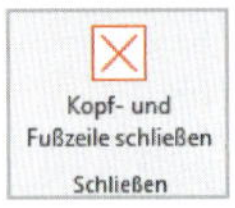

Die Bereiche der Kopf- und Fußzeile werden sichtbar und zugleich aktiv, indem Begrenzungslinien angezeigt werden. Der Text des Dokuments ist grau deaktiviert.

Innerhalb der Kopf- und Fußzeile können alle bekannten Absatz- und Zeichenformatierungen durchgeführt werden.

Wenn Sie auf „Kopfzeile bearbeiten“ oder „Fußzeile bearbeiten“ klicken, erscheint im Bildschirm eine Menüleiste „Kopf- und Fußzeile“ zur weiteren Verwendung.

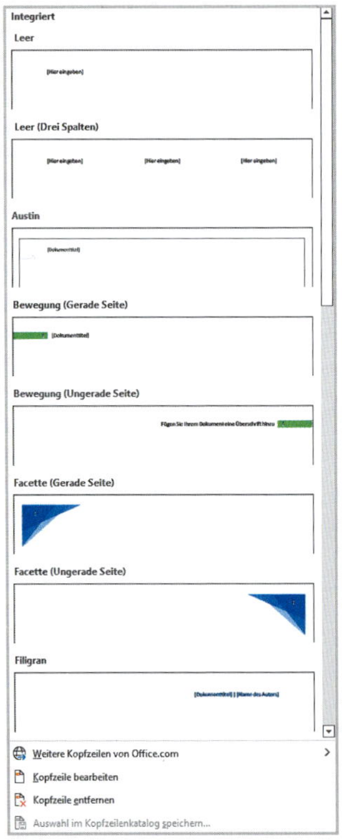

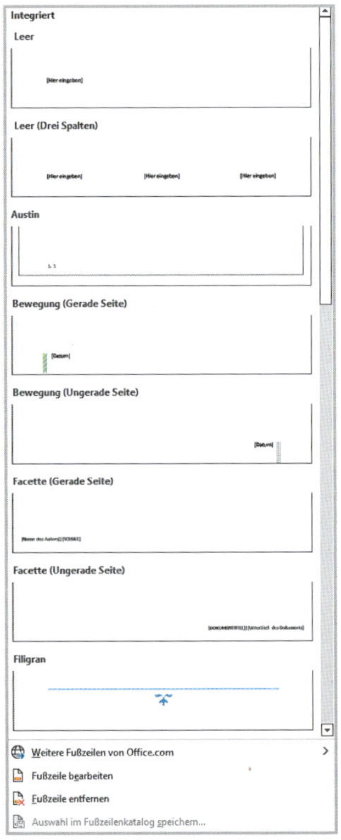

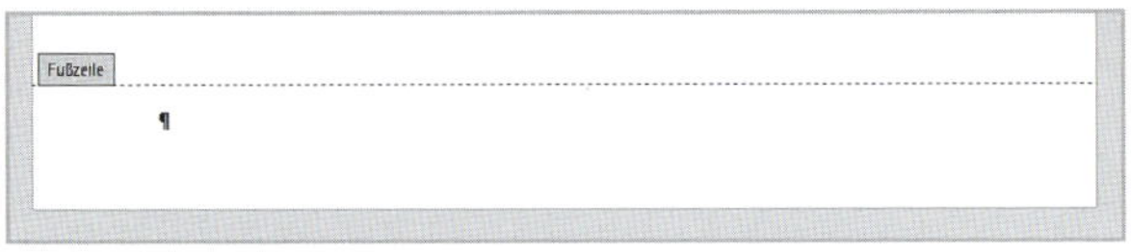

Mithilfe der Tools können Sie weitere Formatierungen bzw. Optionen eingeben, z. B. Seitenzahlen, Datum und Uhrzeit sowie Schnellbausteine und Bilder.

Sie können schnell zwischen Kopf- und Fußzeile oder Dokumenttext wechseln, indem Sie auf den abgeblendeten Text doppelklicken.

Übungsaufgaben:

1. Schreiben Sie den folgenden Text als Fließtext.
2. Gestalten Sie eine Kopfzeile mit dem Titel „Geld als Teil des Finanzsystems".
3. Gestalten Sie die Fußzeile mit dem heutigen Datum.

Vom „Geld anlegen"

Sparen kann man in vielfältigen Formen bei Banken, Versicherungsunternehmen und Investmentfonds oder durch den Kauf von Aktien und festverzinslichen Wertpapieren. Die verschiedenen Anlageformen unterscheiden wir dabei nach ihrer Sicherheit, Verfügbarkeit, Ertragskraft und ihren Kosten. Im Allgemeinen gilt, dass bei gleicher Laufzeit eine höhere Ertragskraft meist mit einer geringeren Sicherheit bzw. Liquidität einhergeht. Deshalb ist grundsätzlich Misstrauen angesagt, wenn Finanzdienstleister mit außergewöhnlich hohen Renditen locken.

Nur wer sich stets das Risiko der Anlage vor Augen führt, wird sich später keine Vorwürfe machen müssen, falls Teile des eingesetzten Kapitals doch verloren gehen. Längerfristigen Anlageerfolg hat deshalb auch meist nur derjenige, der in verschiedene Objekte gleichzeitig investiert und so seine Risiken breit streut.

1.7 Seitenumbruch

MS Word unterscheidet vier verschiedene Umbruch-Varianten. Durch das Einfügen eines Umbruchs an einer beliebigen Stelle im Text können Sie Seiten-, Spalten-, Text- und Abschnittsumbrüche erzwingen. Interessant für Fließtexte ist der Seitenumbruch.

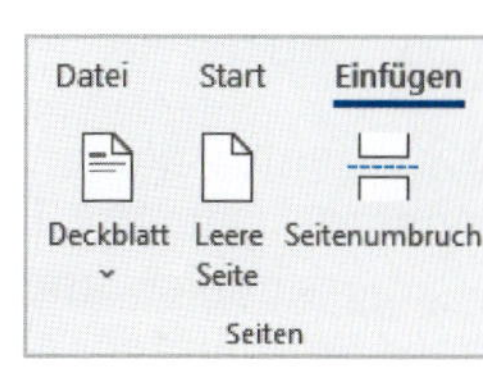

Wenn in MS Word z. B. eine Seite zu Ende ist, nimmt das Programm einen Seitenumbruch vor, d. h., es beginnt automatisch eine neue Seite. Soll der Seitenumbruch an einer ganz bestimmten Stelle vorgenommen werden, muss der Seitenwechsel manuell eingegeben werden. Dazu wird der Cursor an die Stelle gesetzt, an der der Seitenwechsel eingefügt werden soll. Klicken Sie auf der Registerkarte **Einfügen/Seitenumbruch** oder Strg + Return oder **Layout/Umbrüche**.

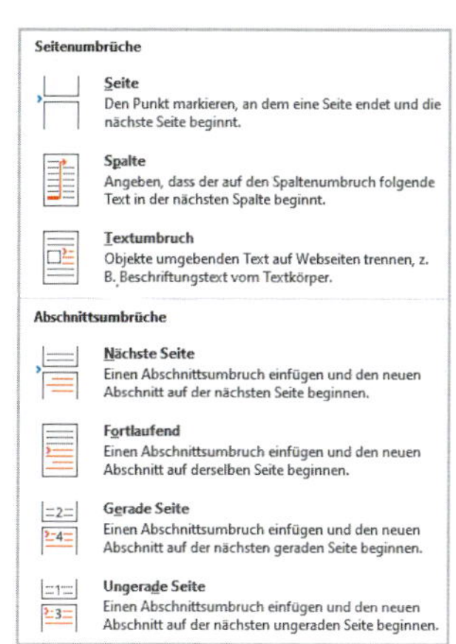

Wie der Seitenwechsel dargestellt wird, hängt von der Bildschirmansicht ab. Es gibt mehrere Ansichten. Diese finden Sie unter der Registerkarte **Ansicht**.

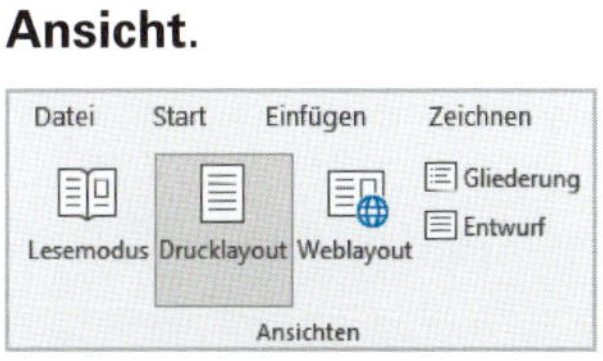

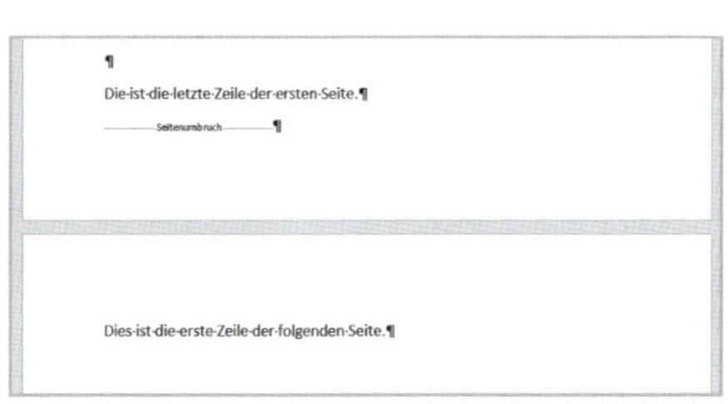

In der Drucklayout-Ansicht sieht die Anordnung der Seiten wie rechts abgebildet aus.

Um einen Seitenumbruch zu löschen, markieren Sie die punktierte Linie bzw. setzen Sie den Cursor auf den Zeilenanfang und drücken Sie die Entf -Taste.

Übungsaufgaben:

1. Erstellen Sie für den Unterricht eine Übersicht über die einzelnen Unternehmensformen. Für jede Unternehmensform ist eine A4-Seite vorgesehen. Am Ende einer jeden Seite fügen Sie einen Seitenumbruch ein.
2. Versehen Sie die Seiten mit Seitenzahlen.
3. Die Seiten sollen nach folgendem Schema gestaltet werden:

Einzelunternehmung

Firmierung:	Vertretung:
Kapital:	Haftung:
Geschäftsführung:	Gewinn und Verlust:
Sonstiges:	

.............Seitenumbruch.............¶

OHG

Übernehmen Sie die Merkmale der Einzelunternehmung

.............Seitenumbruch.............¶

KG

Übernehmen Sie die Merkmale der Einzelunternehmung

.............Seitenumbruch.............¶

GmbH

Übernehmen Sie die Merkmale der Einzelunternehmung

.............Seitenumbruch.............¶

AG

Übernehmen Sie die Merkmale der Einzelunternehmung

1.8 Spalten

Dokumente, die in Spalten nebeneinander angeordnet sind, kennt man aus der Tageszeitung. Ein in Spalten eingeteilter Text ist übersichtlich und gut lesbar. Diese Funktion ist auch in MS Word vorhanden. Die Spaltenverarbeitung kann sowohl vor der Eingabe des Textes ausgewählt werden, dann wird der Text beim Schreiben direkt in Spalten gesetzt, als auch nach der Texteingabe. Dabei wird der Text zunächst als Fließtext geschrieben und die Spalten werden nachträglich zugewiesen. Der Befehl steht im Register **Layout/Spalten**.

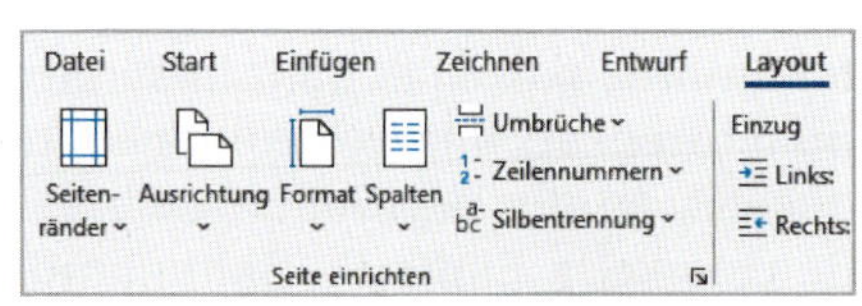

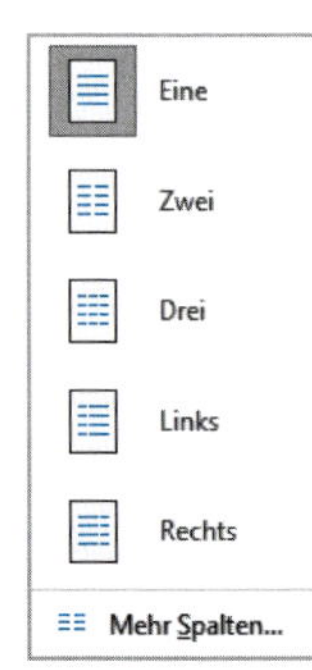

Um die Spaltenanzahl anzupassen, klicken Sie in den Abschnitt, der die Spalten enthält, und wählen „Mehr Spalten", um das Fenster „Spalten" anzuzeigen.

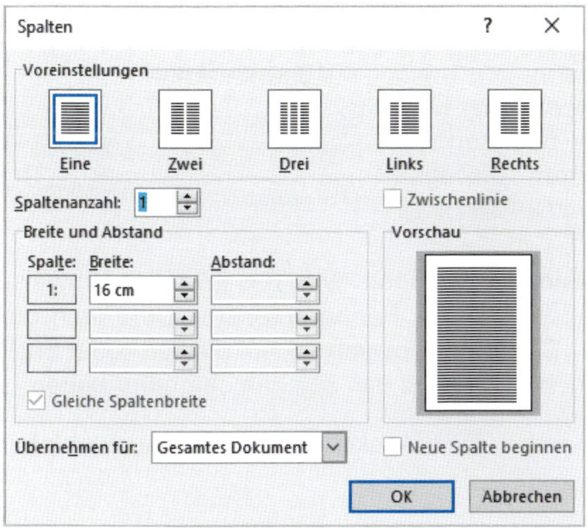

Voreinstellungen:

Unter dieser Auswahl kann das Spaltenformat ausgewählt werden. Sie können zwischen gleich breiten und ungleich breiten Spalten wählen.

Spaltenanzahl:

Hier kann man die Anzahl der gewünschten Spalten eingeben.

Zwischenlinie:

Zur optischen Trennung kann durch Aktivierung des Kästchens eine Zwischenlinie eingegeben werden.

Breite und Abstand:

Hier kann man die Breite der jeweiligen Spalte und den Abstand zur nächsten Spalte manuell wählen.

Gleiche Spaltenbreite:

Bei Aktivierung dieses Feldes formatiert MS Word den Text in Spalten mit gleicher Breite.

Bei der Zuteilung von Spalten nimmt MS Word automatisch einen Abschnittswechsel vor. Dieser kann auch manuell eingegeben werden. Positionieren Sie den Cursor an der Stelle, an der der Abschnittswechsel eingefügt werden soll. Klicken Sie auf die Registerkarte **Layout/Umbrüche/Spalte** für einen Spaltenumbruch oder die **Tastenkombination** **Strg** + **Shift** + **Return** für einen Abschnittswechsel.

Die Spaltenbreite und der Abstand lassen sich zusätzlich durch Ziehen an den Spaltenköpfen im Lineal regulieren.

Übungsaufgaben:

1. Erfassen Sie den nachfolgenden Text als Fließtext.
2. Weisen Sie ihm anschließend zwei Spalten mit einer Zwischenlinie zu.

Ordnungsregeln

Je mehr Schriftgut anfällt, umso wichtiger ist ein Ordnungssystem. Grundsätzlich lassen sich Unterlagen nach folgenden Systemen ordnen:

Alphabetische Ordnung

Dieses Ordnungssystem erfolgt nach der Reihenfolge der Buchstaben im Alphabet.

Numerische Ordnung

Schriftgut wird bei diesem System nach einer Nummer geordnet.

Alphanumerische Ordnung

Bei diesem System werden sowohl Buchstaben als auch Ziffern als Ordnungskriterium verwendet.

Chronologische Ordnung

Dieses Ordnungssystem sortiert nach der zeitlichen Reihenfolge ihrer Entstehung.

Sachliche Ordnung

Es erfolgt eine Ordnung nach sachlichen Merkmalen. Meistens wird es mit einem der oberen Systeme kombiniert.

1.9 Fußnote/Endnote

Fußnoten werden häufig in wissenschaftlichen Arbeiten oder Berichten verwendet. Sie bestehen aus einem Hinweiszeichen und dem dazugehörigen Fußnotentext. Sie werden jeweils am Ende einer Seite gedruckt. Das Fußnotenzeichen besteht aus einer arabischen, hochgestellten Ziffer. Die Nummerierung erfolgt automatisch.

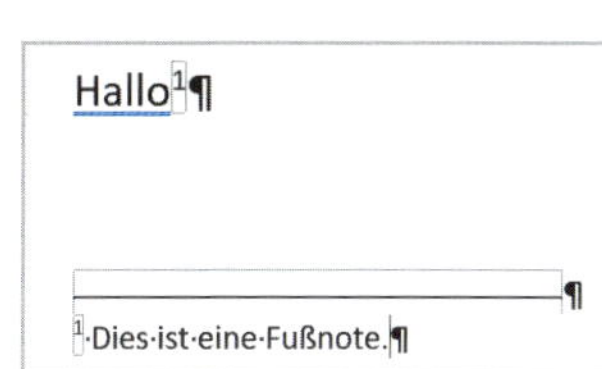

Endnoten werden am Ende eines Dokuments oder Abschnitts angezeigt. Das Endnotenzeichen besteht aus dem hochgestellten Buchstaben „i“.

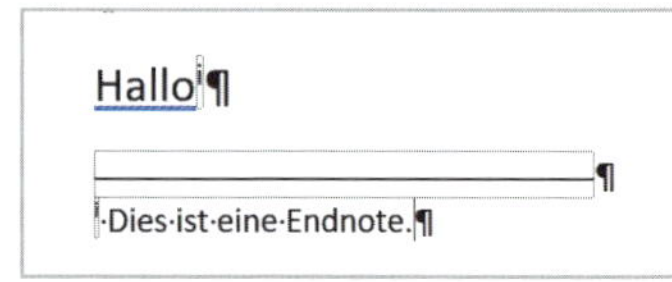

Wenn der Cursor sich an der Stelle befindet, an der das Fuß- oder Endnotenzeichen eingefügt werden soll, klicken Sie auf der Registerkarte **Referenzen/Fußnote einfügen** bzw. **Referenzen/Endnote einfügen** oder die **Tastenkombination** Strg + Alt + F bzw. Strg + Alt + D.

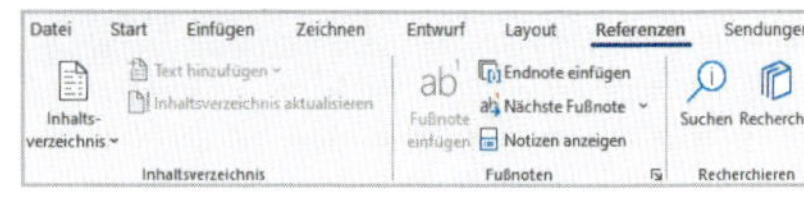

Durch Aktivierung der Option „Fußnote einfügen“ bzw. „Endnote einfügen“ wird das jeweilige Hinweiszeichen eingefügt. Danach springt der Cursor in das Fußnoten- bzw. Endnotenfenster. Dort kann die Eingabe erfolgen. Geben Sie den entsprechenden Text ein. Bei einem Doppelklick auf die Fuß- oder Endnotennummer kehren Sie zu der Stelle im Dokument zurück, an der Sie das Zeichen eingefügt haben.

Sowohl Fußnoten als auch Endnoten können geändert werden. Dazu klicken Sie auf den Auswahlpfeil der Registerkarte **Referenzen/Gruppe Fußnoten**.

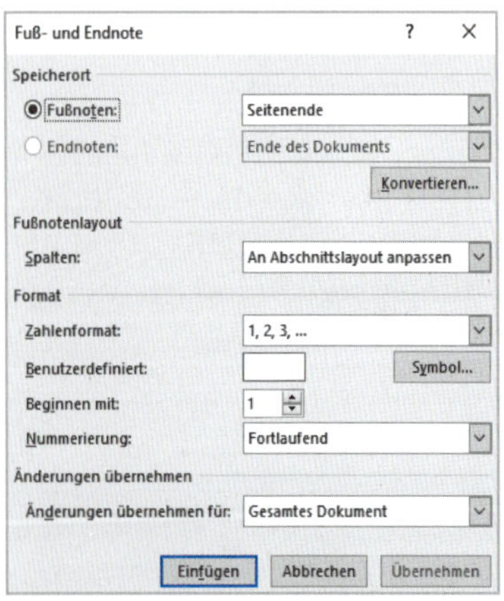

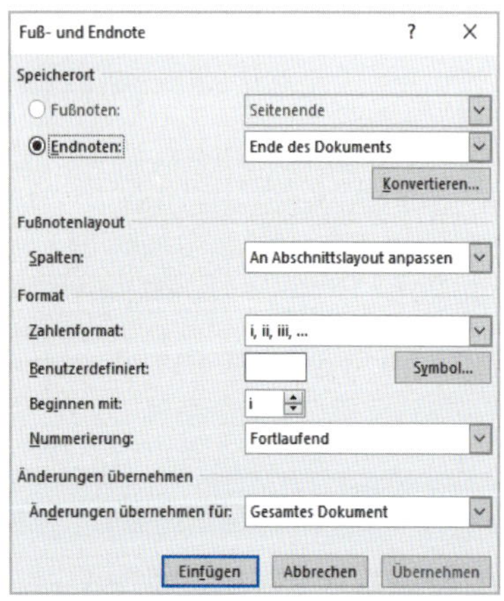

Unter der Auswahl „Speicherort“ kann festgelegt werden, wo die Fußnote bzw. Endnote erscheinen soll, z. B. unterhalb des Texts oder am Abschnittsende.

Unter der Auswahl „Format“ können weitere Einstellungen vorgenommen werden. So können verschiedene Zahlenformate oder auch Symbole gewählt werden.

Beim Ausdruck werden die Fuß- bzw. Endnoten durch eine waagerechte Trennlinie vom übrigen Text getrennt. Auf Fuß- und Endnoten können die üblichen Formatierungen angewandt werden. Mit der Entf-Taste wird die Fuß- oder Endnote gelöscht. Der dazugehörige Text wird ebenfalls gelöscht und die Nummerierung aktualisiert. Das Gleiche gilt, wenn eine Fuß- bzw. Endnote nachträglich im Text eingefügt wird.

Übungsaufgabe:

Erfassen Sie den folgenden Text als Fließtext und richten Sie die angegebenen Fußnoten ein.

[1] hinter dem Wort „Präsentation“

[2] hinter dem Wort „demonstrieren“

[3] hinter dem Wort „vorspationierten“

Das Auge des Kunden kauft immer mit. Darum ist eine geschmackvolle und ästhetische Präsentation[1] auch so außerordentlich wichtig. Denn schließlich ist sie eine sichere Grundlage für gute Erfolge. Und diese guten Erfolge sollten Sie zielsicher vorbereiten.

Color-deko-set hilft Ihnen, so manchen Artikel Ihrer Produktion werbewirksam zu demonstrieren.[2] Das weckt Kaufwünsche, wie Sie ja selbst wissen. Schon die bloße Kennzeichnung Ihrer Erzeugnisse ist Werbung. Doch jetzt können Sie Ihre gute Werbung mit vorspationierten[3] Schriftzügen noch besser gestalten.

Der beigefügte Prospekt nennt Ihnen viele Möglichkeiten dafür. Sie sollten sie nutzen. Bitte bedienen Sie sich des beigefügten Fragebogens. Er macht den ersten Kontakt zueinander leicht.

1 Vorstellung
2 vorzuführen
3 vorgefertigten

Kompetenztraining:

1. Erfassen Sie folgenden Text als Fließtext.
2. Stellen Sie die Seitenränder auf links 2,5 cm, rechts 2,5 cm, oben und unten je 3,0 cm ein.
3. Schalten Sie die Silbentrennung ein.
4. Geben Sie in der Kopfzeile den Titel „Normung" ein.
5. Schreiben Sie den Text im Querformat und verteilen Sie ihn auf 2 Spalten mit einer Zwischenlinie.
6. Richten Sie die Fußnote ein.

Normung

Die Normung spielt sowohl in unserem Privatleben als auch in unserem beruflichen Leben eine sehr große Rolle. Viele Gegenstände unseres täglichen Lebens sind genormt.

Man muss nur an Glühbirnen, Kugelschreiberminen, Benzin oder auch Papier und Briefumschläge denken. Im beruflichen Leben fällt auf, wenn man am Computer sitzt, dass auch die Anordnung der Tasten auf einer Tastatur genormt ist.

Bei der Bürotechnik versteht man unter Normung die „einheitliche Gestaltung und die Regelung von Größen". Es gibt nicht nur viele Gegenstände, die genormt sind, sondern auch viele Arbeitsweisen. So gibt es z. B. in der Textverarbeitung die „Schreib- und Gestaltungsregeln" in der Norm DIN 5008.

Hinter dieser Abkürzung verbirgt sich das Deutsche Institut für Normung. Das Forum für Wissenschaft, Industrie und Wirtschaft sagt Folgendes über das Institut:

„Das DIN[1] ist ein eingetragener gemeinnütziger Verein mit Sitz in Berlin. Es ist die für die Normungsarbeit zuständige Institution in Deutschland und vertritt die deutschen Interessen in den weltweiten und europäischen Normungsorganisationen. Dieser Status wurde im Vertrag mit der Bundesrepublik Deutschland am 5. Juni 1975 anerkannt."

„Das DIN ist der runde Tisch, an dem sich Hersteller, Handel, Verbraucher, Handwerk, Dienstleistungsunternehmen, Wissenschaft, technische Überwachung, Staat, d. h. jedermann, der ein Interesse an der Normung hat, zusammensetzen, um den Stand der Technik zu ermitteln und unter Berücksichtigung neuer Erkenntnisse in deutschen Normen niederzuschreiben."

Dieser Normenausschuss hat z. B. auch festgelegt, dass das Ausgangsformat für Papier A0 ist und eine einheitliche Größe hat. Durch die Aufteilung von A0 entstehen weitere Papierformate, die jeweils kleiner sind.

Die im Büro am häufigsten verwendete Papiergröße ist das A4-Format. Die Zusatzformate zur A-Reihe, nämlich die Reihen B und C, sind bezüglich der Maße größer. Dabei handelt es sich um Schriftgutbehälter und um Briefhüllen.

1 Deutsches Institut für Normung e. V.; gegründet 1917

2 Zeichenformatierungen

2.1 Schriftschnitt

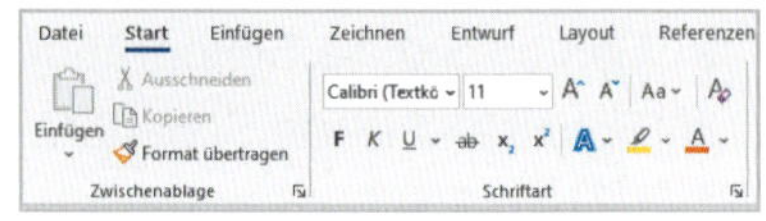

Unter dem Schriftschnitt versteht man die Formatierungen fett, kursiv und unterstreichen. Eines der schnellsten Verfahren Textteile zu formatieren, erfolgt über die Schaltflächen. Klicken Sie auf die Registerkarte **Start/Gruppe Schriftart** auf F K U oder den **Auswahlpfeil Schriftart** oder die Quickinfo **rechte Maustaste** oder die **Tastenkombinationen** Strg + Shift + F bzw. Strg + Shift + K bzw. Strg + Shift + U.

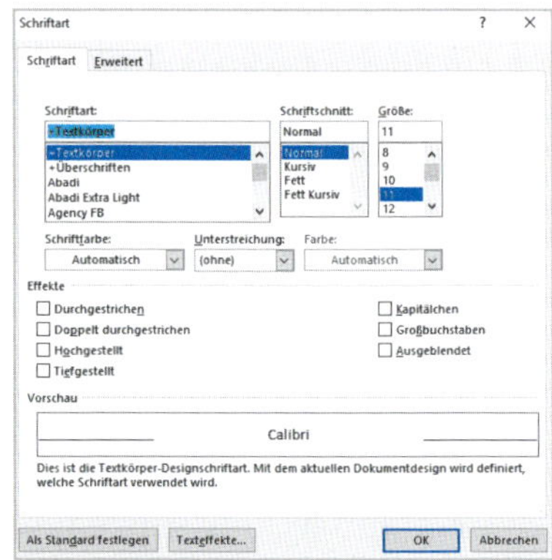

Es öffnet sich das Dialogfeld Schriftart. In der Gruppe Schriftschnitt können Sie die gewünschte Zeichenformatierung auswählen und mit OK bestätigen.

Wenn Sie nicht wissen, was eine Schaltfläche bewirkt, zeigen Sie mit dem Mauszeiger darauf. Es erscheint eine Quickinfo mit der Beschreibung der Funktion. Sie enthält auch die angegebene Tastenkombination, die Sie verwenden können.

Die Formatierungen sind beliebig miteinander kombinierbar.

Zum Löschen aller Schriftart-Formatierungen verwenden Sie die Schaltfläche A oder die Tastenkombination Strg + Leertaste.

DIN 5008: Satzzeichen werden am Ende einer Hervorhebung nur dann in die Hervorhebung mit einbezogen, wenn Sie inhaltlich zur Hervorhebung dazugehören. Die Formatierung beginnt beim ersten und endet beim letzten Zeichen.

Übungsaufgabe:

Erfassen Sie den nachstehenden Text und nehmen Sie die angegebenen Formatierungen vor.

In der **Personalabteilung** kommen viele Bewerbungen an.
Sie müssen die *Situation am Arbeitsmarkt* genau beachten.
Eine lebenslange Sicherheit am Arbeitsplatz gibt es nicht mehr.
Die **Vorstellungsgespräche** mit den Bewerbern sind für heute beendet.
Ich wurde heute zum *Vorstellungsgespräch* eingeladen.
Sie müssen dabei einen guten Eindruck hinterlassen.
Das **Bewerbungsschreiben** muss ganz fehlerfrei sein.
Zeigen Sie unbedingt Ihre ***Kenntnisse und Fähigkeiten***.

2.2 Unterstreichungsarten

MS Word bietet nicht nur die einfache Unterstreichung an, sondern auch andere Unterstreichungsarten, wie z. B. die doppelte und die punktierte Unterstreichung.

Unter **Start/Auswahlpfeil Gruppe Schriftart/Unterstreichung** oder im **Drop-down-Menü** von U ▾ sind weitere Beispiele für Unterstreichungsarten zu finden.

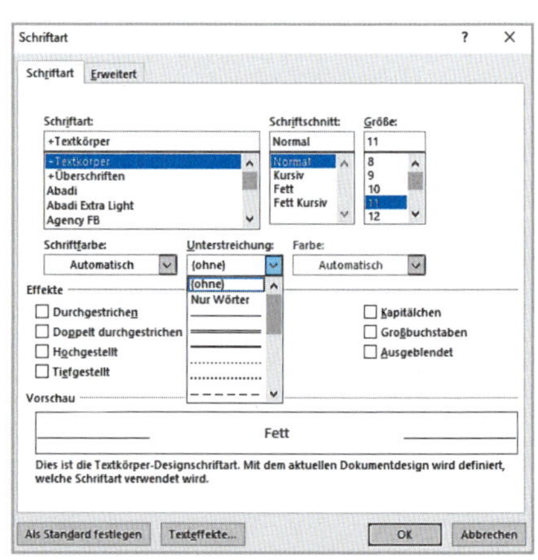

Übungsaufgabe:

Erfassen Sie den nachstehenden Text und formatieren Sie die unterstrichenen Textteile.

Informieren Sie sich über das Anforderungsprofil.
Der Bewerber muss in das Arbeitsteam passen.
Die Schlüsselqualifikation ist besonders wichtig.
Ein Test soll ermitteln, ob der Bewerber geeignet ist.

2.3 Schriftart/Schriftgrad

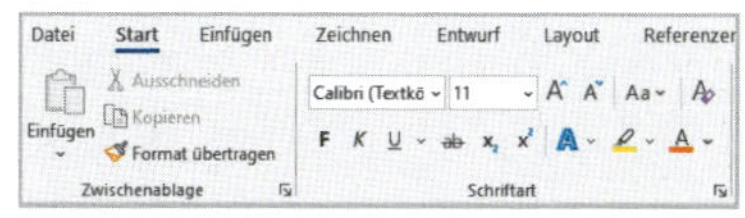

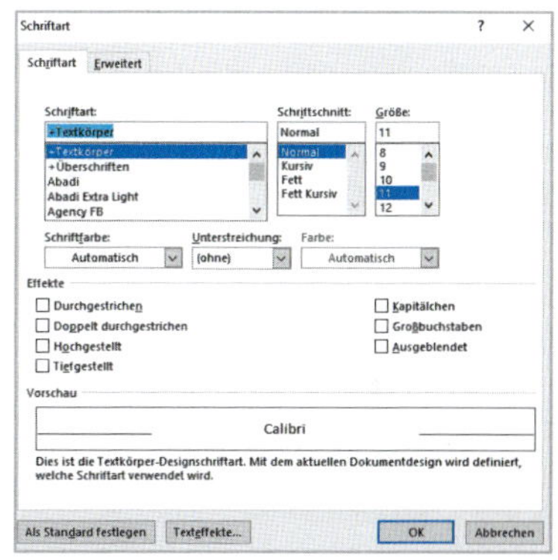

Die Bezeichnung Schriftart bezieht sich auf die Form bzw. das Aussehen der Zeichen. Der Schriftgrad definiert die Höhe und Breite der Zeichen. Er wird in Punkt (p) bemessen.

Die Standardschrift „Calibri" ist proportional, d. h., jedes Zeichen hat einen unterschiedlichen Platzbedarf. Die Schreibmaschinenschrift, z. B. „Courier New" ist nicht proportional. Alle Zeichen sind gleich breit.

Einstellen kann man die Schriftart und den Schriftgrad (Schriftgröße) durch Anklicken im Register **Start/Auswahlpfeil Gruppe Schriftart** oder im **Drop-down-Menü** von [Calibri (Textkö] und [11] oder über die **Icons** „Schriftart vergrößern" [A^] „Schriftart verkleinern" [A˅].

Übungsaufgabe:

Erfassen Sie die Beispiele und ändern Sie die Schriftart und den Schriftgrad.

Bildschirm	Bookman Old Style	16
Tastatur	Arial	14
Scanner	Verdana	10
Modem	Lucida Console	18
Maus	Monotype Corsiva	20

2.4 Schriftfarbe

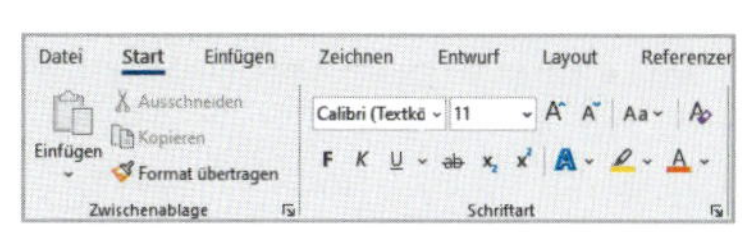

Textteile, die besonders hervorgehoben werden sollen, können farbig dargestellt oder farbig markiert werden, z. B. Kommentare und Anmerkungen zur Kennzeichnung als Gedächtnisstütze. Den Ausdruck von farbigen Zeichen wählen Sie in dem Register **Start/Auswahlpfeil Gruppe Schriftart/Schriftfarbe** oder im **Drop-down-Menü** von [A].

Das farbige Markieren als Hintergrund (Texthervorhebungsfarbe) stellen Sie über das **Drop-down-Menü** von [Markierstift] ein. Es stehen mehrere Farben zur Auswahl.

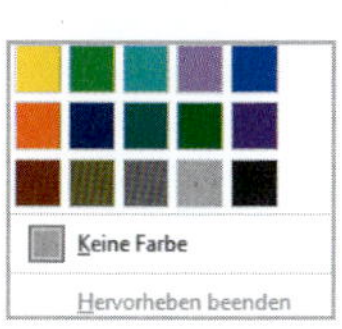

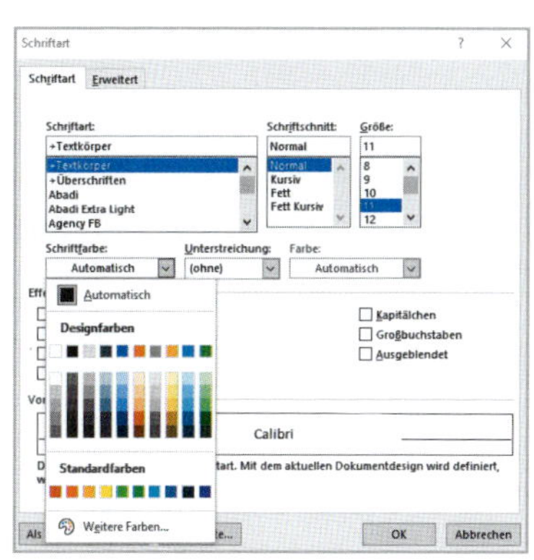

Übungsaufgabe:

Erfassen Sie den nachstehenden Text in der Schriftart „Courier New" Schriftgröße 11 p und formatieren Sie die hervorgehobenen Textteile farbig. Die Überschrift formatieren Sie in der Schriftgröße 14 p und fett.

Tipps für Käufer

Das Warenangebot ist in Deutschland so groß, dass der individuellen Gestaltung des Konsums kaum Grenzen gesetzt sind. Doch die wachsende Warenfülle hat unsere Märkte auch unübersichtlich gemacht. Oft fällt es dem Käufer sehr schwer, sich zurechtzufinden und die richtige Wahl zu treffen.

Manchmal lässt sich der Verbraucher bei seiner Kaufentscheidung von nebensächlichen Aspekten leiten. Häufig gibt es zwischen verschiedenen Marken kaum Unterschiede. Sie existieren nur in Werbeversprechungen und oft eben auch im Preis. Das ist nun die Kehrseite der Gütervielfalt.

Für Sie als Verbraucher bedeutet das: Sie müssen versuchen, sich hinreichend zu informieren. Vermeiden Sie voreiliges Zugreifen. Am einfachsten ist es natürlich, sich direkt am Ort des Angebotes zu informieren. Wenn es sich z. B. um den Kauf von Lebensmitteln handelt, ist dies sicherlich eine gute Orientierungsmöglichkeit. Bei der Anschaffung von hochwertigen Geräten empfiehlt es sich, zusätzliche Informationen einzuholen.

2.5 Effekte

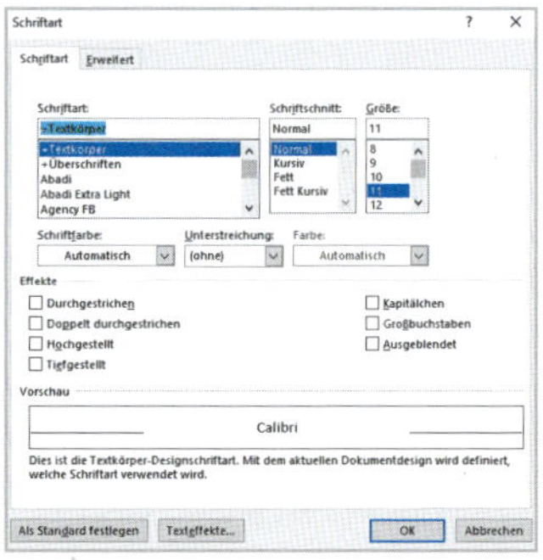

MS Word bietet verschiedene Effekte, wie z. B. Durchgestrichen, Doppelt durchgestrichen, Hochgestellt, Tiefgestellt, Großbuchstaben und Kapitälchen an. Sie eignen sich zur Hervorhebung einzelner Wörter oder Überschriften.

Klicken Sie auf **Start/Auswahlpfeil Gruppe Schriftart/Effekte** oder über die **Tastenkombination** **Strg** + **Shift** + **Q** für Kapitälchen bzw. **Strg** + **Shift** + **G** für Großbuchstaben oder über die **Icons** ~~ab~~ x_2 x^2.

Aufheben der Shortcuts: Strg + Leertaste.

Wenn Sie bei den Effekten das Kontrollkästchen „Ausgeblendet" anklicken, bestimmen Sie, ob der Textausschnitt auf dem Bildschirm angezeigt oder ausgeblendet werden soll, und ob er ausgedruckt werden soll oder nicht.

So wird „ausgeblendeter" Text ausgedruckt:

Klicken Sie auf die Registerkarte „Datei" und auf Optionen.

Machen Sie unter „Anzeige" + „Druckoptionen" in das Kontrollkästchen „Ausgeblendeten Text drucken" einen Haken und bestätigen Sie mit OK.

Übungsaufgabe:

Erfassen Sie den nachstehenden Text und formatieren Sie ihn mit den Effekten.

Kapitälchen sind kleine GROßBUCHSTABEN.
Sie dienen der Hervorhebung einzelner Wörter.
Auch ÜBERSCHRIFTEN können Sie damit in Szene setzen.

Melden Sie sich ~~auch~~ heute zu dem Lehrgang an?
Es gibt neue Wege ein ~~Gespräch~~ zu führen.

Für den ~~großen~~ Auftrag danken wir Ihnen sehr.

Bei ^{hochgestellten} und $_{\text{tiefgestellten}}$ Zeichen ändert sich die Größe der Schrift.
Die chemische Formel für Wasser lautet: H_2O.
Wie viel € kostet der m^2 dieser Wohnung?

2.6 Zeichenabstand

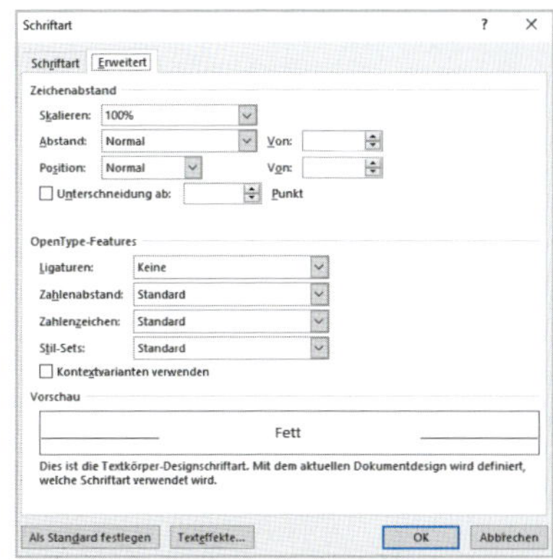

Der Zeichenabstand definiert den Abstand zwischen den einzelnen Zeichen. Er ist vor allem bei der Bearbeitung von Überschriften und Texten ab einem gewissen Schriftgrad zu nutzen.

Klicken Sie im Register **Start/Auswahlpfeil Gruppe Schriftart**/Registerkarte **Erweitert**.

Hier können folgende Einstellungen vorgenommen werden:

Skalieren bedeutet, die Breite der Schriftzeichen zu verändern. Dabei bleibt die Höhe gleich. Standardmäßig sind 100 % eingestellt. In diesem Beispiel ist das Wort „Skalieren" mit 200 % skaliert.

Mit **A b s t a n d** bezeichnet man den Zwischenraum zwischen den einzelnen Schriftzeichen. Im Listenfeld **„Von"** lässt sich der Abstand verändern. MS Word bietet drei Laufweiten: Normal, Erweitert, Schmal. In diesem Beispiel ist das Wort „Abstand" erweitert um 3 p.

Die **Position** der Zeichen kann so verändert werden, dass der Text von der normalen Schreiblinie nach oben oder nach unten rückt. Dadurch ändert sich automatisch der Zeilenabstand. Den Wert der Verschiebung kann man selber bestimmen. Die Schriftgröße ändert sich dadurch nicht. Anders ist es bei den Effekten $^{\text{hoch-}}$ und $_{\text{tiefgestellt}}$. In diesem Beispiel ist das Wort „Position" höhergestellt um 3 p.

Die **Unterschneidung ab** kann bei größeren Schriftgraden aktiviert werden. Machen Sie vor der Unterschneidung einen Haken, und geben Sie die gewünschte Punktzahl ein. In diesem Beispiel ist das Wort „Unterschneidung ab" mit 20 Punkt aktiviert.

Übungsaufgaben:

1. Schreiben Sie das Wort „Text" fünfmal. Wählen Sie: „Times New Roman" Schriftgrad 40 p.
2. Formatieren Sie anschließend die angegebenen Zeichenabstände.

Text	Text	Text	Text	Text
↑	↑	↑	↑	↑
Abstand schmal 5 p	Unterschneidung 40 Punkt	Skalierung 50 %	Position Tieferstellen 3 p	Position Höherstellen 3 p

Übungsaufgabe:

Erfassen Sie den nachstehenden Text in der Schriftart „Courier New" 12 p und ändern Sie bei den unterstrichenen Wörtern den Zeichenabstand.

Arbeitswelt

Die Forschung hat viele Aufgaben. Sie schafft neue Arbeitsplätze, neue Produkte für neue Märkte, sie sichert Rohstoffe, sie macht die Umwelt freundlicher und Arbeitsplätze sicherer, sie senkt Kosten und hilft Energie zu sparen. In den letzten Jahren wurden große Fortschritte bei den Arbeitsbedingungen erzielt. Jeder Einzelne soll die Möglichkeit zur Entfaltung seiner Fähigkeiten und damit zur Selbstverwirklichung bekommen. Ein weiterer Schwerpunkt ist die Entwicklung von technischen Hilfen, mit denen Arbeitsplätze neu gestaltet werden können. Eine schwere körperliche Arbeit kann durch technische Hilfsmittel erleichtert werden. Außerdem können diese Hilfsmittel zur Beseitigung von vielen Arbeitsunfällen beitragen.

Skalieren: 150 %

Abstand: erweitert 2 p

Höherstellen: 4 p

Tieferstellen: 3 p

Abstand: schmal 1,2 p

2.7 Texteffekte

Diese Formatierung ist dazu da, um einen Grafikeffekt auf den ausgewählten Text anzuwenden. Der Text kann z. B. mit einem Schatten, einem Leuchteffekt oder einer Spiegelung versehen werden. Diesen Effekt erzielen Sie über die Registerkarte **Start** und das **Icon** A.

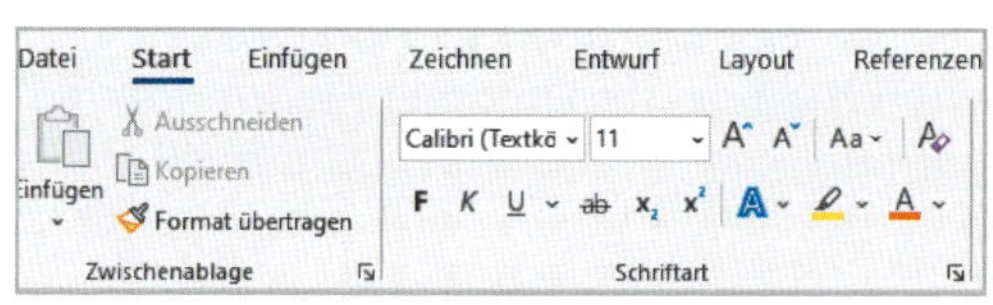

Übungsaufgabe:

Schreiben Sie mehrfach Ihren Namen und weisen Sie ihm unterschiedliche Texteffekte zu!

2.8 Format übertragen

Sobald Sie Ihren Text oder Ihr Wort wunschgemäß formatiert haben, bietet MS Word die Möglichkeit, dieselbe Formatierung auf einen anderen Text, einen Satz oder ein Wort zu übertragen. Zu diesem Zweck gibt es unter der Registerkarte **Start/Gruppe Zwischenablage/Symbol** Format übertragen.

Gehen Sie wie folgt vor:

Klicken Sie mit der Maus in das Wort bzw. auf den Text, dessen Format Sie übertragen möchten. Wählen Sie das Symbol Format übertragen. Der Mauszeiger nimmt die Form eines Pinsels an. Markieren Sie damit den Textteil, der das neue Format aufnehmen soll. Das gewünschte Format wird im markierten Bereich automatisch übertragen.

Soll dasselbe Format mehrfach übertragen werden, können Sie Zeit sparen, indem Sie auf das Symbol „Format übertragen" doppelt klicken.

Übungsaufgaben:

1. Schreiben Sie zweimal nebeneinander das gleiche Wort.
2. Das erste Wort ändern Sie gemäß Zeichenformatierungen ab.
3. Beim zweiten Wort kopieren Sie das entsprechende Format mit „Format übertragen".

Textverarbeitung	***Textverarbeitung***	Arial 11 p, fett, kursiv, rot
Englisch	Englisch	Arial 14 p, unterstrichen
Deutsch	~~Deutsch~~	Arial 10 p, durchgestrichen, gelb
Politik	POLITIK	Arial 12 p, Großbuchstaben

2.9 Symbole und Sonderzeichen

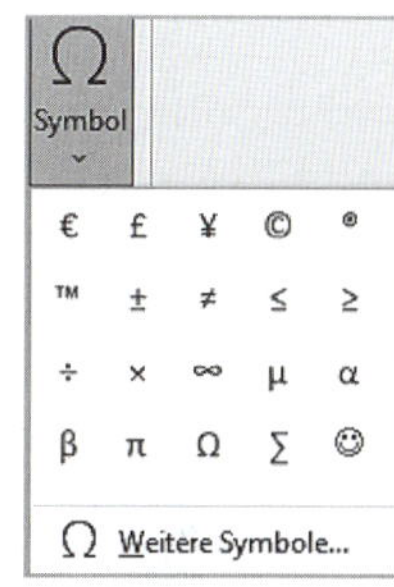

In MS Word hat man die Möglichkeit, Symbole oder Sonderzeichen, wie z. B. Copyright oder Absatzmarken in den Text einzufügen. Wählen Sie die Registerkarte **Einfügen/Symbol**.

Wenn das Zeichen im Katalog enthalten ist, klicken Sie darauf, um es in den Text einzufügen. Andernfalls wählen Sie „Weitere Symbole" aus. Jede installierte Schriftart besitzt diverse Symbole.

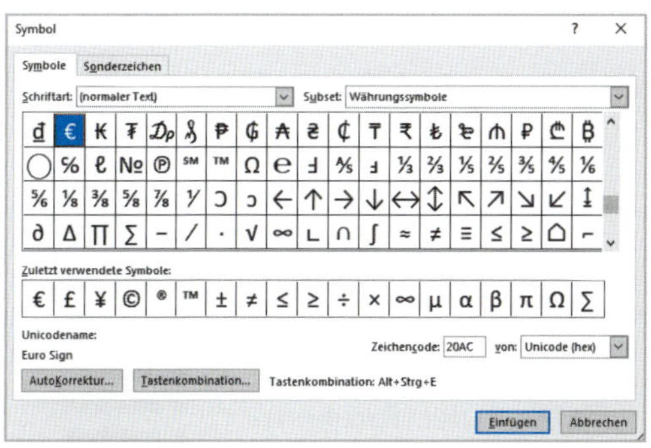

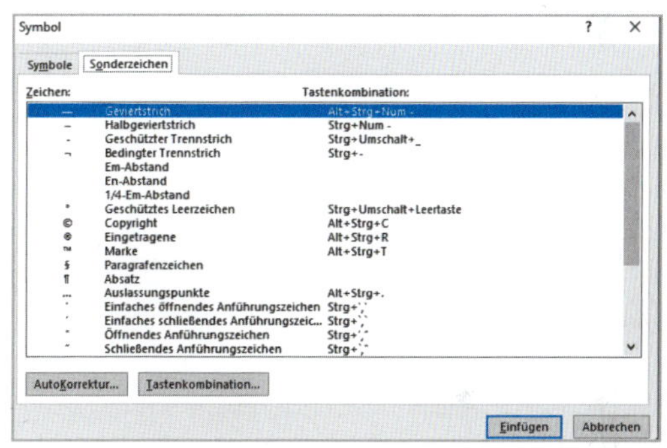

Mit einem Doppelklick auf das Symbol oder mit einem Einfachklick auf die Schaltflächen „Einfügen" und „Schließen" übernehmen Sie das Symbol in den Text. Es wird an der Cursorposition in der Schriftgröße eingesetzt, in der der aktuelle Text eingegeben ist. Sie können die Größe des Symbols ebenso wie alle anderen Zeichen über die Schriftgröße verändern.

Um Sonderzeichen, wie den Langstrich als Gedankenstrich (—), das Absatzzeichen (¶), das Symbol für Copyright (©) usw. einzufügen, wählen Sie die Registerkarte **„Sonderzeichen"**.

Es stehen dort auch Tastenkombinationen zur Verfügung.

Falls Sie ein Symbol häufig benötigen, kann es über die Schaltfläche „Tastenkombination ..." mit einem Shortcut belegt und gespeichert werden. Auch über die Schaltfläche „AutoKorrektur ..." lassen sich Kurzbefehle zur Arbeitserleichterung eingeben.

Übungsaufgabe:

Rufen Sie die einzelnen Symbole auf und vergrößern Sie diese auf 36 p.

Übungsaufgaben:

1. Übernehmen Sie die Symbole mithilfe der angegebenen Codes.
2. Ändern Sie die Größe der Symbole auf 16 p.

Stellen Sie die Zehnertastatur mit der Num-Feststelltaste auf Ziffern!

Alt + 0137 = ‰	Alt + 0163 = £	Alt + 0169 = ©
Alt + 0182 = ¶	Alt + 0153 = ™	Alt + 0189 = ½

2.10 Designs

Durch Designs kann ein ganzes Dokument schnell und einfach gestaltet werden, damit es professionell und modern aussieht. Dabei handelt es sich um vordefinierte Formatierungen aus Schriftarten, Farben und Effekten.

Formatieren Sie deshalb unter der Registerkarte **Start** die betreffende Formatvorlage. Danach können Sie die Designs auswählen.

Öffnen Sie in der Multifunktionsleiste die Registerkarte **Entwurf/Designs**.

Wenn Sie auf den Pfeil klicken, öffnet sich ein Katalog aller standardmäßig von MS Word zur Verfügung gestellten Designs.

Über eine Livevorschau können Sie sich die einzelnen Designs ansehen.

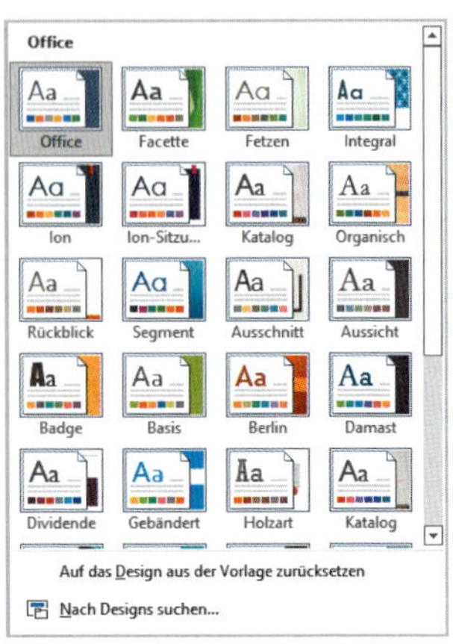

So ändern Sie ein Design:

Klicken Sie auf die Registerkarte **Entwurf/Farben**.

Die aktuelle Farbe wird angezeigt. Wenn Sie auf den Pfeil klicken, wird ein Katalog der Farbkombinationen angezeigt. Hier wählen Sie die gewünschte Kombination aus.

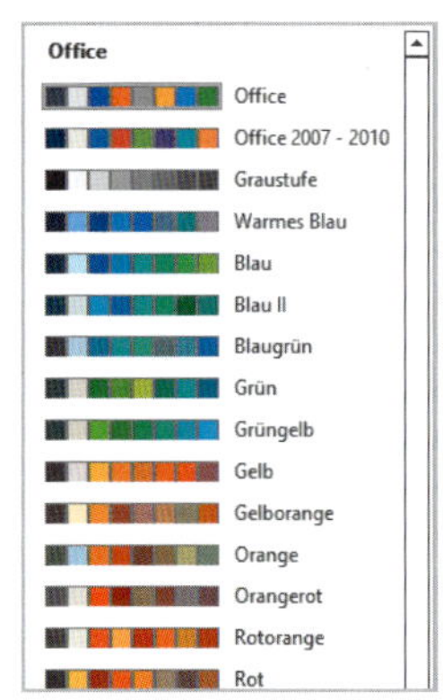

Um die Schriftart zu ändern, klicken Sie auf die Registerkarte **Entwurf/Schriftarten**.

Ebenfalls kann man aus dem Katalog einen gewünschten Effekt auswählen. Klicken Sie auf **Entwurf/Effekte**. Designeffekte bestehen aus Schatten, Spiegelungen, Linien, Füllungen und mehr.

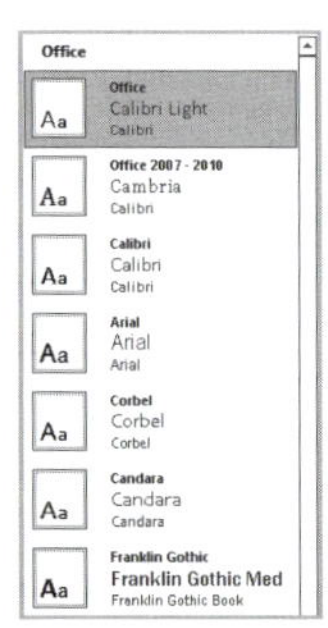

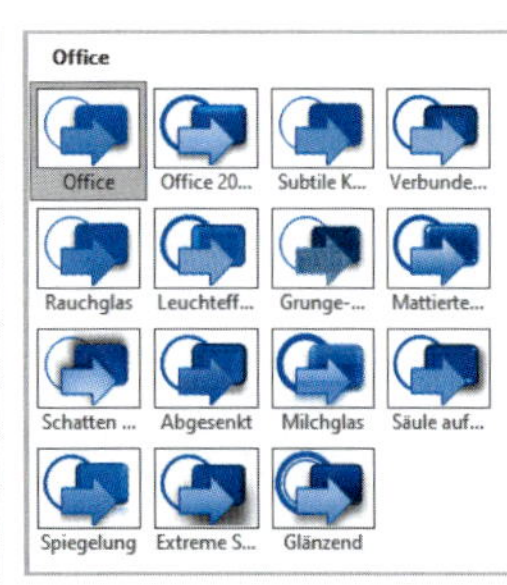

Um die Zeilen- und Absatzabstände in Ihrem Dokument zu ändern, wählen Sie **Entwurf/Absatzabstand**.

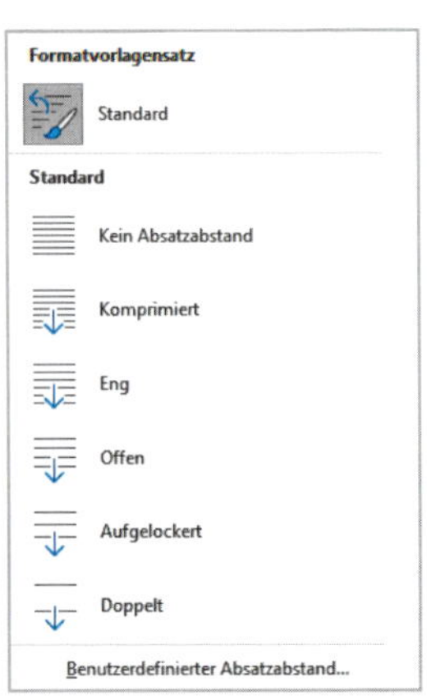

Wenn Sie mit dem geänderten Design zufrieden sind, speichern Sie es auf der Registerkarte **Entwurf/Designs/Aktuelles Design speichern**.

Tragen Sie einen Dateinamen ein und klicken Sie auf **Speichern**.

Um das Originaldesign des Dokuments wiederherzustellen, klicken Sie „Auf das Design aus der Vorlage zurücksetzen".

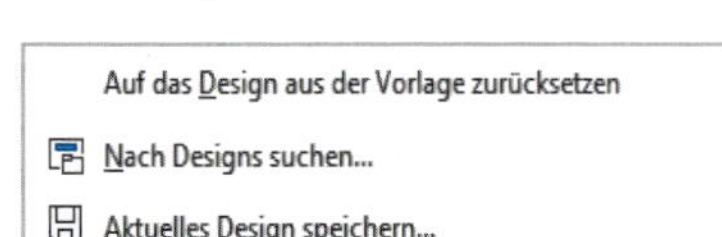

Übungsaufgaben:

1. Schreiben Sie die folgenden Wörter untereinander.
2. Formatieren Sie diese mit den betreffenden Formatvorlagen.
3. Weisen Sie ein Design zu.
4. Ändern Sie die Designfarben und die Designschrift.

Titel
Überschrift
Standard

2.11 Link

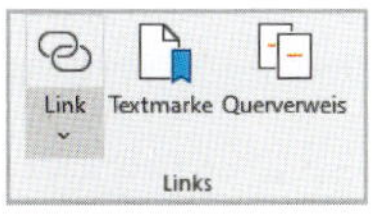

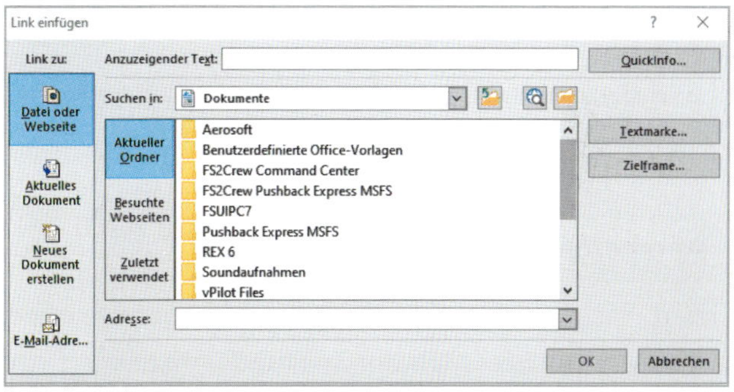

Links sind farbig markierte Textstellen oder Grafiken. Sie werden gesetzt, um Inhalte und Informationen mit einer anderen Stelle in dem aktuellen Dokument, mit einem anderen Dokument, mit einer E-Mail-Adresse oder mit einer Webseite zu verknüpfen.

Um einen Link einzufügen, müssen Sie zunächst den Text, der verknüpft werden soll, markieren. Danach klicken Sie auf die Registerkarte **Einfügen/Gruppe Links/Link** oder über die **Tastenkombination** **Strg** + **K**. Sie haben vier verschiedene Möglichkeiten zum Einfügen von Links zur Auswahl:

	Mit diesem Icon lässt sich ein vorliegender Textteil mit einer bereits bestehenden Datei Ihres Computers oder mit einer Internetseite verknüpfen.
	Das Icon „Aktuelles Dokument" verbindet Textteile innerhalb desselben Dokuments.
	Sie können in Ihr bestehendes Dokument einen Link einfügen, der in ein anderes, neues Dokument, welches Sie noch nicht erstellt haben, führt.
	Bei diesem Button lässt sich eine E-Mail-Funktion integrieren. Sie können nicht nur die E-Mail-Adresse verknüpfen, sondern auch einen Betreff für die E-Mail angeben.

Der markierte Text wird nach Einfügen des Links mit blauer Schriftfarbe versehen und unterstrichen.

Exemplarisch wird das Erstellen eines Links in einem aktuell zu bearbeitenden Dokument mit einer bereits bestehenden Datei erläutert:

1. Öffnen Sie die Datei, in der Sie den Link einfügen möchten.
2. Fügen Sie an der gewünschten Textstelle den Link ein, indem Sie unter der Registerkarte **Einfügen/ Gruppe Links/Link** klicken.
3. Wählen Sie „Datei oder Webseite" aus.
4. Suchen Sie nun unter „Suchen in:" Ihren Ordner, in dem sich die zu verknüpfende Datei befindet und wählen Sie diese aus.
5. Bestätigen Sie Ihre Auswahl mit OK.
6. Ist Ihr Link erstellt, müssen die Dateien abgespeichert werden.

Um den Link zu nutzen, halten Sie die **Strg**-Taste gedrückt und klicken mit der linken Maustaste den eingefügten Link an. Sie werden automatisch in das verknüpfte Dokument geleitet.

Um einen Link zu löschen, gehen Sie unter der Registerkarte **Einfügen/Gruppe Links/Link** auf „Hyperlink entfernen". Ohne Rückfrage wird die Verknüpfung sowie die Hervorhebung in Form von Unterstreichung und blauer Schriftfarbe gelöscht.

Hyperlink entfernen

Übungsaufgaben:

1. Erfassen Sie den folgenden Text.
2. Speichern Sie unter dem Dateinamen DIN-Norm.
3. Erstellen Sie für den fetten Begriff „Normung" einen Link zu dem bereits bestehenden Dokument „Kompetenztraining" am Ende von Kapitel 1.

DIN-Norm

Eine DIN-Norm ist ein unter Leitung eines Arbeitsausschusses im DIN (Deutsches Institut für Normung) erarbeiteter freiwilliger Standard, in dem materielle und immaterielle Gegenstände vereinheitlicht sind. DIN-Normen entstehen auf Anregung und durch die Initiative interessierter Kreise (in der Regel die deutsche Wirtschaft), wobei Übereinstimmung unter allen Beteiligten hergestellt wird.

Auf internationaler Ebene erarbeitete Standards sind zum Beispiel ISO-Normen oder die europäischen Normen EN.

DIN-Normen basieren auf den gesicherten Ergebnissen von Wissenschaft, Technik und Erfahrung und dienen der Allgemeinheit. Sie werden im Prozess der **Normung** erarbeitet.

Quelle: https://de.wikipedia.org/wiki/DIN-Norm

Kompetenztraining:

1. Erfassen Sie die nachstehenden Beispiele in der angegebenen Schriftart und dem Schriftgrad.
2. Nehmen Sie dann die Zeichenformatierung vor.

Beachten Sie bitte die DIN-Regeln: „Satzzeichen am Ende einer Hervorhebung werden nur dann in die Hervorhebung mit einbezogen, wenn sie inhaltlich zum hervorzuhebenden Teil gehören."[1]

Zeichenformatierungen

Beispiel	Schriftart/Schriftgrad	Zeichenformatierung
Das Wort **Beispiel** ist in Fettschrift.	Courier New 11 p	fett
Mit der *Kursivschrift* sparsam umgehen.	Times New Roman 13 p	kursiv
Nutzen Sie zum Unterstreichen die Wellenlinie.	Comic Sans MS 12 p	Wellenlinie
Sie können auch doppelt unterstreichen.	Bookman Old Style 11 p	doppelt unterstrichen
Dies ist ebenso erlaubt.	Verdana 14 p	gestrichelt unterstrichen
Überschrift in GROSSBUCHSTABEN.	Times New Roman 12 p	Großbuchstaben
KAPITÄLCHEN sind kleine Großbuchstaben	Times New Roman 11 p	Kapitälchen
~~Es kann auch durchgestrichen werden.~~	Arial 12 p	durchgestrichen
Oder mit ~~doppeltem Strich~~ durchgestrichen werden.	Calibri 13 p	doppelt durchgestrichen
Die Größe der Wohnung reicht aus.	Times New Roman 12 p	hochgestellt

1 Vgl. DIN Deutsches Institut für Normung e. V.; Schreib- und Gestaltungsregeln für die Textverarbeitung; Text- und Informationsverarbeitung DIN 5008:2020-03; Seite 28.

Dieser Satz ist tiefgestellt.	Arial 14 p	tiefgestellt
Die Farbpalette zeigt: rot, grün, blau, gelb, violett	Arial 10 p	Schriftfarbe
Farbige Markierung: rot, grün, blau, gelb, violett	Arial 10 p	Schriftfarbe/Markierung
Das Ändern der Zeichenbreite heißt Skalieren	Times New Roman 10 p	Skalieren 180 %
Verändern Sie den Zwischenraum zwischen den einzelnen Zeichen.	Century 12 p	Abstand: Schmal 1 p
Dieser Satz enthält ein Design.	Calibri 11 p	Design Hardcover

3 Absatzformatierungen

3.1 Ausrichtung

Texte werden im Allgemeinen linksbündig erfasst. Rechts entsteht ein ungleichmäßiger Flatterrand, den man durch die Silbentrennung etwas ausgleichen kann.

Sie ändern die Ausrichtung, indem Sie auf der Registerkarte **Start/Gruppe Absatz** auf [≡] bzw. [≡] bzw. [≡] bzw. [≡] oder auf den **Auswahlpfeil** von **Absatz** oder über die **Tastenkombinationen** **Strg** + **L** = Linksbündig bzw. **Strg** + **E** = Zentriert bzw. **Strg** + **R** = Rechtsbündig bzw. **Strg** + **B** = Blocksatz.

Textteile können folgende Ausrichtungen erhalten:

linksbündig, d. h., die Zeilen beginnen links an der Fluchtlinie und die Zeilenenden sind unregelmäßig. Es entsteht ein sogenannter Flatterrand.

Die zentrierte Ausrichtung ist besonderen Texten oder Textteilen vorbehalten, z. B. Überschriften. Die Textzeilen werden an der Blattmitte ausgerichtet. Formschönes Zentrieren erhöht die Aufmerksamkeit des Lesers.

Bei rechtsbündiger Ausrichtung ist nur der rechte Rand gerade. Der Flatterrand entsteht links. Diese Ausrichtung wird gewählt, wenn links eine Grafik oder ein Bild eingefügt werden soll.

Beim Blocksatz sind die Zeilen links- und rechtsbündig, d. h., es entsteht ein einheitlicher Rand auf beiden Seiten. Hierzu vergrößert MS Word automatisch die Wortzwischenräume, um den Rand auszugleichen. Bücher und Zeitschriften werden im Blocksatz geschrieben.

Übungsaufgaben:

1. Erfassen Sie den Text als Fließtext in der Schriftart „Courier New" 11 p.
2. Schalten Sie die Silbentrennung ein.
3. Ordnen Sie den einzelnen Absätzen das jeweilige Absatzformat zu.

Der Computer – das unbekannte Wesen

Sie sollten während der Ausbildung Wissen und Fertigkeiten erwerben, die es Ihnen ermöglichen, mit Computern und Programmen zu arbeiten. Die Welt der Computer wirkt zunächst undurchdringlich.

Wer wissen möchte, wie ein Computer funktioniert, verfängt sich in einem Dickicht von Drähten, unverständlichen Kommandos und fremden Begriffen. Erste Kontakte zwischen Ihnen und dem unbekannten Wesen könnten so aussehen:

Sie wollen sich einen PC kaufen. Sie haben sich den Grundsatz „learning by doing" zu eigen gemacht.

Ihr Bekannter, ein Computer-Freak, hat Ihnen Zeitschriften mit aktuellen Leistungsdaten und Testergebnissen besorgt. Außerordentlich motiviert stehen Sie einigen Selbstverständlichkeiten gegenüber.

Aber dann, nach genauem Lesen sind die Beschreibungen des Computers für Sie als Einsteiger nichtssagend. Wahrscheinlich sind Sie frustriert, weil Sie radikal mit der Computerfachsprache konfrontiert wurden.

Wollten Sie sich ein neues Auto kaufen, wüssten Sie worauf es ankommt: auf Schnelligkeit, Verbrauch, Motoreigenschaften, Komfort usw.

Ähnliche Kriterien sind auch für den Kauf eines Computers ausschlaggebend. Die Anzeige in der Zeitschrift beschreibt u. a. auch nur die Schnelligkeit, den Komfort, das Herz des unbekannten Wesens.

3.2 Einzug

Um Texte zu strukturieren, können einzelne Absätze im Text eingerückt werden, indem ihnen verschiedene Einzüge zugewiesen werden. Ohne Einzug ist Standard.

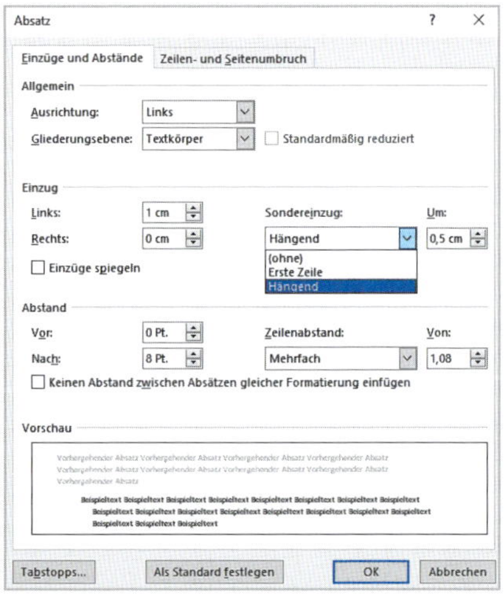

Unter der Registerkarte **Start/Gruppe Absatz** auf die Symbole [⇤] und [⇥] oder über den **Auswahlpfeil Absatz** oder über die **Tastenkombinationen** **Strg** + **M** = Einzug vergrößern bzw. **Strg** + **Shift** + **M** = Einzug verkleinern kann man einen Absatz mit einem Mausklick jeweils um 1,25 cm nach rechts einrücken/zurückschieben oder genauere Einstellungen vornehmen. Die Zeilenlänge wird abweichend von den Maßen der Seitenränder gestaltet.

Die häufigste Anwendung zur Veränderung des linken Einzuges ist die Einrückung. Sie wird nach DIN 5008 mit einem linken Einzug von 2,5 cm formatiert. Vor und nach der Einrückung ist eine Leerzeile einzufügen.

Mit dem Lineal definieren Sie Einzüge schneller, indem Sie den Marker für den linken, rechten, hängenden oder Erstzeileneinzug verschieben.

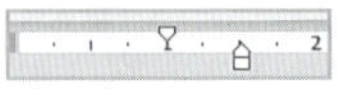

- das obere Dreieck definiert die Position des Zeichens
- das untere Dreieck definiert die Textposition
- das untere Rechteck verschiebt beides

Das Zeilenlineal blenden Sie ein, indem Sie auf die Registerkarte **Ansicht/Gruppe Anzeigen** gehen und im Ankreuzkästchen von Lineal einen Haken setzen.

Übungsaufgabe:

Erfassen Sie den Text in der Schriftart „Courier New" 11 p und stellen Sie den linken Einzug auf 2,5 cm und den rechten Einzug auf 2 cm.

Einzüge sind Leerräume bevor der Text beginnt. Der Text wird vom rechten bzw. linken Seitenrand eingerückt. Einzüge bestimmen also den Abstand eines Absatzes vom rechten und linken Seitenrand.

Innerhalb der eingegebenen Seitenränder kann der Textbeginn frei gestaltet werden. Rechte und linke Einzüge können einzeln eingegeben werden, können aber auch miteinander kombiniert werden. Sie können auch negativ sein, dann schreibt man im Seitenrand.

3.3 Sondereinzug

Beim Erstzeileneinzug wird nur die erste Zeile des Absatzes eingerückt.

Setzen Sie den Cursor vor die erste Zeile, die eingezogen werden soll. Klicken Sie anschließend auf der Registerkarte **Start/ Auswahlpfeil Absatz/Sondereinzug/Erste Zeile**. Legen Sie im Feld **Um:** den Abstand für den Einzug der ersten Zeile fest.

Beim hängenden Einzug werden alle Zeilen des Absatzes mit Ausnahme der ersten Zeile eingerückt.

Klicken Sie auf der Registerkarte **Start/Auswahlpfeil Absatz/Sondereinzug/Hängend**. Im Feld **Um:** geben Sie die Größe des Einzuges an.

Übungsaufgabe:

Erfassen Sie den folgenden Text mit einem Erstzeileneinzug und einem hängenden Einzug.

Der Erstzeileneinzug bewirkt, dass nur die erste Zeile eines Absatzes eingezogen wird, die restlichen Zeilen erscheinen am linken Rand. Standard des Einzuges der ersten Zeile nach der DIN 5008 sind 1,25 cm. Der Wert kann jedoch beliebig verändert werden.

Beim hängenden Einzug steht nur die erste Zeile am linken Rand und der restliche Absatz wird eingerückt. Auch hier sind laut DIN 5008 1,25 cm Standard und der Wert kann beliebig geändert werden.

Kompetenztraining:

Frau Erler, Abteilungsleiterin Verwaltung, gibt den Auszubildenden einen kurzen Überblick über das neue Ausbildungsberufsbild „Kaufmann und Kauffrau für Büromanagement“. Moni Tor und Gill Bates schreiben diesen Text und heben dabei einige Begriffe durch bereits gelernte Formatierungen hervor. Beachten Sie die Silbentrennung.

Kaufmann und Kauffrau für Büromanagement: Aufgaben und Einsatzgebiete

Kaufleute für Büromanagement erlangen im Rahmen ihrer praktischen und theoretischen Ausbildung umfassende Qualifikationen zur Bearbeitung von komplexen Büro- und Geschäftsprozessen. Ihre Aufgaben liegen in der Organisation, der Koordination und der Durchführung von bürowirtschaftlichen Abläufen und kaufmännischen Vorgängen.

Sie erlernen den Umgang mit modernen Kommunikations-, Informations- und Finanzbuchhaltungssystemen, bearbeiten Beschaffungs- und Absatzvorgänge, bereiten betriebswirtschaftliche Daten auf, interpretieren und präsentieren diese. Ein weiterer wichtiger Bereich ist die Kommunikation und Kooperation mit externen und internen Partnern. Kaufleute für Büromanagement können aber auch in personal- und finanzwirtschaftlichen Bereichen tätig sein. Die Aufgabengebiete erstrecken sich über den Einkauf, das Marketing oder die Logistik. Ebenso fallen die Öffentlichkeitsarbeit und das Veranstaltungsmanagement in ihren Verantwortungsbereich. Sie übernehmen Assistenz- und Sekretariatsaufgaben, koordinieren Termine, bereiten Sitzungen, Konferenzen und Besprechungen vor und bearbeiten den kaufmännischen Schriftverkehr.

Sie können sowohl in Unternehmen und Betrieben der freien und privaten Wirtschaft als auch im öffentlichen Dienst eingesetzt werden.

In der Ausbildung erlangen die Schülerinnen und Schüler die Kompetenzen, um eigenständig und selbstverantwortlich in den verschiedenen Bereichen der Bürowirtschaft zu agieren. Sie können umfassende und integrierende Aufgaben der Planung, Steuerung und Kontrolle unter Beachtung der wirtschaftlichen, rechtlichen, sozialen und ethischen Zusammenhänge bearbeiten und lösen.

3.4 Tabstopps (Tabulatoren)

Der Tabstopp ist eine Sprungmarke für einen Tabulator. Tabulatoren dienen dazu, Texte und Zahlen in Spalten anzuordnen, ohne die Spaltenfunktion zu aktivieren, ohne eine Tabelle zu erstellen und ohne die Zwischenräume durch unterschiedlich viele Leerzeichen zu füllen. Es handelt sich um eine zeitsparende Anordnung von Schriftzeichen in Spalten- und Tabellenform.

Tabstopps sind in MS Word standardmäßig in Intervallen von 1,25 cm definiert. Wird die Tabulatortaste gedrückt, springt der Cursor zum nächsten Tabstopp weiter. Ein Tabulatorzeichen (→) füllt den Abstand auf dem Bildschirm aus, wenn Sie den Button ¶ auf der Registerkarte **Start** aktiviert haben. Der Tabulator gehört zu den nichtdruckbaren Zeichen. Mit den Tabulatoren lassen sich in MS Word z. B. einfache Tabellen oder Übersichten gestalten. Wird der Standardtabstopp eingesetzt, ist die einheitliche Fluchtlinie beim Untereinanderschreiben gewährleistet. Tabulatoren werden im Zeilenlineal durch Striche gekennzeichnet.

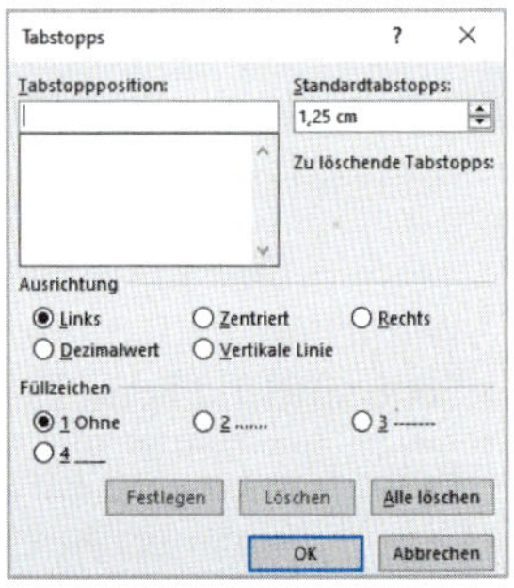

Versuchen Sie auf keinen Fall, den Abstand mit **Leerzeichen** auszufüllen! Bei Proportionalschriften kommt es dann zu einer unregelmäßigen Fluchtlinie.

Klicken Sie auf der Registerkarte **Start/Auswahlpfeil Absatz/** Tabstopps..., um den Standardtabstopp einzugeben oder individuelle Einstellungen des Tabstopps vorzunehmen.

Übungsaufgabe:

Fertigen Sie die Aufstellung an. Verwenden Sie dabei den Standardtabstopp. Vergewissern Sie sich vorher, ob er bei 1,25 cm eingestellt ist.

Urlaubsliste für das laufende Jahr

Herr Müller	17.02. - 28.02.
Herr Weiner	05.03. - 15.03.
Herr Brinkmann	12.05. - 28.05.
Herr Ochs	04.10. - 17.10.

Übungsaufgaben:

1. Erstellen Sie die folgende Aufstellung.
2. Ändern Sie den Standardtabstopp auf 4 cm.
3. Beginnen Sie die Aufstellung mit einem Tabstopp und setzen Sie zwischen dem DIN-Format und dem jeweiligen Beispiel ebenfalls einen Tabstopp.

Papierformate

DIN-Format	Beispiele
A0	Landkarten
A1	Fahrpläne
A2	Zeitungen
A3	Zeichenblöcke
A4	Briefbögen
A5	Hausaufgabenheft
A6	Postkarten
A7	Notizzettel

Sie haben aber auch die Möglichkeit, Tabstopps ganz exakt festzulegen und in der Ausrichtung zu verändern. Die gewählten Positionen der Tabstopps werden im horizontalen Zeilenlineal angezeigt.

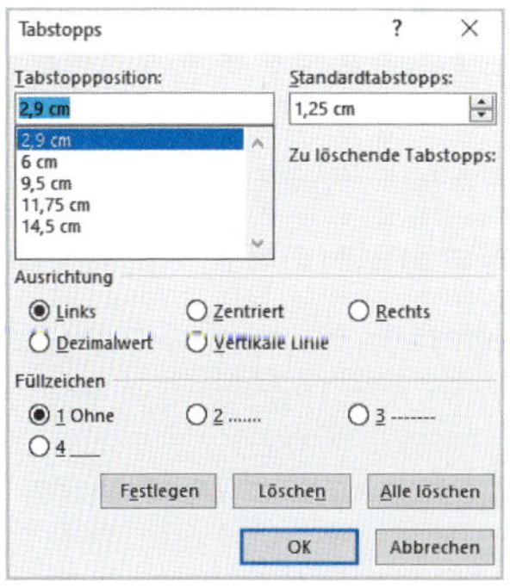

Wenn Sie manuelle Tabstopps setzen, werden die Standardtabstopps durch die **manuellen Tabstopps** unterbrochen.

Zum Setzen der Tabstopps klicken Sie auf der Registerkarte **Start/Auswahlpfeil Absatz/** Tabstopps..., um die Position des Tabstopps und die Ausrichtung einzugeben.

Gehen Sie dabei wie folgt vor:

1. Geben Sie im Feld „Tabstoppposition:" den genau definierten Wert ein.
2. Wählen Sie die gewünschte Ausrichtung aus.
3. Klicken Sie auf „Festlegen", damit die neue Einstellung übernommen wird.
4. Wiederholen Sie diesen Vorgang, wenn mehrere Positionen zu setzen sind. In dem Listenfeld „Tabstoppposition:" werden alle gesetzten Werte angezeigt.
5. Das Fenster müssen Sie mit OK schließen.

Dabei ist es möglich, zwischen unterschiedlichen Ausrichtungen zu wählen:

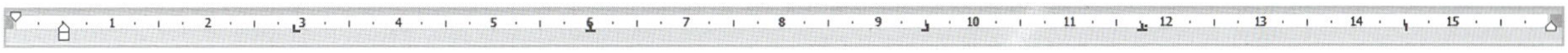

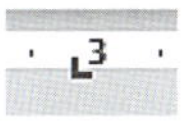	Tabstopp links Die Ausgangsposition des Textes wird auf links festgelegt, d. h., der Text wird bei der Eingabe rechts von der Tabstoppposition angezeigt.
	Tabstopp zentriert Die Ausgangsposition des Textes wird auf die Mitte festgelegt, d. h., der Text wird bei der Eingabe zentriert von der Tabstoppposition angezeigt.
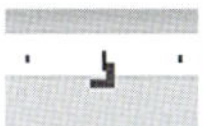	Tabstopp rechts Die Ausgangsposition des Textes wird auf rechts festgelegt, d. h., der Text wird bei der Eingabe links von der Tabstoppposition angezeigt.
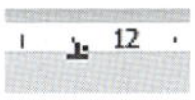	Tabstopp dezimal Zahlen werden bei der Eingabe der Tabstoppposition an der Dezimalstelle ausgerichtet, unabhängig von der Anzahl der Ziffern.
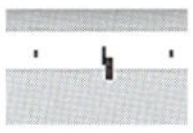	Vertikale Linie Der Leiste-Tabstopp legt keine Textposition fest, sondern bestimmt die Position einer Linie, die eingefügt werden soll.

Übungsaufgabe:

Übernehmen Sie die folgenden Tabstopp-Ausrichtungen und fertigen Sie die Übersicht an.

Links 2,9 Zentriert 6,0 Rechts 9,5 Dezimal 11,75

Artikel	**Art.-Nr.**	**Farbe**	**Preis**
Hose	486 257	schwarz	59,95 €
Hemd	8 124	beige	39,95 €
Pullover	77 396	blau	49,95 €
T-Shirt	886	weiß	19,95 €

Übungsaufgabe:

Übernehmen Sie die folgenden Tabstopp-Ausrichtungen und fertigen Sie die Übersicht an.

Links 4 cm Vertikale Linie 7 cm Rechts 9 cm

Obst	**kg**
Bananen	12
Kirschen	3
Pflaumen	6
Pfirsiche	5,5

Verschieben der Tabstopps

Sie können vorhandene Tabstopps mit gedrückter Maustaste auch auf dem Lineal nach links oder rechts an eine andere Position ziehen.

Verändern der Tabstopps

Klicken Sie auf einen bestehenden Tabstopp doppelt, öffnet sich das Fenster „Tabstopps“ und Sie können alle bekannten Veränderungen vornehmen.

Löschen der Tabstopps

Sie entfernen einen Tabstopp, indem Sie ihn mit gedrückter linker Maustaste nach oben oder unten aus dem Lineal herausziehen. Wenn Sie die Maustaste loslassen, wird der Tabstopp nicht mehr angezeigt. Eine andere Möglichkeit besteht, indem Sie im Fenster „Tabstopps“ einen oder mehrere nicht mehr benötigte Tabstopps markieren und auf die Schaltfläche **„Löschen“** oder **„Alle löschen“** klicken.

Bestätigen Sie mit [OK].

Setzen der Tabstopps über das Zeilenlineal

Machen Sie einen Einfachklick auf eine Position im Zeilenlineal. Es erscheint ein Tabstopp links, den Sie beliebig verschieben, löschen oder bearbeiten können.

Übungsaufgaben:

1. Erfassen Sie folgende Aufstellung in der Schriftart „Courier New“ 12 p.
2. Löschen Sie alle bestehenden Tabstopps.
3. Setzen Sie die Tabstopps über das Menü.
   Links 3,17 cm
   5,71 cm
   8,25 cm
   11,91 cm

Ergebnisliste des 20-km-Laufs

Name	Vorname	Jahrgang	Verein	Zeit
Baader	Robin	1979	LT Essen	01:30:15
Günther	Fabio	1968	LT Herne	01:45:08
Gröber	Nick	1969	SV Gladbeck	01:41:58
Lohmann	Guido	1983	TV Herten	01:48:34
Schneider	Volker	1977	SV Osterfeld	01:37:09
Zorn	Joshua	1978	SV Bottrop	01:50:03

Übungsaufgaben:

1. Erstellen Sie folgende Aufstellung in der Schriftart „Courier New“ 12 p.
2. Setzen Sie im Zeilenlineal die Tabstopps.

Vertikale Linie	6,00 cm
Links	7,00 cm
Vertikale Linie	10,00 cm
Rechts	14,75 cm

Bundesländer der Bundesrepublik Deutschland

Bundesland	Hauptstadt	Größe in 1000 km^2
Baden-Württemberg	Stuttgart	35,8
Bayern	München	70,5
Berlin	Berlin	0,9
Brandenburg	Potsdam	29,5
Bremen	Bremen	0,4
Hamburg	Hamburg	0,8
Hessen	Wiesbaden	21,1
Mecklenburg-Vorpommern	Schwerin	23,2
Niedersachsen	Hannover	47,6
Nordrhein-Westfalen	Düsseldorf	34,1
Rheinland-Pfalz	Mainz	19,8
Saarland	Saarbrücken	2,6
Sachsen	Dresden	18,4
Sachsen-Anhalt	Magdeburg	20,4
Schleswig-Holstein	Kiel	15,7
Thüringen	Erfurt	16,2

Übungsaufgaben:

1. Fertigen Sie folgende Aufstellung in der Schriftart „Courier New“ 12 p an.
2. Setzen Sie die Tabstopps bei

   Rechts 8,89 cm   Dezimal 12,06 cm

Postgebühren

Sendungsart	Höchstgewicht	Preis/€
Standardbrief	bis 20 g	0,85
Kompaktbrief	über 20 g bis 50 g	1,00
Großbrief	über 50 g bis 500 g	1,60
Maxibrief	über 500 g bis 1000 g	2,75
Postkarte		0,70
Einschreiben Einwurf		+ 2,35
Einschreiben		+ 2,65
Einschreiben Eigenhändig		+ 2,20
Einschreiben Rückschein		+ 2,20

Übungsaufgaben:

1. Erstellen Sie folgende Aufstellung in der Schriftart „Courier New" 11 p.
2. Setzen Sie folgende Tabstopps:
   Vertikal 6,03 cm und 9,84 cm   Links 6,67 cm und 10,48 cm

Arten der Kommunikation	**herkömmlich**	**technisch**
zeitgleich	Gespräch	Telefon
	Konferenz	Handy
	Sitzung	Funkgerät
	Tagung	Chat
	Kongress	usw.
zeitversetzt	Postkarte	Telegramm
	Brief	E-Mail
		SMS
		Telefax
		usw.

Den Tabstopps können unterschiedliche Füllzeichen zugewiesen werden. Füllzeichen sind Punkte oder Striche, die den Leerraum zwischen Wörtern füllen, die durch Tabstopps voneinander getrennt sind. Füllzeichen werden oft in Inhaltsverzeichnissen mit Angabe von Seitenzahlen verwendet. Sie dienen dem Leser zur Orientierungshilfe.

Klicken Sie auf der Registerkarte **Start/Auswahlpfeil Absatz/** Tabstopps... . Geben Sie die gewünschte Tabstoppposition und die Ausrichtung ein. Machen Sie bei **Füllzeichen** die gewünschte Angabe. Klicken Sie auf „Festlegen", damit die Füllzeichen übernommen werden. Bestätigen Sie mit OK .

Gesetzte Füllzeichen werden über die Option „Ohne" gelöscht.

Übungsaufgaben:

1. Schreiben Sie die folgende Aufstellung in der Schriftart „Courier New" 11 p.
2. Setzen Sie die Tabstopps auf folgende Positionen:
   2,5 cm linker Tabstopp
   7,25 cm rechter Tabstopp mit Füllzeichen (2) Punktiert
   11,75 cm Dezimal-Tabstopp mit Füllzeichen (2) Punktiert

```
Artikel ......Einheit ................ €
Haftnotizblock....10 ............... 12,50
CD-ROM...........20 ............... 35,10
Toner.............1 ............... 67,80
Papier..........500 ................ 7,50
Folien..........200 .............. 244,80
```

Übungsaufgaben:

1. Fertigen Sie folgende Übersicht in der Schriftart „Courier New" 11 p an.
2. Setzen Sie einen rechten Tabstopp bei 12,5 cm mit Füllzeichen 3.

```
Computer in unserem Alltag                         Seite
Computer zwischen Meinung und Wirklichkeit -------- 5
Die Verbreitung der Computer ---------------------- 6
Vorteile für arbeitende Menschen ------------------ 8
Computerunterstützte Arbeitsplätze --------------- 12
Computer und Beschäftigung ----------------------- 16
Mensch, Umwelt - Computer ------------------------ 20
```

3.5 Abstände

Der **Zeilenabstand** verändert den Abstand zwischen den einzelnen Textzeilen. Standardmäßig ist in MS Word ein einfacher Zeilenabstand vorgegeben. Er lässt sich auf 1,5 Zeilen, Doppelt, Mindestens, Genau oder Mehrfach umstellen.

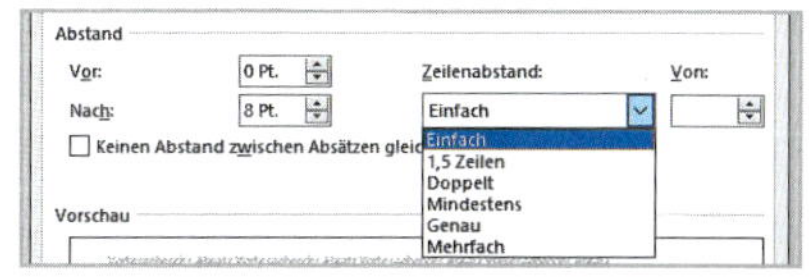

Sie ändern/löschen den Zeilenabstand über die Registerkarte **Start/Auswahlpfeil Gruppe Absatz/Abstand/Zeilenabstand** oder die **Tastenkombinationen** Strg + 1 für Einfach, Strg + 5 für 1,5 Zeilen und Strg + 2 für Doppelt oder im Drop-down-Menü von **Start/Symbol** .

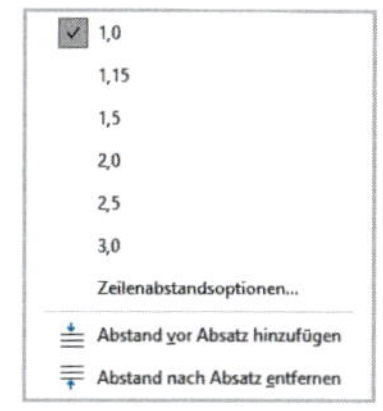

Öffnen Sie den Pfeil und wählen Sie aus dem Feld „Zeilenabstand" den gewünschten Abstand aus. Bestätigen Sie mit OK.

Wenn Sie Genau oder Mindestens angeben, berechnet MS Word den Zeilenabstand so, dass er an dem größten Schriftgrad jeder Zeile angepasst wird. Wenn eine Zeile ein großes Zeichen, eine Grafik oder eine Formel enthält, erhöht MS Word den Abstand für diese Zeile automatisch. Genau und Mindestens wird in Punkten und Mehrfach in Zeilen berechnet.

Übungsaufgaben:

1. Schreiben Sie den Text linksbündig in der Schriftart „Tahoma" 12 p.
2. Nehmen Sie die Zeilenabstände und die Silbentrennung vor.

Der Begriff Computer

Selbst wenn Sie nicht wissen, wie ein Computer funktioniert, so kennen Sie dennoch die Bedeutung des Computers in unserem Leben. — 1,5 Zeilen

Der Computer, der zu Deutsch schlicht Rechner heißt, leistet mehr als die Übersetzung umschreibt. Schneller als der Mensch speichert er Daten, führt Rechenoperationen durch, verarbeitet Texte und liefert perfekte Arbeitsergebnisse. — Einfach

Im Gegensatz zum Menschen fehlt dem Computer allerdings die Eigeninitiative. Er arbeitet nur auf Anweisung. — Doppelt

Die Aufgabe eines Computers ist es, nach Arbeitsanweisungen des Menschen Daten zu verarbeiten. — Einfach

Die Verarbeitung der Daten erfolgt elektronisch, daher der häufig gebrauchte Begriff EDV (elektronische Datenverarbeitung). — 1,5 Zeilen

Der **Absatzabstand** bestimmt die Breite des Raumes über oder unter einem Absatz. Sie können die Abstände zwischen den Textelementen genau anpassen. So kann z. B. die Beziehung zwischen dem Text und der Überschrift besser dargestellt werden.

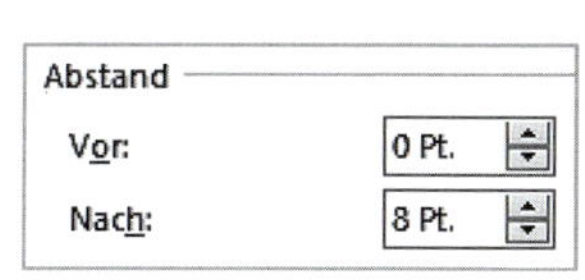

Wenn Sie einen Absatz verschieben oder löschen, wird der Leerraum davor und danach mit verschoben oder gelöscht, sofern die Absatzmarke mit markiert wurde. Der Absatz hinterlässt grundsätzlich keine Leerzeile. Falls Sie die Abstandeinstellungen in den Formatvorlagen speichern, fügt MS Word die entsprechenden Abstände vor und nach den Absätzen automatisch hinzu. Sie brauchen die Leerzeilen nicht manuell einzugeben.

Wählen Sie die Absätze aus, deren Abstände zueinander geändert werden sollen. Klicken Sie auf die Registerkarte **Start/Auswahlpfeil Gruppe Absatz** oder auf das Symbol.

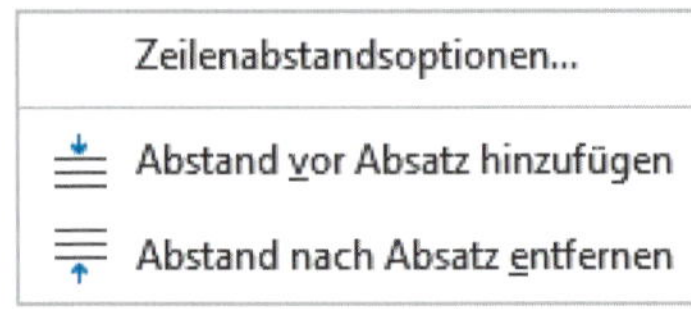

Hier können Sie genau festlegen, wie viel Abstand vor und nach einem Absatz hinzugefügt werden soll. Geben Sie im Feld „Abstand" die entsprechenden Werte „Vor:" (oberhalb des Absatzes) oder „Nach:" (unterhalb des Absatzes) ein bzw. wählen Sie „Abstand vor Absatz hinzufügen" oder „Abstand nach Absatz hinzufügen".

Wenn Sie den Abstand selbst definieren wollen, klicken Sie auf Zeilenabstandsoptionen... . So gelangen Sie ebenfalls in das oben beschriebene Fenster.

Übungsaufgaben:

1. Schreiben Sie den Text in der Schriftart „Courier New" 12 p.
2. Nehmen Sie die unterschiedlichen Absatzabstände vor.
3. Vergessen Sie die Silbentrennung nicht.

Vorteile für arbeitende Menschen — Nach: 12 p

Computer werden von den Anwendungen her bei den Fach- und Sachaufgaben geplant. Dieser Ausgangspunkt rückt die Forderungen der Arbeitenden in den Mittelpunkt. — Vor: 6 p

Viele Betriebe lassen ihre Mitarbeiter die Planung für den Computereinsatz von Anfang an mitgestalten, sei es bei den einzelnen Projekten oder bei Gesamtlösungen. — Vor: 8 p, Nach: 8 p

Dieses Vorgehen sorgt dafür, dass sich Unsicherheit gegenüber der Technik gar nicht erst festsetzt. — Nach:15 p

Im Gegenteil! Es macht auch klar, dass dem Nutzen für den Betrieb auch Vorteile für die Beschäftigten gegenüber stehen. — Vor: 18 p

Viele Mitarbeiter standen den Computern zunächst skeptisch gegenüber. Fast ausnahmslos hat bereits die erste Bekanntschaft mit dem Computer, erst recht die praktische Erfahrung große Aufnahmebereitschaft und Zufriedenheit, oft sogar Begeisterung geweckt. — Vor: 6 p, Nach: 20 p

3.6 Zeilen- und Seitenumbruch

MS Word führt Zeilen- und Seitenumbrüche automatisch durch. Sie können den Textfluss aber auch selbst anpassen. MS Word bietet verschiedene Optionen an, mit denen verhindert werden kann, dass zwischen bestimmten Zeilen und Absätzen ein Seitenwechsel erfolgt.

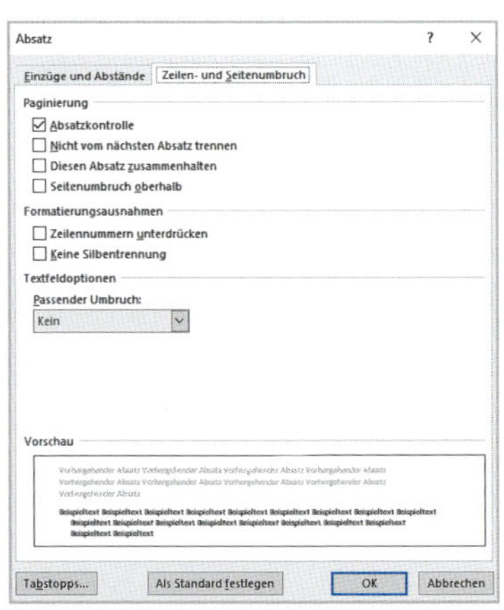

Verhindern von Seitenumbrüchen in Absätzen

Markieren Sie den Absatz, der nicht auf zwei Seiten umbrochen werden soll. Klicken Sie auf der Registerkarte **Start/Auswahlpfeil Gruppe Absatz**/Registerkarte **Zeilen- und Seitenumbruch**. Mit dem Kontrollkästchen „Absatzkontrolle" schalten Sie den Umbruch ein und aus.

Wenn Überschriften mit dem Absatz zusammenbleiben sollen, wählen Sie „Nicht vom nächsten Absatz trennen".

Aktivieren Sie das Kontrollkästchen „Diesen Absatz zusammenhalten", wenn ein Absatz nicht auf der nächsten Seite fortgeführt werden soll.

Das Einfügen eines Seitenumbruchs vor einem Absatz erreichen Sie, wenn Sie das Kontrollkästchen „Seitenumbruch oberhalb" aktivieren.

Einfügen eines manuellen Seitenumbruchs

Es soll weder eine neue Seite mit der letzten Zeile eines vorhergehenden Absatzes beginnen noch soll sie mit der ersten Zeile eines neuen Absatzes enden. Deshalb können Sie einen manuellen Seitenumbruch durchführen.

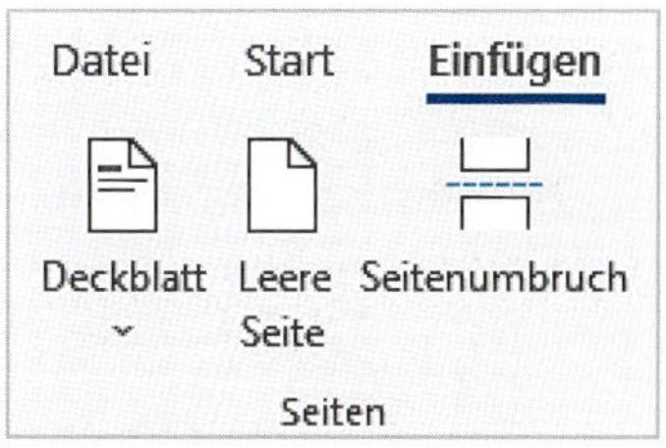

Klicken Sie auf die Stelle, an der die neue Seite beginnen soll. Wählen Sie auf der Registerkarte **Einfügen/Gruppe Seiten/** Seitenumbruch oder den Schnellbefehl **Strg** + **Return**.

Um einen Zeilenumbruch an bestimmten Textteilen bzw. Stellen zu verhindern, sieht die DIN 5008 vor, ein geschütztes Leerzeichen einzugeben. Dieses geschützte Zeichen wird durch das Zeichen ° dargestellt, es erscheint aber nicht im Ausdruck.

Setzten Sie den Cursor an die Stelle im Text, die nicht getrennt werden soll und geben Sie die Tastenkombination Strg + Shift + Leertaste ein. Durch das geschützte Leerzeichen werden verbundene Wörter und Zeichen am Zeilenumbruch nicht getrennt, sondern in die nächste Zeile verschoben.

Beispiele: Prof.°Dr.°Stefan°Frank, z.°B., i.°A., 50°000°km

3.7 Aufzählungszeichen und Nummerierung

Aufzählungszeichen und Nummerierung unterscheiden sich dadurch, dass bei Aufzählungen Zeichen und bei der Nummerierung Ordnungszahlen verwendet werden. Sie können während der Texteingabe oder nachträglich in den erfassten Text eingefügt werden.

Einschalten von Aufzählungszeichen und Nummerierung

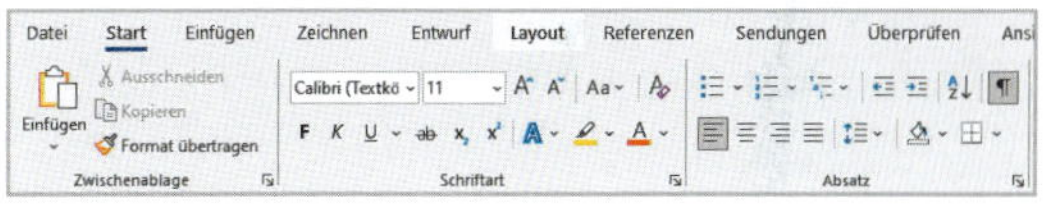

Klicken Sie im Register **Start/Gruppe Absatz** auf die **Symbole** .

Es erscheint im Text das zuletzt verwendete Zeichen. Wenn Sie andere Zeichen benutzen möchten, klicken Sie auf den Pfeil hinter dem entsprechenden Symbol. Hier können Sie das Zeichen aus der Aufzählungs- oder der Nummerierungsbibliothek auswählen.

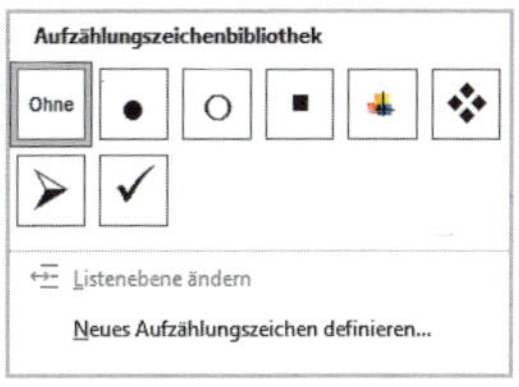

Aus der Bibliothek entsprechen nur die Ordnungszahlen mit Punkt und die Kleinbuchstaben mit der Nachklammer der DIN 5008!

Verändern von Aufzählungszeichen und Nummerierung

Die Zeichen können zusätzlich vom linken Rand eingezogen werden. Wollen Sie das nicht, ändern Sie es am einfachsten über das Zeilenlineal, indem Sie die Marker am linken Rand nach links ziehen.

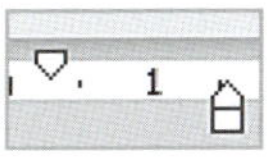

- das obere Dreieck definiert die Position des Zeichens
- das untere Dreieck definiert die Textposition
- das untere Rechteck verschiebt beides

Über die Schaltfläche [Neues Aufzählungszeichen definieren...] für die Aufzählungszeichen, die Schaltfläche [Neues Zahlenformat definieren...] und die Schaltfläche [Nummerierungswert festlegen...] für Zahlen können weitere Einstellungen vorgenommen werden.

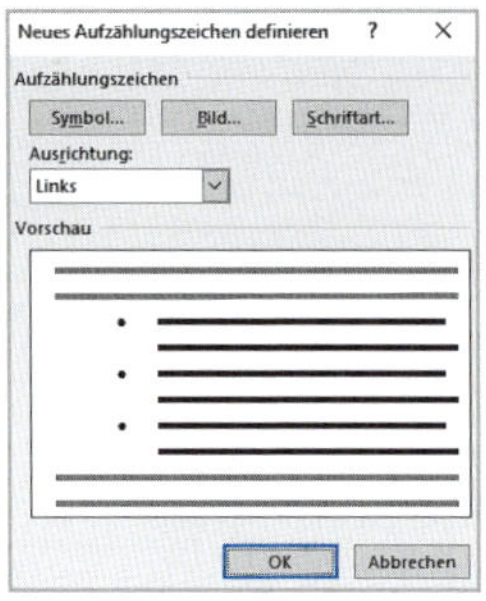

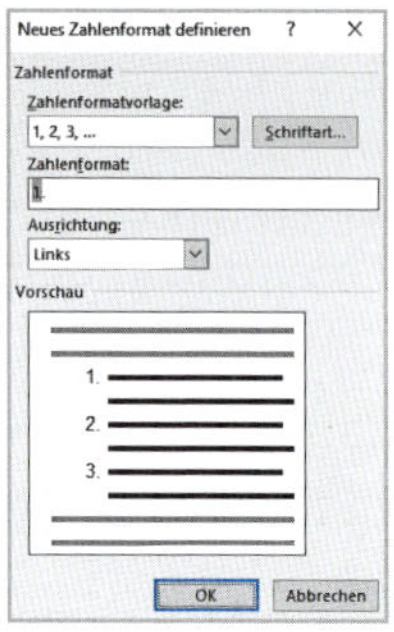

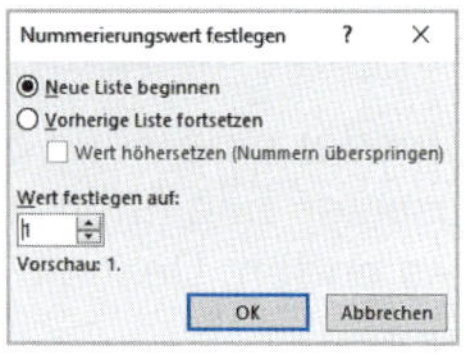

In dem geöffneten Fenster können die Ausrichtung und die Schriftart der Aufzählungszeichen geändert werden, sowie über die Schaltfläche „Symbol" andere Zeichen ausgewählt werden. Ebenso kann man ein Bild als Aufzählungszeichen aussuchen.

Bei den Zahlen können ebenfalls Schriftart und Ausrichtung variiert werden. Es kann aus verschiedenen Zahlenformatvorlagen gewählt oder ein ganz neues Zahlenformat eingestellt werden.

In diesem Fenster kann man seine bereits bestehende Nummerierung weiterführen oder eine neue Nummerierung einstellen. Diese kann man mit jeder beliebigen Zahl beginnen.

Übungsaufgabe:

Schreiben Sie folgenden Text und nehmen Sie die Aufzählung vor.

Sie müssen zugeben, der schöne Garten ist ein Thema, das uns alle angeht. Unsere Zeitschrift „Schöner Garten" ist

- kritisch und konstruktiv
- engagiert und fundiert
- anregend und aufregend

zugleich. Mit diesem Brief erhalten Sie zwei kostenlose Exemplare zur Probe.

Übungsaufgaben:

1. Erfassen Sie die Aufstellung in der Schriftart „Courier New" 11 p.
2. Wählen Sie: Zahlenformatvorlage: (1) ...
   Zahlenausrichtung: Links

Möglichkeiten der Zeichenformatierung:

Zeichen können in MS Word wie folgt formatiert werden:

(1) fett
(2) kursiv
(3) unterstrichen
(4) durchgestrichen
(5) hochgestellt
(6) tiefgestellt
(7) Kapitälchen
(8) Großbuchstaben
(9) andere Schriftart
(10) Schriftgrad
(11) Schriftfarbe

Übungsaufgabe:

Schreiben Sie folgenden Text in der Schriftart „Tahoma", Schriftgröße 11 p und nehmen Sie die Aufzählung vor.

Rechtsformen des Unternehmens:
- Das Einzelunternehmen
- Die Personengesellschaft
- Die offene Handelsgesellschaft
- Die Kommanditgesellschaft
- Die Kapitalgesellschaft
- Die Aktiengesellschaft
- Die Kommanditgesellschaft auf Aktien
- Die Gesellschaft mit beschränkter Haftung

Entfernen von Aufzählungszeichen und Nummerierung

Wenn Sie Aufzählungszeichen oder die Nummerierung löschen oder zwischendurch einfügen wollen, wird die Liste automatisch aktualisiert.

Öffnen Sie die Schaltfläche für Aufzählungszeichen oder Nummerierung und klicken Sie auf „Ohne". Alternativ drücken Sie am Ende der Liste zweimal auf „RETURN".

Übungsaufgabe:

Erfassen Sie die Aufstellung in der Schriftart „Courier New" 11 p.

Zur Vorbereitung unseres Seminars „Das moderne Büro" werden folgende Angaben benötigt:

1. Welche Verhandlungssprache wird gewünscht?

   a) Deutsch
   b) Englisch
   c) Französisch
   d) Sonstige

2. Welche Medien sollen eingesetzt werden?

   a) Informationsstände
   b) Overhead-Projektor
   c) Beamer
   d) Laptop

3. Welche Anordnung der Tische wird präferiert?

   a) Cluster-Anordnung
   b) Runden-Anordnung
   c) Winkel-Anordnung
   d) Theater-Anordnung
   e) Sitzungszimmer-Anordnung
   f) Parlamentarische-Anordnung
   g) Fischgräten-Anordnung

Aufzählungszeichen oder Nummerierung im Text

Die DIN 5008 legt fest, dass **Beginn** und **Ende** von Aufzählungen durch eine Leerzeile vom übrigen Text getrennt werden. **Mehrzeilige** Aufzählungsglieder sollten ebenfalls durch Leerzeilen innerhalb der Aufzählung getrennt werden. **Mehrstufige** Aufzählungen sollten eine eigene Fluchtlinie erhalten.

Übungsaufgaben:

1. Erfassen Sie den folgenden Text in der Schriftart „Arial" 11 p.
2. Nehmen Sie die Aufzählung vor.

Die Phasen eines Vorstellungsgesprächs

Nachdem Sie alle Bewerbungen geschrieben haben, beginnt die Phase des Bangens und Hoffens und das Warten auf die Reaktion der Unternehmen. Dann liegt sie endlich im Briefkasten – die Einladung zu einem Vorstellungsgespräch. Dieses ist der letzte Schritt, der darüber entscheidet, ob Sie den Ausbildungsplatz bzw. den Arbeitsplatz bekommen.

So ein Vorstellungsgespräch besteht aus verschiedenen Phasen:

1. **Die Kontaktaufnahme.** Zunächst soll sich die Bewerberin/der Bewerber an die Atmosphäre gewöhnen. Es werden Fragen gestellt, wie z. B. „Wie haben Sie den Weg zu unseren Geschäftsräumen gefunden?" oder „Wie war Ihre Verkehrsanbindung?"
2. **Die Themenstellung.** Nach der Kontaktaufnahme wird der Personalchef das Gespräch auf den eigentlichen Anlass lenken. Eventuell werden dem Bewerber noch andere Mitarbeiter vorgestellt. Wahrscheinlich wird auch ein Rundgang durch die Räumlichkeiten vorgeschlagen.
3. **Die Stellenbeschreibung.** Nach dem Rundgang wird der Personalchef die zu besetzende Stelle näher charakterisieren. Dabei sollte man aufmerksam, ohne Unterbrechungen, zuhören.
4. **Die Rückfragen.** Falls der Bewerber noch offene Fragen zur Stellenbeschreibung hat, bietet sich nun die Möglichkeit Rückfragen zu stellen. Sie sollten sich unbedingt eine Liste mit Fragen erarbeiten, die Sie selbst stellen wollen.
5. **Die Eigendarstellung.** Jetzt kommt die Phase in der der Bewerber punkten kann. Darauf hat er sich vorbereitet. Er darf über sich selber berichten. Sie sollten sich sowohl mit dem Beruf als auch mit dem Unternehmen gedanklich auseinandergesetzt haben und im Gespräch schlüssig und glaubhaft vermitteln, warum Sie sich für diesen Beruf entschieden haben und sich für diese Firma interessieren. Sie sollten wissen, warum Sie sich für geeignet halten.
6. **Das Gespräch.** Nach der eigenen Darstellung des Bewerbers werden ihm einige Fragen gestellt. Darauf kann sich der Bewerber nur sehr schwer vorbereiten, weshalb es sich bei dieser Phase um die schwierigste handelt.
7. **Die Zusammenfassung.** Nun werden die Vereinbarungen zwischen den beiden Parteien noch einmal resümiert.
8. **Der Schluss.** Nachdem alles geklärt ist, lassen die Personalchefs das Gespräch ausklingen. Dabei handelt es sich um Themen, die für beide Parteien nicht von großer Bedeutung sind.

Auch Personalfachleute sind nur Menschen. Sie verlassen sich bei der Beurteilung eines Bewerbers auf alle möglichen Arten von Signalen und Informationen, die sie erhalten und beobachten. Neben berufsrelevanten Informationen werden auch das Aussehen, die Körpersprache und die Ausstrahlung des Bewerbers bei der Beurteilung berücksichtigt.

Geben Sie sich möglichst natürlich und verstellen Sie sich nicht. Halten Sie sich aber unbedingt an die üblichen Höflichkeitsregeln, die für ein erstes (geschäftliches) Gespräch zwischen Menschen gelten.

3.8 Gliederung

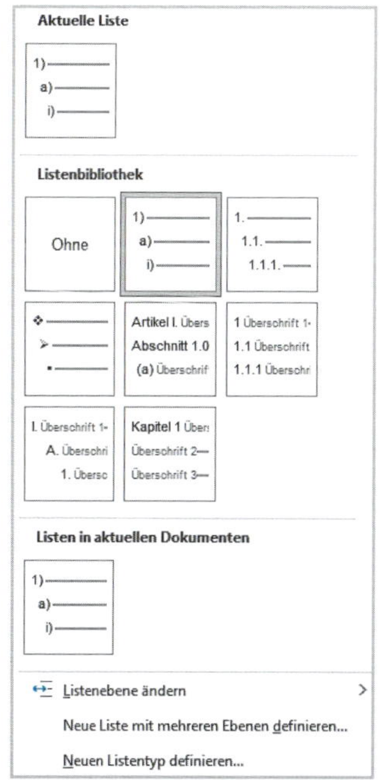

Eine Gliederung ist eine übersichtliche Darstellung von Themenüberschriften, die in Sinnabschnitte unterteilt werden.

In Inhaltsverzeichnissen beginnen alle Abschnittsnummern an derselben Fluchtlinie. Zwischen der längsten Abschnittsnummer und dem folgenden Text müssen mindestens zwei Leerzeichen eingefügt werden. Als Gliederungszeichen ist der Punkt zu verwenden. Am Ende der Abschnittsnummer steht kein Punkt. Eine Gliederung ist eine Aufzählung mit bis zu neun Gliederungsebenen.

Rufen Sie im Register **Start/Gruppe Absatz** das **Symbol** auf und klicken Sie eine beliebige Formatvorlage an.

Sie haben auch die Möglichkeit, unter Neue Liste mit mehreren Ebenen definieren... eine Gliederungsliste anzufertigen oder unter Neuen Listentyp definieren... eine Gliederung nach eigenen Vorstellungen zu entwickeln.

Übungsaufgabe:

Erfassen Sie die folgende Gliederung in der Schriftart „Courier New" 11 p.

Sicher ist Ihnen schon bekannt, dass in einer Gliederung nach jeder Stufe nur dann ein Punkt gesetzt wird, wenn eine weitere Stufe folgt. Somit entfällt der Schlusspunkt. Damit Lesefehler vermieden werden, soll zwischen den Gliederungszeichen und dem Text stets ein Abstand von zwei Leerzeichen eingefügt werden.

Inhalt

1 Allgemeines
1.1 Geschichtliches
1.2 Das Deutsche Normenwerk
1.2.1 DIN-Norm
1.2.2 Werdegang einer DIN-Norm
1.2.3 Allgemeine Norm
1.2.4 Entwicklung des Deutschen Normenwerks
1.2.5 Urheberrecht an DIN-Normen
1.3 Internationale Normung
1.3.1 Normungstechnik
1.3.2 Zweck und Ziel
1.3.3 Gestaltung von Normen
1.3.4 Änderung von Normen

2 Grundnormen
2.1 Formate
2.2 Schriftwerke

Übungsaufgaben:

1. Erfassen Sie den ersten und letzten Absatz als Fließtext.
2. Gestalten Sie die Gliederung wie angegeben.
3. Beachten Sie die nebenstehenden Erklärungen.

Eine Aufstellung in Form einer Gliederung ist nicht nur übersichtlich, sondern ordnet die einzelnen Aufzählungselemente in verschiedene Ebenen ein, die man bei einer solchen Formatierung schnell erkennen kann.

A. Grundlehrgänge
   1. WORD
   2. EXCEL
   3. ACCESS
   4. POWER POINT
B. Aufbaulehrgänge
   1. WORD
   2. EXCEL
C. Seminare
   1. Firmenseminare
   2. Interne Seminare
   3. Feriенseminare
      a) Bodensee
         ⇒ Februar
         ⇒ April
         ⇒ September
      b) Haus Waldeck
         ⇒ Mai
         ⇒ Juli
         ⇒ November
D. Sonstige (auf Anfrage)
E. Vorträge und Training

1. Ebene
- Markieren Sie die komplette Aufzählung.
- Wählen Sie für die erste Ebene die Großbuchstaben aus.

2. Ebene
- Markieren Sie die Grundlehrgänge.

B·WORD¶
C·EXCEL¶
D·ACCESS¶
E·POWER·POINT¶

- Klicken Sie auf . Die 2. Ebene ist erreicht.
- Wählen Sie die betreffende Nummerierung.
- Verfahren Sie mit den Gruppen Aufbaulehrgänge und Seminare in gleicher Weise.

3. Ebene
- Markieren Sie den Text von Bodensee bis November und klicken dann auf .
- Wählen Sie die betreffende Nummerierung.

4. Ebene
- Markieren Sie den Text von Februar bis September und klicken auf .
- Wählen Sie die betreffenden Aufzählungszeichen.
- Verfahren Sie mit dem Text von Mai bis November ebenso.

3.9 Rahmen und Schattierung

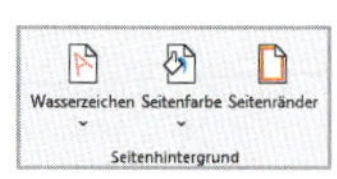

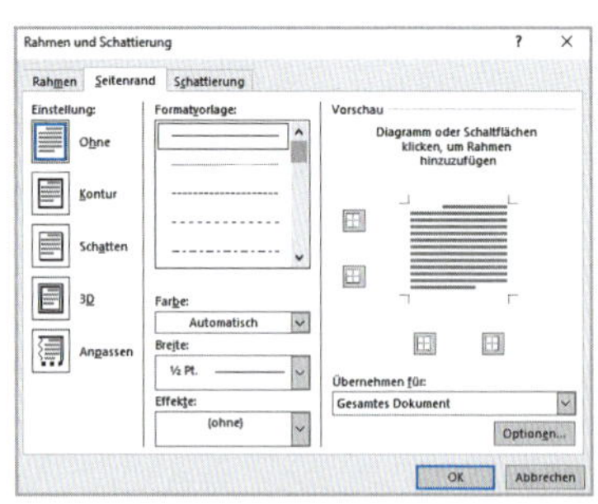

MS Word bietet die Möglichkeit, den gesamten Text oder einzelne Textteile mit Rahmenlinien zu versehen. Darüber hinaus kann der Hintergrund schattiert werden.

Rahmen und Schattierungen ruft man über die Registerkarte **Entwurf** auf. Klicken Sie auf **Gruppe Seitenhintergrund/ Seitenränder**.

Es öffnet sich das nebenstehende Fenster mit den drei Registerkarten.

Registerkarte Rahmen

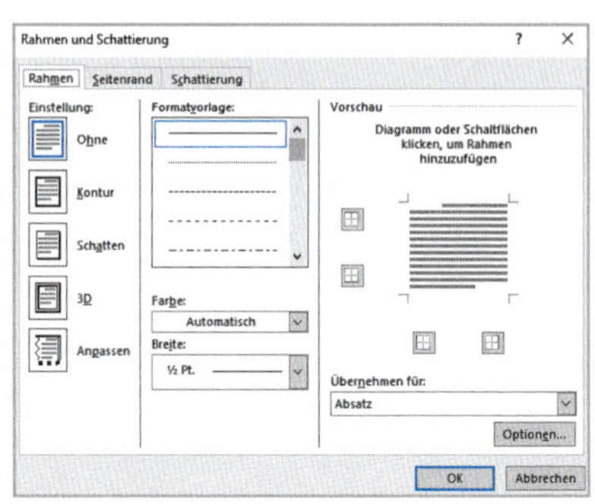

Folgende Auswahlmöglichkeiten stehen zur Verfügung:

Einstellung: Es werden 4-seitige Rahmenlinien eingefügt oder der Rahmen wird schattiert.

Wenn Sie die Rahmenlinien wieder entfernen wollen, aktivieren Sie unter „Einstellung" das Feld „Ohne".

Formatvorlage: Es stehen unterschiedliche Varianten von Linienarten zur Verfügung.

Farbe: Sie können zwischen unterschiedlichen Rahmenfarben wählen.

Breite: Sie können zwischen verschiedenen Rahmenbreiten wählen.

Vorschau: Im Vorschaufenster können Sie sehen, was Sie bereits eingegeben haben.

Zudem können Sie die einzelnen Rahmenlinien ein- und ausschalten, sodass nur ausgewählte Seiten mit einer Rahmenlinie versehen sind. Dieses nennt man Teilumrahmung. Klicken Sie im Vorschaufenster die betreffenden Seiten an, die gelöscht werden sollen.

Soll in Ihrem Dokument ein Absatz oder eine Tabelle umrahmt werden, klicken Sie in dem Feld „Übernehmen für:" das Wort Absatz an.

Sollen in Ihrem Dokument einzelne Wörter umrahmt werden, müssen Sie das Wort markieren und das Feld „Übernehmen für:" Text aktivieren.

Der Abstand zwischen Text und Rahmen lässt sich unter der Schaltfläche „Optionen" genau bestimmen. Bestätigen Sie Ihre Eingaben mit OK.

Übungsaufgabe:

Erfassen Sie folgenden Text, und nehmen Sie die Umrahmungen vor.

Das Sparbuch

Die beliebteste Sparform der Bundesbürger ist das Sparen auf dem Sparkonto. Wer ein Sparkonto eröffnet, erhält als Urkunde ein Sparbuch. Darin werden alle Einzahlungen und alle Abhebungen eingetragen sowie der jeweils aktuelle Kontostand angegeben.

Registerkarte Schattierung

Jeder Text kann mit einer Schattierung versehen werden, unabhängig davon, ob er gerahmt ist oder nicht.

Die aktuellen Einstellungen von MS Word sind ohne Füllung und mit transparenter Linienart.

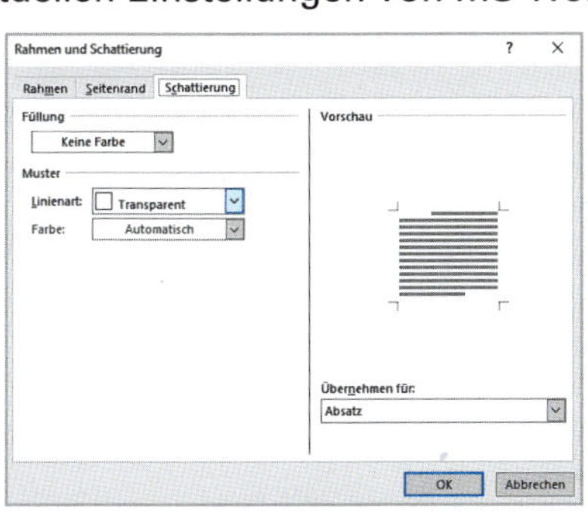

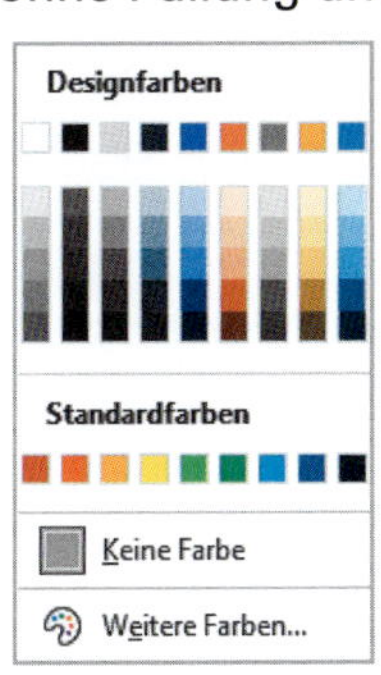

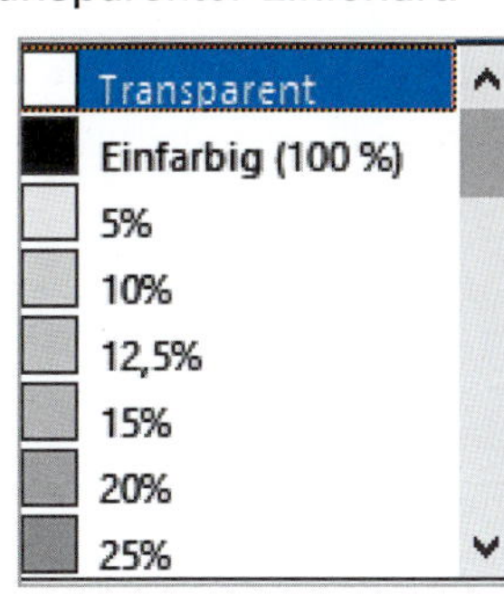

Klicken Sie den Listenpfeil der Füllung an, um die Füllfarbe zu wählen.

Klicken Sie den Listenpfeil der Linienart an, um die verfügbaren Prozentwerte der Musterung zu wählen. Diese Hintergrundschattierung können Sie auch mit einer Farbe versehen.

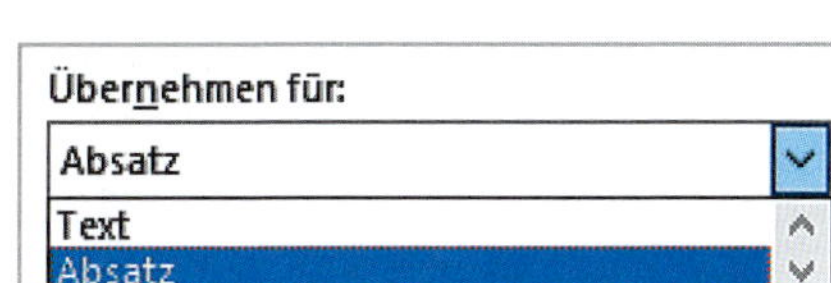

Soll in Ihrem Dokument ein gesamter Absatz schattiert werden, klicken Sie in dem Feld „Übernehmen für:" das Wort **Absatz** an.

Sollen in Ihrem Dokument einzelne Wörter schattiert werden, müssen Sie das Wort markieren und das Feld „Übernehmen für:" **Text** aktivieren.

Übungsaufgabe:

1. Erfassen Sie die folgenden Überschriften.
2. Nehmen Sie die Umrahmung und die Schattierung vor.

Anfrage

Angebot

Bestellung

Auftragsbestätigung

Lieferschein

Rechnung

Einladung zum Geschäftsjubiläum

Rahmen und Schattierungen können Sie ebenfalls eingeben, indem Sie auf den Auswahlpfeil des Symbols ⊞ in der Symbolleiste **Start**/**Gruppe Absatz** klicken. Wählen Sie dann Rahmen und Schattierung.

Übungsaufgaben:

1. Erfassen Sie folgendes Beispiel in der Schriftart „Times New Roman" 12 p.
2. Rahmen Sie den Text wie die Muster zeigen.

Dieser Absatz soll mit einer Linienbreite von ½ p eingerahmt werden.	Wir müssen uns mit den wichtigsten Hardwareteilen auseinandersetzen. Hierzu gehören: Zentraleinheit, Monitor, Tastatur, Drucker, USB-Sticks, CD-ROM sowie die Maus.
Diesen Absatz mit einer Teilumrahmung links und rechts kennzeichnen.	Wir müssen uns mit den wichtigsten Hardwareteilen auseinandersetzen. Hierzu gehören: Zentraleinheit, Monitor, Tastatur, Drucker, USB-Sticks, CD-ROM sowie die Maus.
Hier fügen Sie Linien um den Absatz mit je 3 p Abstand zum Text ein.	Wir müssen uns mit den wichtigsten Hardwareteilen auseinandersetzen. Hierzu gehören: Zentraleinheit, Monitor, Tastatur, Drucker, USB-Sticks, CD-ROM sowie die Maus.
Dieser Absatz soll mit 2 ¼ p schattiert umrahmt werden und eine farbige Hintergrundschattierung erhalten.	Wir müssen uns mit den wichtigsten Hardwareteilen auseinandersetzen. Hierzu gehören: Zentraleinheit, Monitor, Tastatur, Drucker, USB-Sticks, CD-ROM sowie die Maus.
Dieser Absatz soll mit einer Schattierung hinterlegt werden, ohne ihn einzurahmen.	Wir müssen uns mit den wichtigsten Hardwareteilen auseinandersetzen. Hierzu gehören: Zentraleinheit, Monitor, Tastatur, Drucker, USB-Sticks, CD-ROM sowie die Maus.

Registerkarte Seitenrand

Wenn Sie im Register **Entwurf** auf Seitenränder klicken, öffnet sich automatisch die Registerkarte Seitenrand. Vorsicht, sie sieht der Registerkarte Rahmen sehr ähnlich! Bei dem Seitenrand handelt es sich jedoch um die Umrahmung für die gesamte Seite bzw. das gesamte Dokument und nicht für einzelne Wörter oder Absätze.

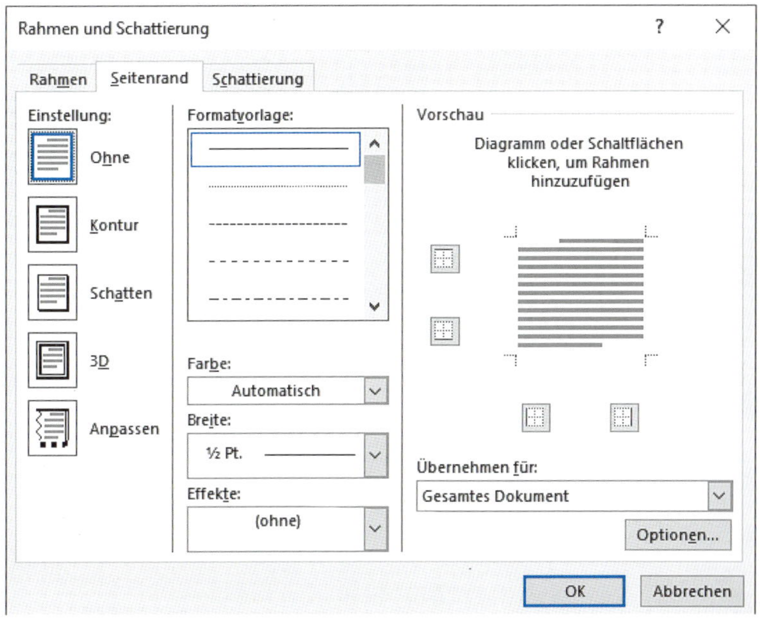

Sie können die Einstellung wählen, die Formatvorlagen, die Farbe und die Breite. Ebenso können Sie sich Ihr Ergebnis im Vorschaufenster anschauen sowie Teilumrahmungen durch Anklicken der kleinen Fenster vornehmen. Ergänzt wird das Fenster durch das Feld „Effekte“. Effekte sind Bild-Muster, die als Seitenrand genutzt werden können.

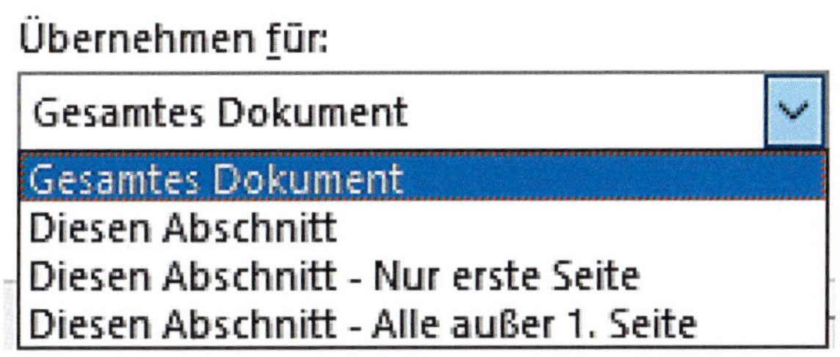

Klicken Sie im Feld „Effekte“ auf den kleinen Auswahlpfeil und entscheiden Sie sich für ein Bild-Muster.

Auch hier können Sie auswählen, für welchen Abschnitt der Seitenrahmen gelten soll. Sie können die Umrahmung auf das gesamte Dokument oder auf einzelne Abschnitte beziehen.

Der Abstand zwischen Text und Seitenrand lässt sich unter der Schaltfläche „Optionen“ genau bestimmen.

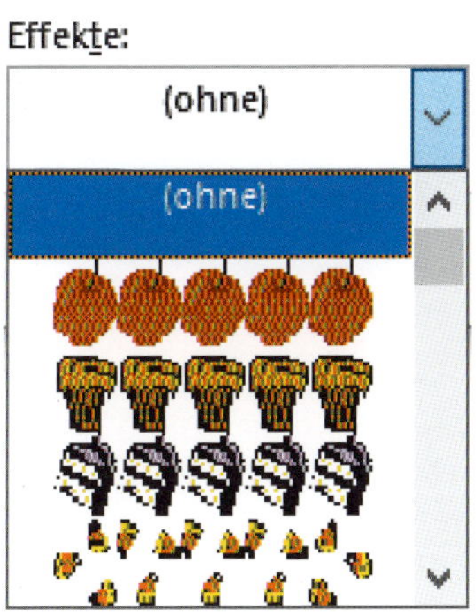

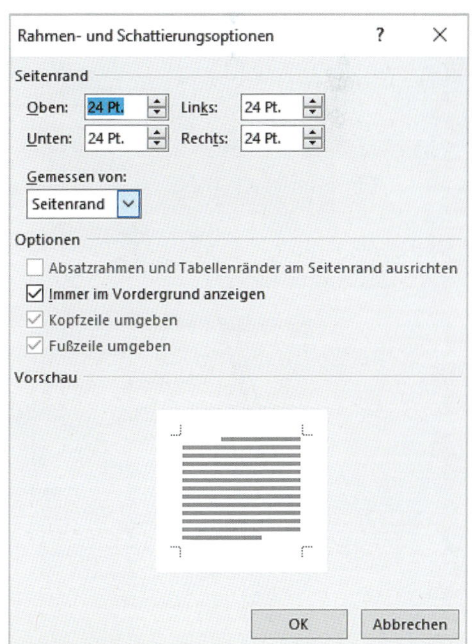

Kompetenztraining:

1. Erfassen Sie das Rezept für den **Kochkurs** in der Schriftart „Courier New“ 12 p.
2. Wählen Sie für die Auflistungen unterschiedliche Aufzählungszeichen aus.
3. Versehen Sie das Rezept mit einem Randeffekt.
4. Fügen Sie auch die anderen Ihnen bereits bekannten Formatierungen in das Rezept ein.

Kochkurs

Leckere Waffeln (10 Stück)

Dazu benötigen Sie:

200 g Butter oder Margarine
100 g Zucker
3 Eier
1 Päckchen Vanillezucker
250 g Mehl
1/2 Päckchen Backpulver
1/8 l lauwarmes Wasser

Puderzucker zum Bestreuen

Stellen Sie bereit:

1 Waffeleisen
1 Rührschüssel
1 Backpinsel
1 Handrührgerät

So wird's gemacht:

☺ Fett, Zucker und Vanillezucker gut schaumig rühren
☺ nacheinander die Eier hinzufügen und gut verrühren
☺ gesiebtes Mehl mit Backpulver mischen und unterrühren
☺ lauwarmes Wasser hinzufügen und weiter rühren
☺ Waffeleisen vorheizen
☺ Waffeleisen mit dem Backpinsel etwas einfetten
☺ Temperatureinstellung am Waffeleisen auf Stufe 4 einstellen
☺ 2 Esslöffel Teig einfüllen
☺ Waffeleisen schließen und die Waffeln hellbraun backen
☺ fertige Waffeln auf einen Kuchenrost legen
☺ vor dem Verzehr mit Puderzucker bestreuen

GUTEN APPETIT

3.10 Initial

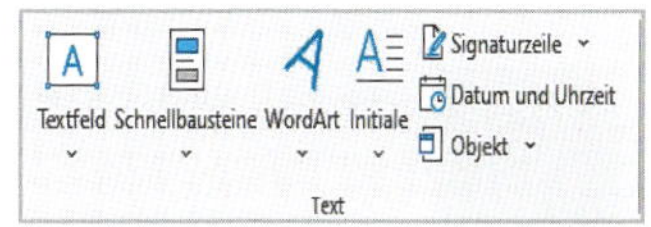

Das Initial ist ein Sonderformat zur Absatzgestaltung. Unter einem Initial versteht man einen vergrößerten Buchstaben am Anfang eines Absatzes. Sie können auch Wörter, Grafiken oder Symbole am Beginn des Textabsatzes als Blickfang vergrößern.

Markieren Sie die Buchstaben oder die Grafik, die Sie hervorheben möchten. Wählen Sie in der Registerkarte **Einfügen/Gruppe Text/Initiale** die Position, die Ihnen geeignet erscheint. Sie können wählen, ob Sie das Initial im Text oder im Rand haben möchten.

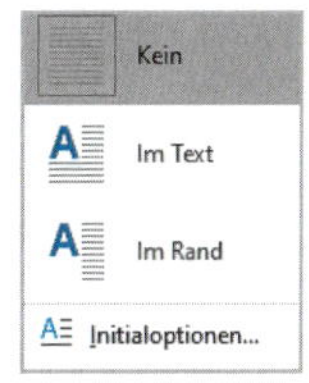

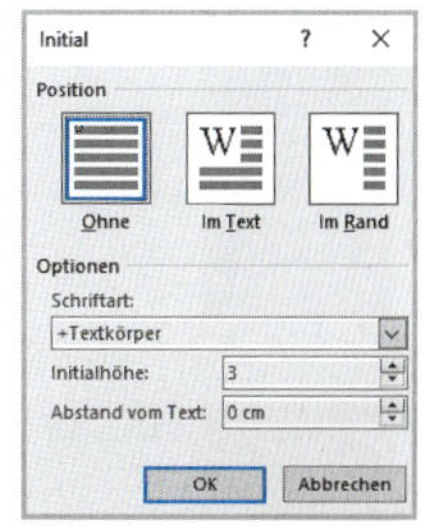

Unter [Initialoptionen...] können Sie weitere Formatierungsänderungen vornehmen. In dem Fenster, welches sich öffnet, lassen sich eine andere Schriftart, die Größe sowie der Abstand des Initials vom Text eingeben.

Die Initiale werden in einem markierten Rahmen (Textfeld) angezeigt. Dieser wird jedoch nicht mit ausgedruckt.

Initiale entfernen Sie wieder, indem Sie auf die Schaltfläche „Kein" oder „Ohne" klicken.

Übungsaufgaben:

1. Erfassen Sie den Text in „Courier New" 12 p und gestalten Sie ihn wie folgt:
2. Nehmen Sie die Silbentrennung vor.

Albert Einstein war einer der bedeutendsten Physiker des 20. Jahrhunderts. Er kam am 14. März 1879 in Ulm zur Welt. Die Familie zog nach München, als er ein Jahr alt war.

Initial
Im Text
Initialhöhe: 2
Abst. v. Text: 0 cm

Obwohl er erst sehr spät das Sprechen erlernte, war er ein guter Schüler und besuchte das Gymnasium in München. Mit 15 Jahren zog er zu seiner Familie nach Mailand. Um ein mathematisch-physikalisches Studium zu beginnen, machte er das Abitur nach.

Im Rand
Initialhöhe: 2
Abst. v. Text: 0 cm

Er heiratete 1903 seine langjährige Lebensgefährtin, die er aus seinen Studienzeiten kannte. Das Paar bekam drei Kinder.

Im Rand
Initialhöhe: 3
Abst. v. Text: 0,2 cm

Zu seinen wichtigsten Werken zählt die im Jahre 1916 veröffentlichte Relativitätstheorie. Weitere Arbeiten zählen noch heute zu den Fundamenten der modernen Physik. 1921 erhielt Albert Einstein den Nobelpreis für Physik.

Im Text
Initialhöhe: 3
Abst. v. Text: 0,1 cm

Übungsaufgaben:

1. Erfassen Sie den Text in der Schriftart Arial, Schriftgröße 12 p und gestalten Sie ihn.
2. Aktivieren Sie unter der Registerkarte **Start** das Symbol „Hervorheben", um die Initiale farbig zu gestalten.

Rundgang durch Prag

Prag ist ein Mythos und darüber hinaus auch noch eine der schönsten Städte der Welt. Neben dem pulsierenden Leben einer immer mehr westeuropäische Standards annehmenden Metropole, kann man in dieser Stadt noch in vielen Winkeln der Altstadt die Aura der Vergangenheit entdecken. Nach der Wende von 1989 musste leider der verträumte Charme verfallener Gebäude einer auf Hochglanz getrimmten Restaurierung weichen.

Retten wollte man in vielen Fällen die Bausubstanz der von dem Verfall bedrohten Gebäude. Dennoch wirkt die Fassade manches Bauwerks nach der Fertigstellung nun allzu glatt und poliert. Aber welche Stadt kennt nicht solche Beispiele?

Auch war natürlich diese Stadt schon oft großen Wandlungen unterworfen. So ist beispielsweise das einstige jüdische Viertel der Sanierung zum Opfer gefallen. Auch der Hradschin, Regierungssitz der Herrschenden in Böhmen seit Jahrhunderten, wurde mehrfach, und auch heute noch gut einsehbar, umgebaut und erweitert.

Gerade deswegen gibt es kaum eine andere Stadt, in der man auf vergleichsweise gedrängtem Areal so viele Baudenkmäler und Sehenswürdigkeiten bestaunen kann wie in Prag. Ob nun auf dem Altstädter Ring, der Neustadt oder auf der malerischen Seite am Fuße des Hradschins. In jedem Stadtviertel des historischen Zentrums von Prag gibt es herrliche Monumente der Baukunst zu bewundern.

3.11 Textteile ausschneiden, kopieren, verschieben und einfügen

In MS Word kann ein Text beliebig oft kopiert, verändert oder bearbeitet werden. Es stehen verschiedene Möglichkeiten zur Verfügung.

Die schnellste Methode einen Text zu verschieben nennt man **Drag & Drop**. Hierbei lässt sich markierter Text durch Ziehen mit der Maus an eine andere Stelle verschieben bzw. kopieren.

Text verschieben und einfügen

Beim Verschieben entfernen Sie einen Text von einer Stelle und fügen ihn an einer anderen Stelle wieder ein.

1. Markieren Sie den gewünschten Text.
2. Zeigen Sie mit dem Mauspfeil in den markierten Text und halten Sie die linke Maustaste gedrückt.
3. Ziehen Sie jetzt den Mauspfeil an die neue Einfügeposition. An dem Mauspfeil erscheint ein kleines Rechteck.
4. Eine gestrichelte Linie zeigt zur besseren Orientierung die Einfügestelle an. Lassen Sie an der neuen Position die linke Maustaste wieder los. Der Text ist verschoben.

Text kopieren und einfügen

Beim Kopieren fügen Sie einen Text an einer anderen Stelle ein. Der Originaltext bleibt jedoch an der alten Stelle erhalten. Um den Text mit der Maus zu kopieren, gehen Sie ähnlich vor wie beim Verschieben.

Markieren Sie den Text, halten Sie die linke Maustaste und die Strg-Taste gedrückt. Es erscheint an dem Mauspfeil ein kleines Pluszeichen. Ziehen Sie nun den Text an die gewünschte Stelle. Der Ursprungstext bleibt erhalten.

Übungsaufgaben:

1. Erfassen Sie den Text in der Schriftart „Courier New“, Schriftgröße 11 p.
2. Verschieben Sie mittels Drag & Drop den zweiten Absatz „Beim Bewerbungsschreiben ...“ an die erste Stelle.
3. Verschieben Sie in der Nummerierung Ziffer 2 unter Nr. 5.
   Tipp: Markieren Sie auch die Leerzeile unter der Ziffer 2.
4. Probieren Sie auch das Kopieren eines Textteils.

Legen Sie einen Bewerbungsordner an

Heften Sie alle Unterlagen in einen Bewerbungsordner ein, den Sie regelmäßig aktualisieren und ergänzen. Sie vermeiden dadurch Stress und ersparen sich eine Menge Zeit, die Sie für andere Dinge einsetzen können.

Beim Bewerbungsschreiben und beim Lebenslauf müssen Sie genau darauf achten, dass Sie alle Daten korrekt und in der richtigen Reihenfolge eintragen.

Es ist nämlich ärgerlich, wenn Sie in einer Bewerbungssituation Ihre Unterlagen erst einmal zusammensuchen müssen.

In diesen Ordner gehören:

1. Alle Zeugnisse (jeweils das Original und mehrere Kopien)

2. Ein aussagekräftiger und gut formulierter Lebenslauf

3. Bescheinigungen über Fortbildungen, Kurse, Praktika usw.

4. Mehrere Bewerbungsfotos (neueren Datums)

5. Mehrere verschiedene Bewerbungsschreiben

Pflegen Sie Ihren Ordner und achten Sie immer auf Vollständigkeit.

Kopieren, Ausschneiden und Einfügen mit Zwischenablage

Bei diesen Funktionen wird der ausgewählte Text in eine Zwischenablage (einen temporären Speicherbereich) gelegt, um ihn bei Bedarf wieder aufzurufen.

Übersicht über weitere Möglichkeiten zum Arbeiten mit der Zwischenablage:

	1.	2.	3.	4.
Befehl	**Symbol**	**Menüpunkt**	**Kontextmenü**	**Shortcut**
Ausschneiden	Ausschneiden	Start/Ausschneiden	rechte Maustaste/ Ausschneiden	Strg + X
Kopieren	Kopieren	Start/Kopieren	rechte Maustaste/ Kopieren	Strg + C
Einfügen	Einfügen	Start/Einfügen	rechte Maustaste/ Einfügen	Strg + V

Alle vier Möglichkeiten erzielen das gleiche Ergebnis.

7 Merkur-Nr. 0819

Übungsaufgaben:

1. Erfassen Sie den Text in „Courier New" 11 p.
2. Verschieben Sie den zweiten Absatz mit Zwischenablage an die erste Stelle und den vierten Absatz an die dritte Stelle.
3. Versuchen Sie es noch einmal mit den anderen Varianten der Zwischenablage.
4. Danach üben Sie das Kopieren mit der Zwischenablage.

Tipps für die Berufswahl

Es gibt viele Jugendliche, die sich bei der Berufswahl zu schnell auf einen Beruf festlegen. Sie wissen nicht, dass es viele Möglichkeiten gibt, berufliche Vorstellungen zu verwirklichen.

Bei der Berufswahl sollten Sie nichts dem Zufall überlassen. Sie sollten rechtzeitig, gründlich und planmäßig vorgehen.

Oft führen verschiedene Berufsausbildungen zum gleichen Ziel. Es sind Berufe, die sich in ihren Aufgaben und Tätigkeiten ähneln. Gewiss erwarten Sie, dass der Beruf Sie zufriedenstellt und Spaß macht.

Natürlich soll der Beruf auch gute Aufstiegs- und Verdienstmöglichkeiten bieten. Überlegen Sie also, welche Berufserwartungen Sie im Einzelnen haben.

3.12 Suchen – Ersetzen – Gehe zu

Suchen

Die Möglichkeit, bestimmte Textstellen schnell ausfindig zu machen, zählt zu den großen Vorzügen der Textverarbeitung am PC. Bei längeren Dokumenten kann die Suche ziemlich zeitaufwendig sein. Sie können nach Text, bestimmten Formaten sowie nach Sonderzeichen und anderen Elementen suchen. Klicken Sie im Register **Start/Gruppe Bearbeiten/Suchen** oder **Tastenkombination** **Strg** + **F**.

Es öffnet sich ein Fenster, das Sie durch die Suchoption navigiert.

Geben Sie in das Suchfenster den Begriff nach dem Sie suchen ein. MS Word erstellt im Navigationsfenster eine Auflistung mit allen gefundenen Begriffen. Alle gefundenen Suchbegriffe werden in dem entsprechenden Dokument gelb kenntlich gemacht.

Ebenso können Sie nach Überschriften oder bestimmten Seiten suchen.

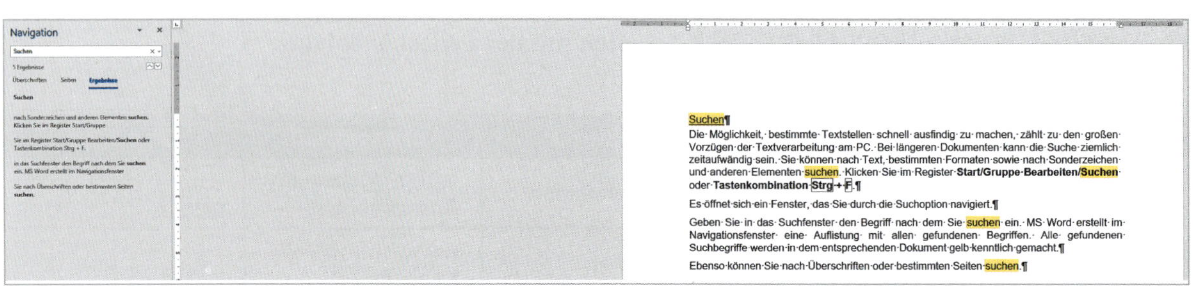

Übungsaufgaben:

1. Erfassen Sie den folgenden Text in der Schriftart „Courier New", Schriftgröße 11 p.
2. Suchen Sie das Wort Computer.
3. Suchen Sie das Wort Scanner.
4. Testen Sie mit mehrmals im Text vorhandenen Wörtern das Weitersuchen.

Auch Computer haben Augen

Scanner gibt es, wegen der Vielschichtigkeit der Anwendung und Bedürfnisse, in unterschiedlichster Bauweise und Ausführung. Gemeinsam ist allen, dass sie die „Augen" des Computers sind; denn mit ihrer Hilfe kann das System Illustrationen, Texte, Zeichnungen und Fotos erfassen. Die Vorlagen werden vom Scanner optisch gelesen und digitalisiert, also in elektronische Impulse umgewandelt. Die auf dem Bildschirm erscheinende Kopie kann dann weiter bearbeitet werden. So lassen sich z. B. Texte ergänzen, ändern, umformatieren und Grafiken einfügen.

Ersetzen

Im Register **Start/Gruppe Bearbeiten/Ersetzen** oder **Tastenkombination** **Strg** + **H** lassen sich Texte und Begriffe durch andere Textteile automatisch austauschen. Geben Sie bei **Suchen nach:** den zu suchenden Begriff ein.

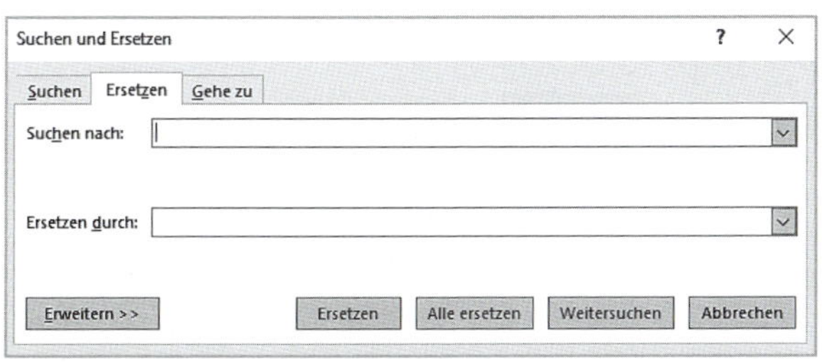

Die Registerkarte **Ersetzen** enthält neben den bekannten Feldern noch weitere Parameter, die Sie unter dem Icon Erweitern >> aufrufen können.

Bei **Ersetzen durch**: geben Sie das neue Wort ein.

Bei **Alle ersetzen** bestimmen Sie, ob bei allen weiteren Fundstellen, ohne Rückfrage, der Text ersetzt werden soll.

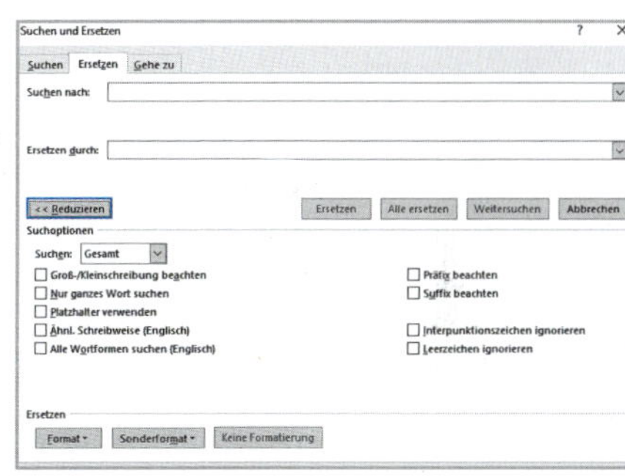

Übungsaufgaben:

1. Erfassen Sie den folgenden Text in der Schriftart „Times New Roman", Schriftgröße 12 p.
2. Ersetzen Sie Angestellten durch Mitarbeitern.
3. Ersetzen Sie gekürzelt durch abgekürzt.
4. Ersetzen Sie umgekrempelt durch abgeändert.

Der Computer ist immer dabei

Die klassischen Büroberufe haben sich in den 90er-Jahren erheblich verändert. Vor allem die elektronische Datenverarbeitung, umgangs- und fachsprachlich „EDV" gekürzelt, hat den enormen Wandel maßgeblich ausgelöst. Sie hat Büroabläufe beschleunigt, neue Vorgehensweisen ermöglicht, ganze Berufsbilder umgekrempelt und sogar neue geschaffen. Nicht übersehen werden darf zugleich, dass national wie international schneller und größer werdende Märkte von Angestellten auch in Büros höhere Qualifikationen und Flexibilität verlangen. Nahezu auf allen Feldern dieses Arbeitsbereichs sitzt „Kollege Computer" mit am Tisch.

Suchen und Ersetzen von Formaten und Sonderzeichen

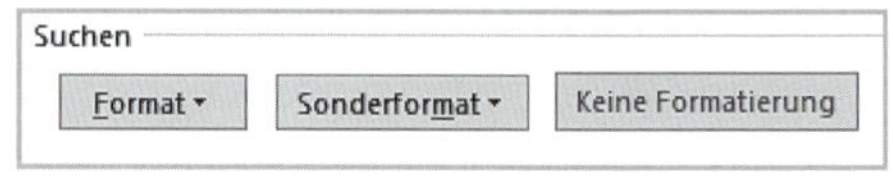

Unter der Registerkarte **Start/Gruppe Bearbeiten/Ersetzen** klicken Sie auf die Schaltfläche „Erweitern" und dann auf die Schaltfläche **Format** oder **Sonderformat**.

Es kann nach bestimmten Zeichen-, Absatzformatierungen oder Formatvorlagen bzw. Sonderzeichen (z. B. Absatzmarken, Tabstoppzeichen und Seitenwechselmarken usw.) gesucht werden. Diese können dann durch andere Zeichen-, Absatzformatierungen oder Formatvorlagen ersetzt werden.

Markieren Sie den Teil des Dokumentes, den Sie durchsuchen möchten. Rufen Sie den Menüpunkt **Start/Gruppe Bearbeiten/Ersetzen** auf und klicken Sie auf die Schaltfläche **Format** oder **Sonderformat**.

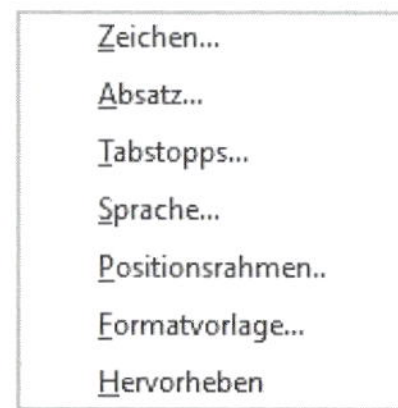

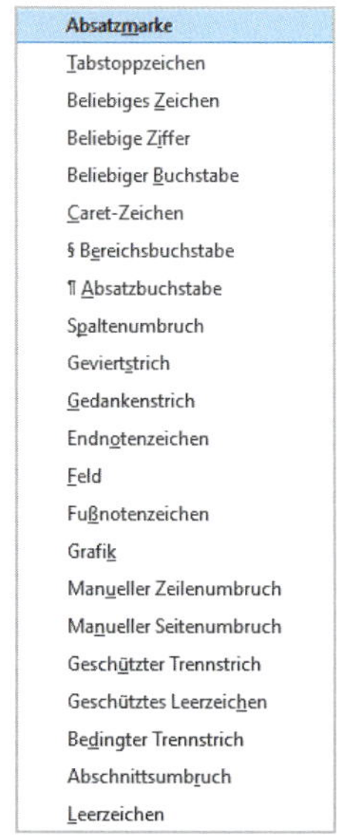

Hier ein Eingabebeispiel, wenn Sie eine Unterstreichung durch eine fette Formatierung ersetzen sollen:

- Cursor in Eingabefeld „Suchen nach:" setzen
- „Format" „Zeichen ..." und „Unterstreichung" auswählen; mit OK bestätigen
- Cursor in Eingabefeld „Ersetzen durch:" setzen
- „Format" „Zeichen ..." und „Schriftschnitt fett" auswählen; mit OK bestätigen
- „Alle ersetzen"

MS Word formatiert nun fett und unterstrichen, sodass Sie noch die Unterstreichung löschen müssen.

- Cursor in Eingabefeld „Suchen nach:" setzen
- „Format" „Zeichen" und „Unterstreichung" auswählen; mit OK bestätigen
- Cursor in Eingabefeld „Ersetzen durch:" setzen
- „Format" „Zeichen" und „Unterstreichung (ohne)" auswählen; mit OK bestätigen
- „Alle ersetzen"

Übungsaufgaben:

1. Erfassen Sie den folgenden Text und ändern Sie das Format **Fett** in *Kursiv*.
2. Ändern Sie den unterstrichenen Text in GROSSBUCHSTABEN.

Verwaltungstechnische Arbeiten, beispielsweise im betrieblichen **Rechnungswesen,** werden längst nicht mehr manuell in **Kladden oder Listen,** sondern am Bildschirm moderner Rechner abgewickelt. An der Schnittstelle von Datenverarbeitung und **kaufmännischer Fachabteilung** sind heute die Datenverarbeitungskaufleute tätig. Sie sorgen für den optimalen Einsatz moderner Büro- und Informationstechniken. Sie sind im Betrieb als sachverständige Mittler zwischen der Datenverarbeitungsabteilung und der **kaufmännischen Fachabteilung** tätig und zuständig für das elektronische Erfassen, Übermitteln, Ordnen und Umformen von großen Datenmengen, die der Gewinnung der unterschiedlichsten Informationen dienen. Deshalb arbeiten diese **Kaufleute** eng mit anderen Fachabteilungen eines Betriebs zusammen.

Mit der Schaltfläche **Keine Formatierung** können Sie alle Formatierungen, die über die Schaltfläche **Format** festgelegt wurden, löschen.

Gehe zu

Im Register **Start/Gruppe Bearbeiten/Ersetzen** oder **Suchen** bietet MS Word unter der Registerkarte „Gehe zu" die Möglichkeit sich sehr schnell und bequem in Ihrem Dokument zu bewegen. **Gehe zu** bringt Sie schnell zu den gewünschten Abschnitten, Zeilen oder Textmarken. Auch Anmerkungen oder Fußnoten können angesprungen werden. Ebenso Tabellen, Überschrift usw. In umfangreichen Texten ist es von Vorteil, wenn Sie die entsprechende Seitenzahl mit **Gehe zu** aufrufen.

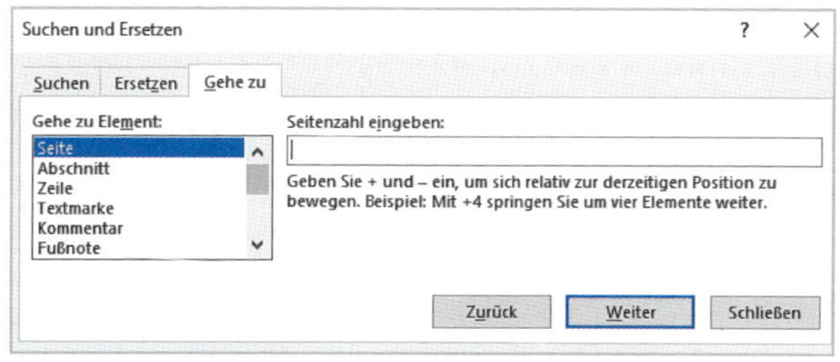

Legen Sie aus dem Listenfeld **Gehe zu Element:** ein Element fest. Mit den Befehlen **Weiter** oder **Zurück** gelangen Sie zum nächsten oder vorherigen Vorkommen des Elementes. Mit dem Icon **Schließen** brechen Sie die Aktion ab.

Sollten Sie einen nicht existierenden Elementnamen oder eine nicht vorhandene Seitenzahl eingegeben haben, macht MS Word Sie in einem Dialogfenster darauf aufmerksam.

Übungsaufgaben:

1. Üben Sie in der vorigen Übung bestimmte Zeilen anzuspringen.
2. Gehen Sie z. B. in die dritte Zeile.
3. Gehen Sie danach zur Zeile 8.

3.13 Kommentare

Kommentare sind Anmerkungen zu einzelnen Stellen im Text, die man bei der Bearbeitung eines Dokuments in eine Sprechblase einfügen kann. Der Vorteil ist, dass durch die Notizen am Rand keine Verschiebungen im Layout entstehen und dass mehrere Bearbeiter diese Kommentare einsehen und bearbeiten können.

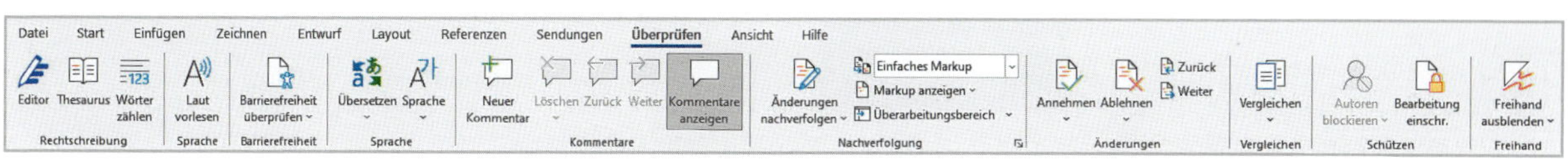

Um Kommentare einzufügen, müssen Sie den Cursor in das Wort setzen, das man kommentieren möchte. Alternativ markieren Sie mehrere Wörter, wenn sich der Kommentar auf mehrere Wörter beziehen soll. Klicken Sie dann auf der Registerkarte **Überprüfen/Gruppe Kommentare/Neuer Kommentar**. Es erscheint eine rote Einfügemarke am rechten Rand des Dokuments. In dieser Sprechblase können Sie den gewünschten Kommentar verfassen. Wiederholen Sie diesen Schritt für alle zu kommentierenden Textstellen.

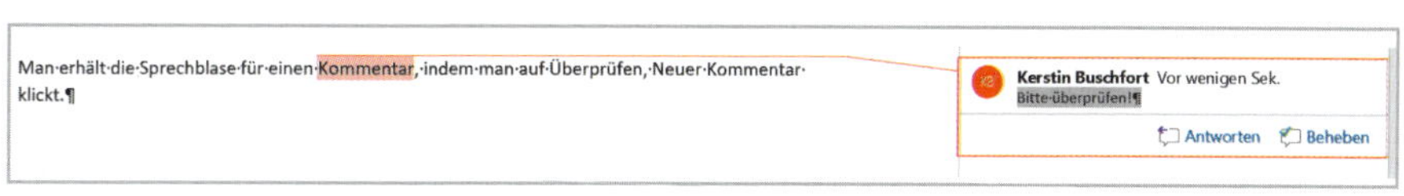

Um im Text schnell von einem Kommentar zum nächsten wechseln zu können, nutzen Sie die Icons „zurück" bzw. „weiter".

Kommentare Löschen

Befinden Sie sich in einem Kommentar, können Sie in der Gruppe Kommentare auf das Icon „Löschen“ klicken. In dem Auswahlfenster treffen Sie die Entscheidung, ob Sie nur den markierten Kommentar, mehrere markierte Kommentare oder alle Kommentare des Dokuments löschen möchten.

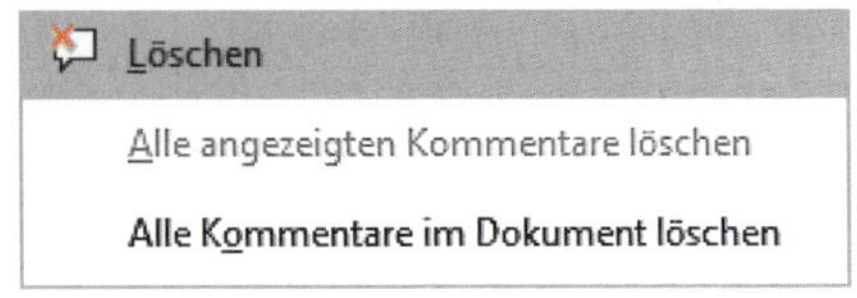

Kommentare Drucken

Sie haben die Möglichkeit die Kommentare als separate Liste zu drucken oder die Kommentare zusammen mit dem Dokument auszudrucken. Wenn Sie nur die Kommentare drucken möchten, gehen Sie auf die Registerkarte **Datei/Drucken/Einstellungen/Alle Seiten drucken/Markupliste**. Möchten Sie Ihr gesamtes Dokument einschließlich aller Kommentare drucken, gehen Sie auf **Datei/Drucken/Einstellungen/Alle Seiten drucken/Markup drucken**.

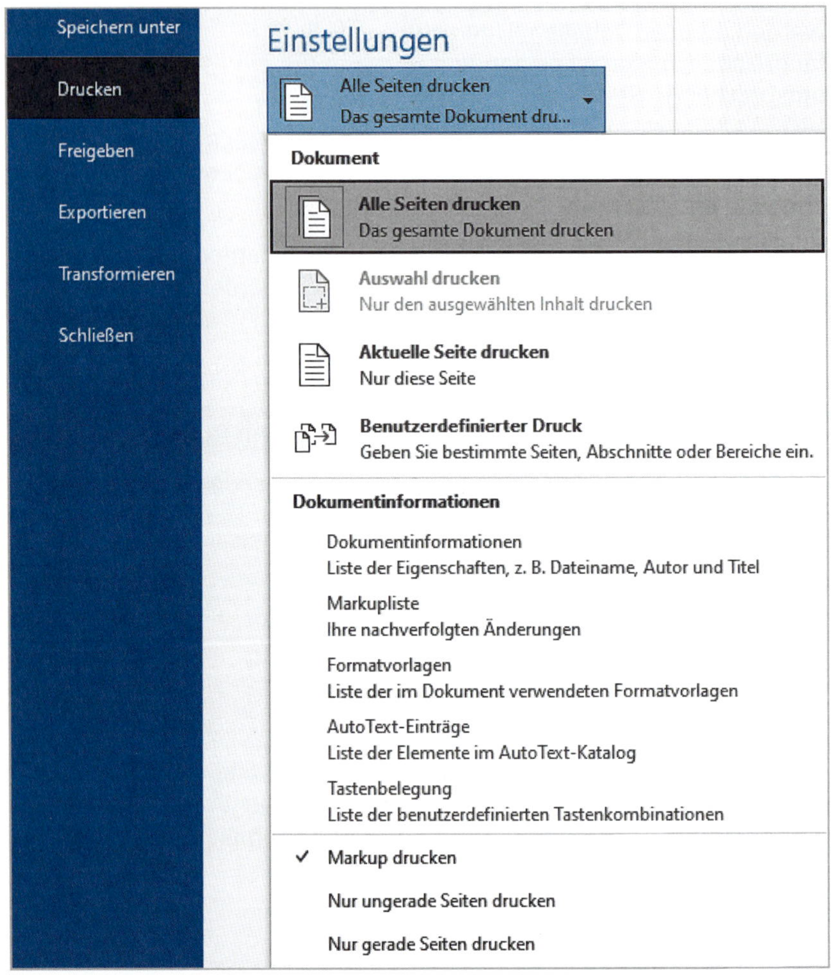

Übungsaufgabe:

Erstellen Sie sich eine Aufgabensammlung für die nächste Klassenarbeit oder für die Abschlussprüfung. Versehen Sie die Aufgaben mit der Musterlösung.

Die Heinrich KG hat der Blitzspedition GmbH eine Auftragsbestätigung geschickt. In welchen der folgenden Fälle ist die Auftragsbestätigung rechtlich notwendig, damit ein Kaufvertrag zustande kommt?

Kommentiert [A1]: Lösung: b) + d) + e) + f)

a) Wenn sich die Heinrich KG bei der Blitzspedition GmbH für die Bestellung bedanken möchte.

b) Wenn das Angebot der Heinrich KG freibleibend ist.

c) Wenn die Bestellung der Blitzspedition GmbH rechtzeitig und ohne Änderungen angenommen wurde.

d) Wenn die Blitzspedition GmbH ohne vorheriges Angebot der Heinrich KG bestellt hat.

e) Wenn die Blitzspedition GmbH eine andere Menge zu einem anderen Preis bestellt als im Angebot angegeben ist.

f) Wenn sich die Blitzspedition GmbH mit der Bestellung zwei Wochen Zeit lässt.

3.14 Änderungen

Öffnen Sie nun ein Dokument mit Änderungen, können die eingefügten Änderungen angenommen oder abgelehnt werden. Dazu klicken Sie auf der Registerkarte **Überprüfen/Gruppe Änderungen/Annehmen oder Ablehnen**. Lehnen Sie einen Kommentar ab, wird dieser sofort gelöscht. Nehmen Sie ihn an, bleibt er bestehen. Sie werden nach Ihrer Auswahl sofort zum nächsten Kommentar weitergleitet. Möchten Sie zu einem vorherigen Kommentar zurück, klicken Sie auf „Zurück“. Wollen Sie einen Kommentar überspringen, klicken Sie auf „Weiter“.

Werden auf dem Bildschirm keine Kommentare angezeigt, klicken Sie auf der Registerkarte **Überprüfen/Gruppe Nachverfolgung/Markup anzeigen** und die Kommentare werden sichtbar.

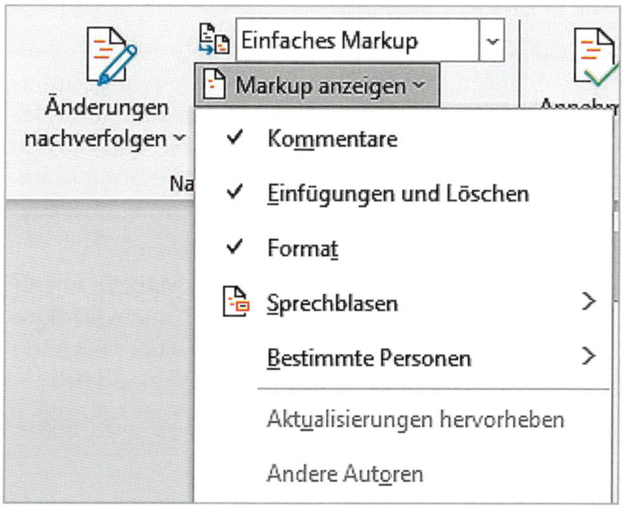

Werden Dokumente von mehreren Personen bearbeitet, kann man erkennen, welche Änderungen von welcher Person vorgenommen wurden. Hierfür klicken Sie auf die **Registerkarte Überprüfen/Gruppe Nachverfolgung/Änderungen nachverfolgen**. An der Kennzeichnung kann man erkennen, welche Textstellen gelöscht, eingegeben oder formatiert wurden. Jeder Benutzer erhält eine eigene Bearbeitungsfarbe, wodurch man schnell zuordnen kann, wer die Änderungen vorgenommen hat. Das Nachverfolgen von Änderungen muss unbedingt vor der ersten Bearbeitung aktiviert werden. Um sich den Überarbeitungsbereich anzeigen zu lassen, aktivieren Sie „Überarbeitungsbereich“. Es blendet sich ein horizontaler oder vertikaler Bereich ein. In diesem Überarbeitungsfenster können Sie alle Überarbeitungen der Autoren nachverfolgen.

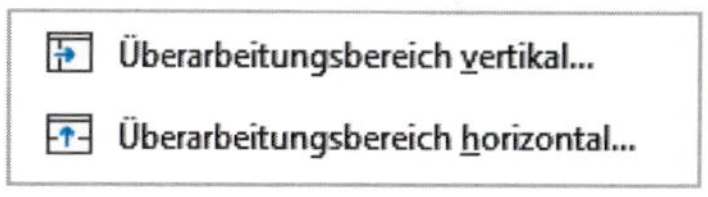

Alle Überarbeitungen werden durch eine vertikale Linie am linken Seitenrand gekennzeichnet. MS Word stellt die vorgenommenen Änderungen wie folgt dar:

- Farbig und durchgestrichen bedeutet: Text ist gelöscht worden
- Farbig und unterstrichen bedeutet: Text ist eingefügt worden
- Kommentare am Seitenrand: Änderungen, die das Format betreffen.

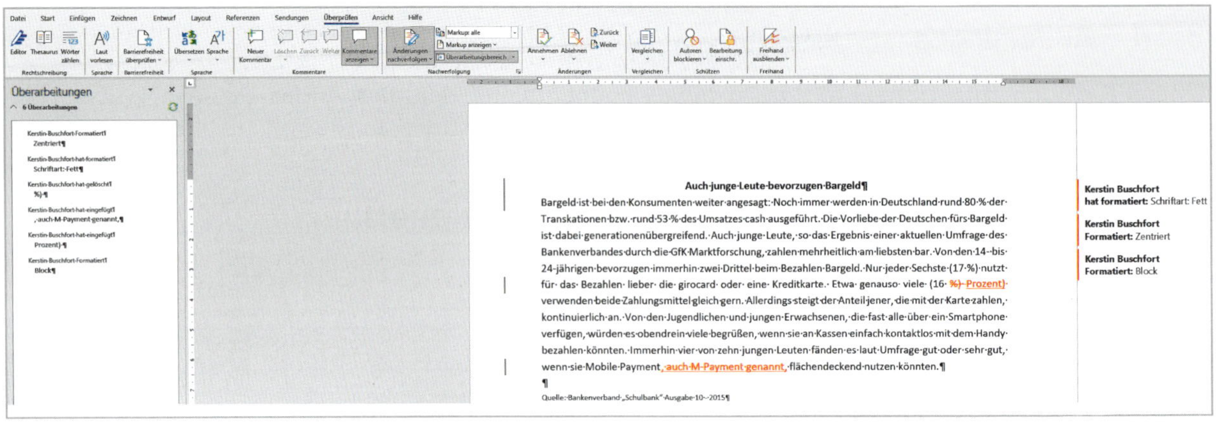

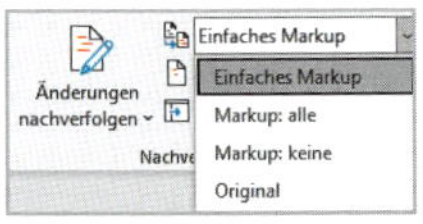

Aktivieren Sie die Anzeige für die Überarbeitung. Es wird angezeigt, in welchem Anzeigemodus Sie sich befinden und enthält zusätzliche Anzeigeoptionen für Ihr Dokument. Wenn Sie „Markup: alle" wählen, werden alle Veränderungen angezeigt. Aktivieren Sie „Markup: keine", sehen Sie das fertige Produkt. Wählen Sie „Original" aus, erhalten Sie den Originaltext ohne Markups zurück. Es werden also nachverfolgte Änderungen und Kommentare ausgeblendet.

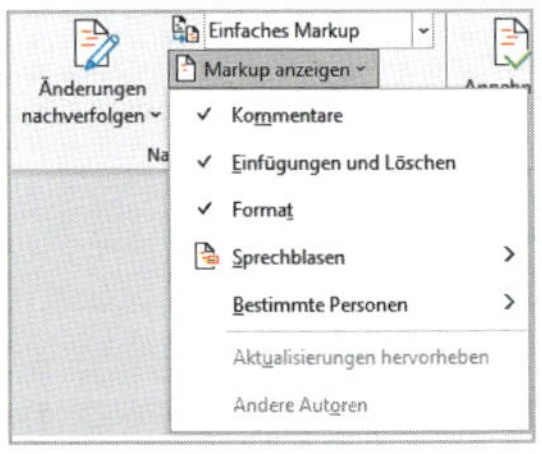

Unter der Registerkarte **Überprüfen/Gruppe Nachverfolgung/Markup anzeigen** befindet sich eine Liste, mit der man Kommentare und nachverfolgte Änderungen ausblenden kann. Elemente, die mit einem Häkchen versehen sind, werden angezeigt, Elemente ohne Häkchen werden ausgeblendet.

Das Drucken von Änderungen erfolgt ebenso wie das Drucken von Kommentaren (siehe Kapitel 3.13).

Übungsaufgaben:

1. Erfassen Sie zum Nachverfolgen von Änderungen zunächst den unten stehenden Text.
2. Aktivieren Sie „Änderungen nachverfolgen".
3. Schalten Sie den Überarbeitungsbereich ein.
4. Geben Sie dann die unten stehenden Änderungen ein.

Auch junge Leute bevorzugen Bargeld

Bargeld ist bei den Konsumenten weiter angesagt: Noch immer werden in Deutschland rund 80 % der Transaktionen bzw. rund 53 % des Umsatzes cash ausgeführt. Die Vorliebe der Deutschen fürs Bargeld ist dabei generationenübergreifend. Auch junge Leute, so das Ergebnis einer aktuellen Umfrage des Bankenverbandes durch die GfK Marktforschung, zahlen mehrheitlich am liebsten bar. Von den 14- bis 24-Jährigen bevorzugen immerhin zwei Drittel beim Bezahlen Bargeld. Nur jeder Sechste (17 %) nutzt für das Bezahlen lieber die girocard oder eine Kreditkarte. Etwa genauso viele (16 %) verwenden beide Zahlungsmittel gleich gern. Allerdings steigt der Anteil jener, die mit der Karte zahlen, kontinuierlich an. Von den Jugendlichen und jungen Erwachsenen, die fast alle über ein Smartphone verfügen, würden es obendrein viele begrüßen, wenn sie an Kassen einfach kontaktlos mit dem Handy bezahlen könnten. Immerhin vier von zehn jungen Leuten fänden es laut Umfrage gut oder sehr gut, wenn sie Mobile Payment flächendeckend nutzen könnten.

Quelle: Bankenverband „Schulbank" Ausgabe 10 - 2015

Änderungen:

Überschrift	fett und zentriert
(17 %)	(17 Prozent)
(16 %)	löschen
Mobile Payment	einfügen: , auch M-Payment genannt,
gesamten Text	Blocksatz

Kompetenztraining:

Die Auszubildenden Moni Tor und Gill Bates vertiefen für den Schulunterricht die Absatzformatierungen an dem unten aufgeführten Text.

Warum kommt nach dem A das S?

Täglich sitzen Menschen vor der Tastatur an ihrem Computer. Die einen tippen mit dem Ein-Finger-Such-System, die anderen schreiben gleich mit zehn Fingern. Kaum einer wird sich dabei Gedanken machen, warum die Buchstaben genau so angeordnet sind: Nach dem „a" kommt das „s" und warum nicht das „b" wie im Alphabet?

Um diese Frage beantworten zu können, ist eine Zeitreise ins frühe 18. Jahrhundert nötig. Das erste Schreibmaschinen-Patent wurde 1713 erteilt. Doch es dauerte noch genau 160 Jahre, bis die Schreibmaschine ihren Siegeszug antrat. Bis dahin waren alle Schreibmaschinenmodelle wegen ihrer schlechten Bedienbarkeit im täglichen Einsatz fast unbrauchbar. Erst die

„Sholes & Glidden"-Schreibmaschine

konnte 1873 Erfolge feiern. Neben den relativ handlichen Ausmaßen war es vor allem die von Christopher Latham Sholes entworfene Tastatur, die zu einer Alltagstauglichkeit beitrug.

Sholes entwarf die QWERTY-Tastatur, mit deren Tastenanordnung wir heute noch schreiben. In Deutschland wurde das Y mit dem Z vertauscht, weil bei uns das Y so selten in der Sprache vorkommt, sodass bei uns vom QWERTZ-System gesprochen wird. Die diagonale Versetzung der Tasten ist durch die Mechanik begründet, doch die Buchstaben-Zuordnung war erst einmal willkürlich.

Sholes wollte es den Schreibern ermöglichen, schneller auf der Schreibmaschine zu tippen. Sein erstes Modell von 1868 hatte noch eine alphabetische Anordnung der Tasten. Doch schon bald stellte sich heraus, dass sich hier die Typenarme viel zu oft verhakten und der Schreiber mehr mit dem Sortieren der Arme zu tun hatte, als mit dem Schreiben selbst. So setzte sich Sholes mit einer Studie auseinander, die Amos Densmore zu der Häufigkeit von Buchstabenpaaren in Wörtern erstellt hatte. Sholes verteilte daraufhin die Tasten so, dass häufige Buchstabenkombinationen möglichst weit in seiner Mechanik auseinander lagen. Diese Anordnung ließ er sich dann 1878 patentieren.

Quelle: Westdeutsche Allgemeine Zeitung vom 17. Februar 2006

Lernfeld 3 Aufträge bearbeiten

Kompetenzen und Lernziele

Die Schülerinnen und Schüler besitzen die Kompetenz, sich mit der normgerechten Gestaltung von Texten des internen und externen Schriftverkehrs vertraut zu machen. Dazu zählen die Analyse und die Formulierung der Auftragsbearbeitung. Sie beachten bei der Entwicklung und Erstellung von Formularen des kaufmännischen Schriftverkehrs die relevanten rechtlichen Normen der DIN 5008 und die notwendigen Gestaltungsaspekte. Eine wesentliche Kompetenz in diesem Lernfeld ist die bedarfsgerechte Gestaltung von Formularen sowie die rationelle Bearbeitung von Schriftstücken im Rahmen der Auftragsabwicklung.

4 Grafische Objekte I

Grafische Objekte, man kann auch Bilder oder Illustrationen sagen, lockern den Text auf und bilden einen Blickfang. Sie können zur Gestaltung von Dokumenten, Formularen oder zur Erstellung von Geschäftsbriefen genutzt werden. Bevor Objekte im Text platziert werden können, sollte zunächst der Text erfasst werden.

4.1 Grafiken

Grafiken finden MS Word Nutzer nicht mehr in der ClipArt Gallery, sondern über die hauseigene Bing-Bildersuche. Diese Grafiken sind zeitgemäßer und die Suche liefert eine viel größere Auswahl. Die Fotos und Zeichnungen, die Bing anbietet, sind lizenzfrei.

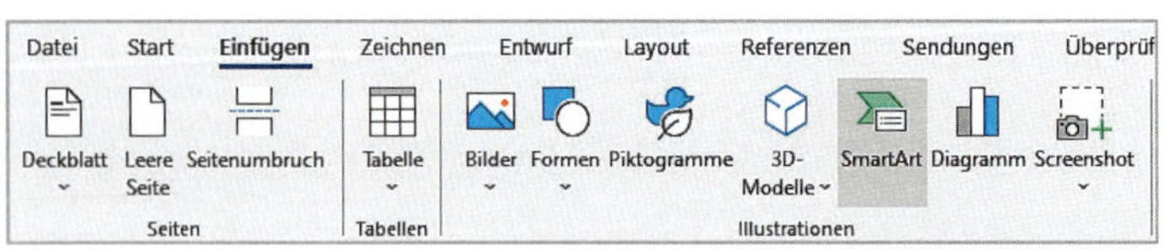

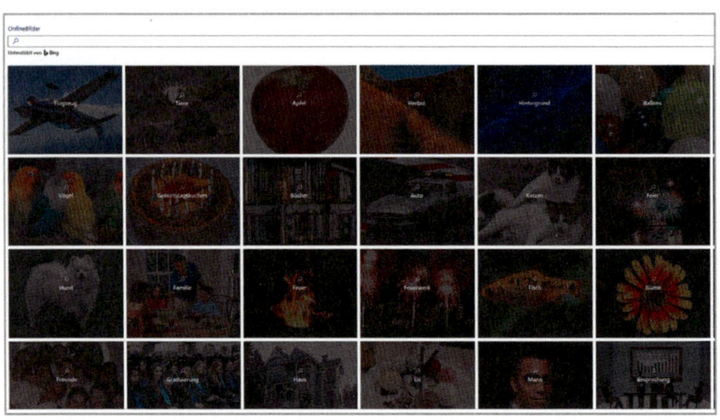

Klicken Sie auf die Registerkarte **Einfügen/Bilder/Onlinebilder**. Wählen Sie in der Bing-Bildersuche einen Suchbegriff aus und bestätigen Sie die Suche mit Return. Klicken Sie die Wunschgrafik an und bestätigen Sie mit Einfügen (1).

Möchten Sie das Bild bearbeiten, muss diese aktiviert sein. Es erscheint eine Umrandung mit Ziehpunkten. Mit gedrückter linker Maustaste ändern Sie die Größe des Objekts. Bilder können durch auch gedreht werden.

Sobald Sie eine Grafik eingefügt haben, blendet sich die Registerkarte „Bildformat“ ein. Eine ganze Formatierungsleiste ermöglicht die Bearbeitung und Veränderung der Grafik.

Folgende **Möglichkeiten** erleichtern die Formatierung der Grafik:

 	Anpassen Hier lässt sich die Grafik freistellen: wenn Sie nicht die gesamte Grafik benötigen, sondern nur bestimmte Bereiche der Grafik verwenden möchten. Es wird also ein Objektteil aus der Grafik aus dem Hintergrund herausgelöst. Unter Korrekturen lassen sich Helligkeit, Kontrast oder die Schärfe der Grafik abändern. Ebenso können der Grafik neue Farben zugeordnet werden. Des Weiteren können künstlerische Effekte hinzugefügt werden, damit die Grafik einer Skizze oder Zeichnung ähnelt.
	Bildformatvorlagen Unter den Schnellformatvorlagen können unterschiedliche Vorlagen für die Grafik gewählt werden. Die Vorlagen unterscheiden sich hinsichtlich Füllung, Linienfarbe, Linienart, Schatten und 3-D-Format. Klicken Sie auf das Icon Bildrahmen und Sie können dem Rahmen unterschiedliche Farben zuweisen. Unter dem Icon Bildeffekte versteht man Änderungen bezüglich des Schattens, der Spiegelung und des Leuchtens. Die Grafik kann mit weichen Kanten oder einer Abschrägung versehen werden.
 	Barrierefreiheit Sie können in wenigen Sätzen das Bild beschreiben. Diese Beschreibung kann sich dann eine z. B. blinde Person über die Sprachausgabe anhören. Der Text wird laut vorgelesen, ohne dass man den Bildschirm verwenden muss.
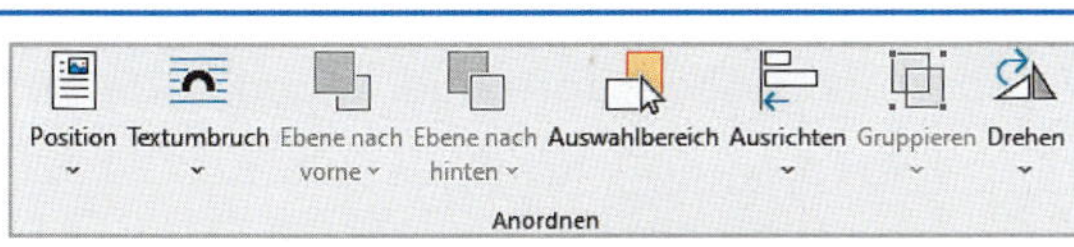 	Anordnen Hier kann die Position der Grafik auf der Seite gewählt werden. Ebenso kann der Zeilenumbruch verändert werden. Sie können entscheiden, ob Sie die Grafik im Vorder- oder Hintergrund haben möchten. Auch können die Ausrichtung und die Gruppierung verändert werden. Einige Grafiken können gedreht werden.
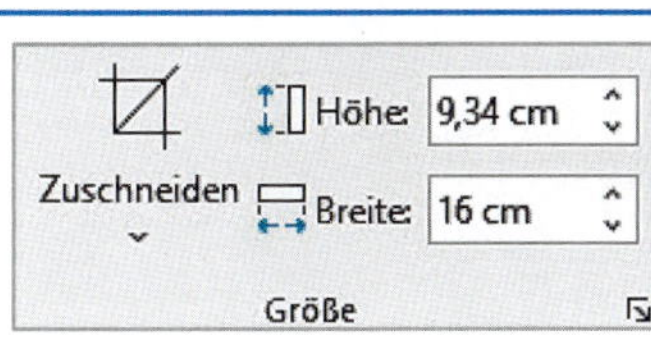 	Größe Beim Zuschneiden können Sie den Ausschnitt des Bildes per Mausklick verändern. Bewegen Sie den Mauszeiger auf eine Ecke der Grafik. Mit gedrückter linker Maustaste ändern Sie den Bildausschnitt. Ebenso haben Sie die Möglichkeit, unter Höhe bzw. Breite ganz präzise die Maße des Bildes festzulegen.

Wenn die Grafik keinen Rahmen hat, kann sie auch in ein Textfeld gesetzt werden und der Rahmen kann mit den bekannten Formatierungen bearbeitet werden.

Klicken Sie die Grafik an und betätigen die Entf-Taste, um die Grafik zu löschen.

Der Textumbruch oder Textfluss spielt bei allen Objekten eine entscheidende Rolle, weil damit die Verbindung zwischen dem Objekt und der Schrift gestaltet werden kann.

Klicken Sie mit der rechten Maustaste in das Bild oder auf die Registerkarte **Bildformat/Gruppe Anordnen/Textumbruch**.

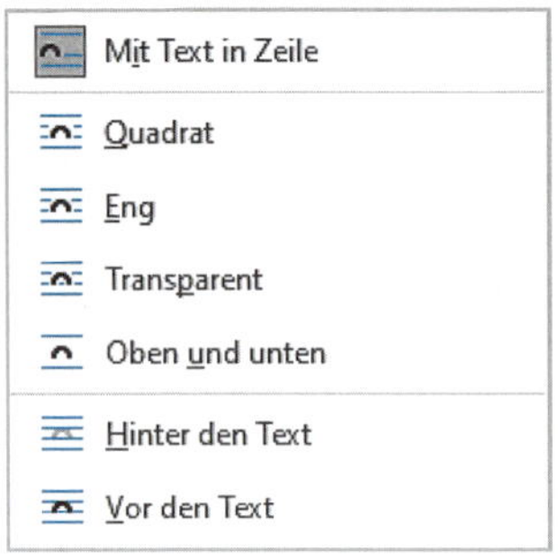	Mit Text in Zeile Der Text wird mit dem grafischen Objekt in einer Zeile geschrieben. Der Text verschiebt sich für das Objekt.
	Quadrat Der Text wird wie ein Quadrat um das Objekt angeordnet.
	Eng Der Text fließt relativ eng um die Ränder der Grafik. Der Objektrahmen der Grafik wird dabei nicht berücksichtigt.
	Transparent Der Text läuft durch das Objekt
	Oben und unten Der Text legt sich nur über und unter das Objekt. Der rechte und linke Rand des Objekts bleibt textfrei.
	Hinter den Text Der Text legt sich über die Grafik
	Vor den Text Der Text wird von der Grafik verdeckt.
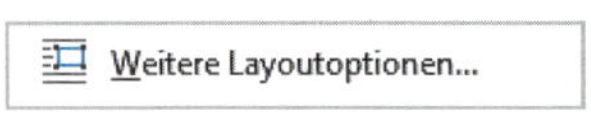	Wenn Sie unter „Weitere Layoutoptionen“ die Registerkarte „Textumbruch“ öffnen, stehen weitere Vorschläge zur Verfügung.

Übungsaufgaben:

1. Erfassen Sie den Infotext zu den Grafiken.
2. Fügen Sie anschließend mehrere Grafiken ein und formatieren Sie diese unterschiedlich.

Besonders beliebt sind eigene Bilder und Grafiken. MS Word verfügt über eine umfangreiche Sammlung von Onlinegrafiken. Der Weg zu diesen Grafiken führt über die Register Einfügen und die Registerkarte Bildformat. Bestehen Illustrationen aus einzelnen Elementen, sind diese gruppiert. Die Gruppierung kann man aufheben. Jetzt lassen sich die Elemente bearbeiten. Alle Illustrationen und grafischen Objekte können mit den bekannten Zeichen- und Absatzformatierungen verändert werden.

4.2 WordArt

Mit **WordArt** lassen sich wirkungsvolle Schrifteffekte erzielen. So können ausgefallene Layouts, besondere Überschriften oder spezielle Hinweise erstellt werden und der Text erscheint dekorativer. Diese WordArt-Objekte finden Sie auf der Registerkarte **Einfügen/Gruppe Text/WordArt**.

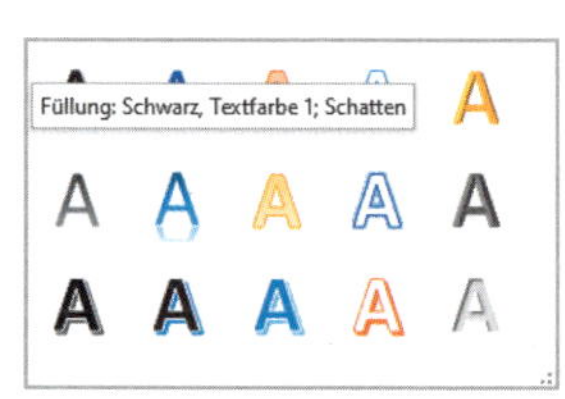

Es erscheint eine Auswahl mit verschiedenen Schriftbeispielen. In diesem Katalog kann ein Muster ausgewählt werden. Damit wird der Stil des WordArt-Objekts bestimmt.

Mit Auswahl eines Musters wird ein Textfeld erstellt, in welches der gewünschte Text eingegeben werden kann. Das WordArt-Objekt erscheint mit Haltepunkten, mit denen es vergrößert bzw. verkleinert oder verschoben werden kann.

Ein Schriftzug in WordArt ist keine Schrift, sondern ein grafisches Objekt. Er besteht aus den grafischen Elementen Fläche, Rahmen und Schatten.

Genauso wie die Grafiken können auch die WordArts bei Aktivierung formatiert werden. Wenn Sie die Grafik einfügen oder später in das Objekt klicken, blendet sich die Registerkarte **Formformat** ein:

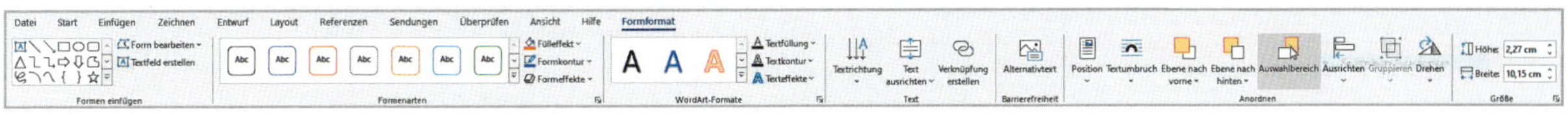

Hier sind mehrere **Möglichkeiten** zu finden, um das Objekt zu formatieren:

<table>
<tr><td>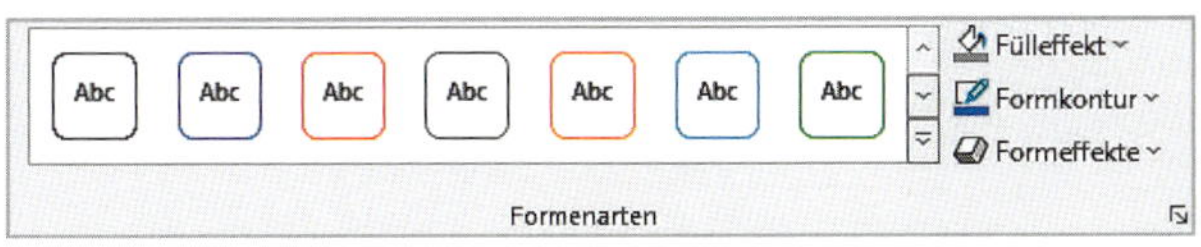</td><td>Formenarten
Fülleffekt
Der Hintergrund des WordArts kann mit Füllfarbe und Effekten versehen werden.
Formkontur
Der Rahmen des WordArts kann durch unterschiedliche Linienarten und Linienfarben versehen werden.
Formeffekte
Das WordArt kann mit Effekten in der Form versehen werden. Dazu zählen verschiedene Arten von Verzerrungen, Schatten und Spiegelungen.</td></tr>
<tr><td>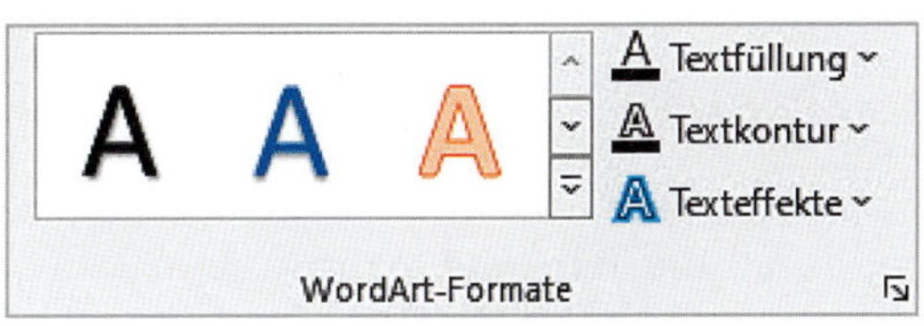</td><td>WortArt-Formate
Unter den Formaten können Sie zwischen verschiedenen WordArts wählen. Der Text des WordArts kann hier mit einer anderen Farbe, Konturen und Effekten versehen werden.</td></tr>
<tr><td>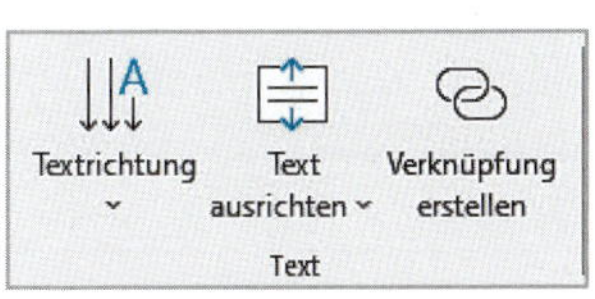</td><td>Text
Zunächst lässt sich der eingegebene Text verändern. Sie können Ihren Text aber auch bearbeiten, indem Sie ihn im Abstand verändern, vertikal schreiben oder anders ausrichten.</td></tr>
<tr><td>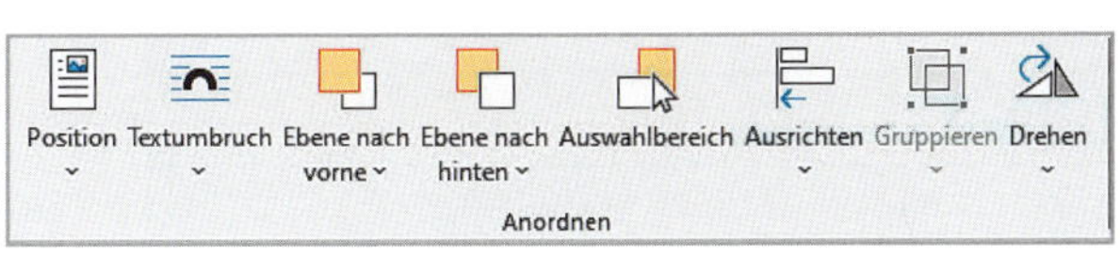</td><td>Anordnen
Hier kann die Position des WordArts auf der Seite gewählt werden. Ebenso kann der Zeilenumbruch verändert werden. Sie können entscheiden, ob Sie das Textfeld im Vorder- oder Hintergrund haben möchten. Auch können einige WordArts gedreht oder gespiegelt werden.</td></tr>
<tr><td>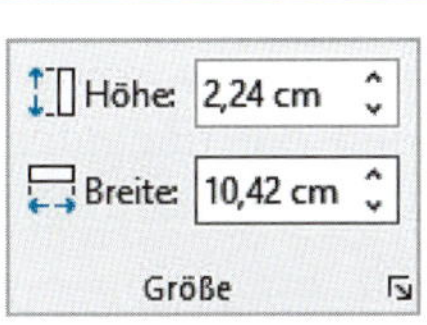</td><td>Größe
Unter Höhe und Breite können zentimetergenaue Eingaben gemacht werden.</td></tr>
</table>

Klicken Sie die Grafik an und betätigen die Entf -Taste, um das WordArt zu löschen.

Auch bei den WordArts kann der Textumbruch berücksichtigt werden. Siehe unter 4.1 Textumbruch bei Grafiken.

Übungsaufgaben:

1. Erfassen Sie den Infotext zu den WordArt-Objekten.
2. Fügen Sie anschließend unterschiedliche WordArt-Objekte ein und formatieren Sie diese.

Das WordArt-Objekt ist ein Werkzeug zum Modifizieren von Schriftzügen. Dabei soll natürlich die Lesbarkeit gewährleistet bleiben. Sie starten das Zusatzprogramm mit einem Klick. Zuerst wählen Sie aus einem Katalog ein WordArt-Format und geben danach Ihren Text ein. Der Schriftzug steht in einem Textfeld. Es folgt die weitere Bearbeitung. Wenn Sie das Objekt aktivieren, öffnet sich die Registerkarte Formformat auf dem Bildschirm, mit welcher Sie das Objekt gestalten können.

Kompetenztraining:

Erstellen Sie für die Heinrich KG einen Werbeflyer zum Thema „Ordnung im Büro“, in dem Sie die Produkte vorstellen, die dem Kunden helfen sollen, Ordnung in das eigene Büro zu bringen.

1. Überlegen Sie sich hierzu einen kurzen Informationstext für Ihre Kunden.
2. Versehen Sie Ihren Flyer mit Formatierungen.
3. Gestalten Sie den Flyer mit WordArts und eigenen Bildern.

5 Arbeiten mit Tabellen

MS Word bietet die Möglichkeit, Texte und Zahlen in Form von Übersichten, Aufstellungen und Listen problemlos nebeneinander anzuordnen. Dies geschieht durch die Tabellenfunktion. Jede Tabelle besteht aus Zeilen, Spalten und Zellen/Feldern. Gegebenenfalls enthält eine Tabelle eine Überschrift, die auch im Tabellenkopf integriert sein darf. Wenn der Inhalt aus dem vorausgehenden Text hervorgeht, darf auch auf die Überschrift verzichtet werden.

Überschrift			
Vorspaltenbezeichnung	Spaltenbezeichnung	Spaltenbezeichnung	Spaltenbezeichnung
Zellenbezeichnung			
Zellenbezeichnung				← Zeile
Insgesamt	X		Zelle/Feld

↑ Vorspalte — Zellen ohne Wert werden nach DIN 5008 gesperrt — ↑ Spalte

Die Tabelle ist mit einem angemessenen Abstand zum Text zu positionieren und soll vollständig auf eine Seite passen. Ist dies nicht möglich, muss der Tabellenkopf auf der nächsten Seite wiederholt werden.

Die DIN 5008 empfiehlt zum Anfertigen von Tabellen Schriften wie z. B. Arial, Calibri und Tahoma. Diese serifenlose Schriften sind besser lesbar.

5.1 Tabelle erstellen

Setzen Sie den Cursor an die Stelle im Text, an der die Tabelle erscheinen soll. Klicken Sie auf der Registerkarte **Einfügen/Tabellen/Tabelle**.

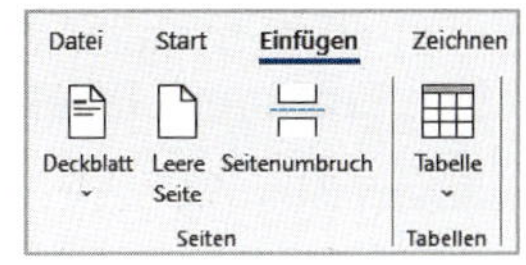

Es erscheint ein Gitternetz, in dem Sie durch Ziehen mit der linken Maustaste die Anzahl Ihrer gewünschten Spalten und Zeilen bestimmen.

Nach einem Klick mit der Maus auf die letzte markierte Zelle, fügt MS Word die Tabelle sofort in Ihr Dokument mit den entsprechenden Spalten und Zeilen ein.

Alle Zeilen erhalten die gleiche Breite. Später lassen sie sich individuell anpassen. Tabellen werden durch waagerechte und senkrechte Linien übersichtlich gegliedert.

Alternativ lässt sich eine Tabelle auch über **Tabelle einfügen** erstellen. Sie können folgende Optionen wählen:

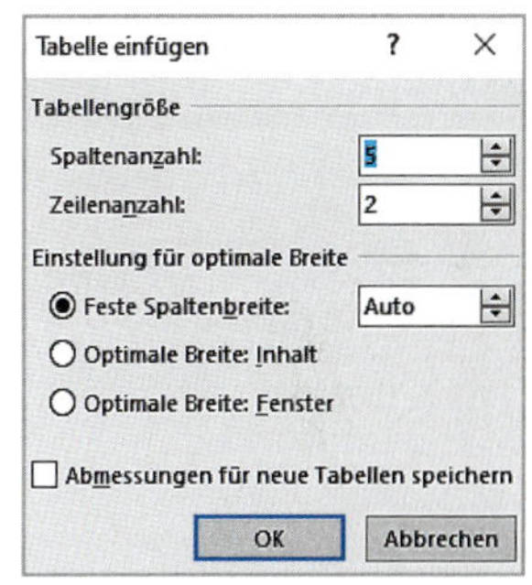

Geben Sie unter Tabellengröße die gewünschte Anzahl von Spalten und Zeilen für Ihre Tabelle ein.

Feste Spaltenbreite:

Wählen Sie unter Einstellung für optimale Breite die entsprechende Option zur Anpassung der Tabellengröße aus.

Wenn Sie hier die Option „Auto" einstellen, können Sie die Spaltenbreite später verändern.

Optimale Breite: Inhalt

Hier passt sich die Spaltenbreite an den breitesten Eintrag der Spalte an.

Optimale Breite: Fenster

Die ausgewählte Spaltenzahl wird gleichmäßig auf den Platz zwischen den Schreibrändern aufgeteilt.

Wenn Sie das Kontrollkästchen „Abmessungen für neue Tabellen speichern" aktivieren, werden in Zukunft alle weiteren Tabellen mit diesen Voreinstellungen eingefügt.

5.2 Tabelle mit Formatvorlagen erstellen

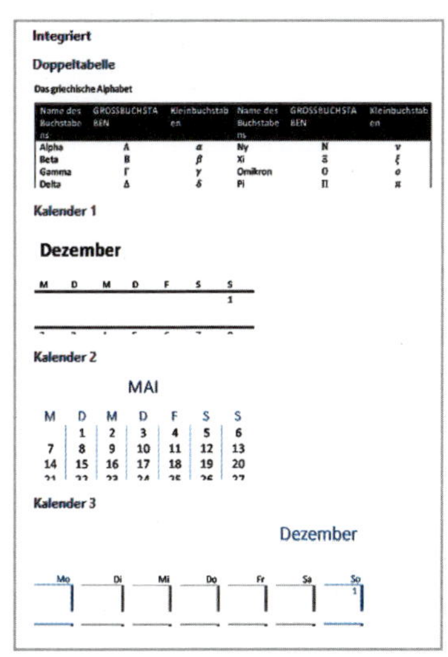

Sie können Ihre Tabellen ganz nach Ihrem eigenen Geschmack gestalten. Wenn Sie jedoch schnell zu einem Ergebnis kommen wollen, verwenden Sie die Registerkarte **Einfügen/Tabelle/Schnelltabellen**.

Es öffnet sich das nebenstehende Dialogfenster. Hier können Sie vorgefertigte Muster für Tabellen auswählen.

Klicken Sie auf die gewünschte Tabellenart. Diese können Sie beliebig ausfüllen und formatieren.

5.3 Tabelle zeichnen

Es ist auch möglich, in MS Word eine Tabelle mit der Maus zu zeichnen. Klicken Sie auf der Registerkarte **Einfügen/Tabelle/Tabelle zeichnen** an. Der Cursor nimmt die Form eines Stiftes an.

Ziehen Sie mit gedrückter linker Maustaste Ihre gewünschte Tabelle.

<table>
<tr><td></td><td></td><td></td><td></td></tr>
<tr><td colspan="2"></td><td></td><td></td></tr>
</table>

Auch Spalten und Zellen können Sie je nach Gebrauch zeichnen.

Mit einem Doppelklick innerhalb oder außerhalb der Tabelle beenden Sie den Zeichenmodus.

Es blendet sich die Registerkarte „Layout“ ein. Diese Formatierungsleiste ermöglicht die Bearbeitung und Veränderung der Tabelle und wird unter 5.5 beschrieben.

Übungsaufgaben:

1. Zeichnen Sie eine Tabelle.
2. Erfassen Sie den Text und formatieren Sie ihn.

<table>
<tr><td colspan="7" align="right">Telefonnotiz</td></tr>
<tr><td colspan="3">entgegengenommen von:</td><td colspan="3">Name:</td><td rowspan="2">Abteilung:</td></tr>
<tr><td colspan="3">Datum:</td><td colspan="3">Uhrzeit:</td></tr>
<tr><td colspan="3">Anruf von:</td><td colspan="3">Name:</td><td rowspan="2">Firma:</td></tr>
<tr><td>ruft wieder an:</td><td>Ja</td><td>Nein</td><td>Rückruf erbeten:</td><td>Ja</td><td>Nein</td></tr>
<tr><td colspan="7">Nachricht:</td></tr>
<tr><td colspan="7"></td></tr>
<tr><td colspan="7"></td></tr>
<tr><td colspan="7"></td></tr>
</table>

5.4 Arbeiten in einer Tabelle

Texteingabe

In der Tabelle wird der Text als Fließtext eingegeben. MS Word passt die Breite und Höhe der einzelnen Spalten automatisch an.

Text in Tabellen positionieren

Der Text einer Tabelle kann alle bekannten Zeichen- und Absatzformatierungen erhalten. Mit Linksbündig, Rechtsbündig, Zentriert und Blocksatz lässt sich besonders gut die Ausrichtung variieren.

Markieren der Tabelle

Beim Markieren der Tabelle ist es immer wichtig, auf die Stellung und auf das Aussehen des Mauszeigers zu achten.

Markieren	Mausaktion
Zelle	Bewegen Sie den Mauszeiger **in** der betreffenden Zelle an die linke vertikale Begrenzungslinie. Der Mauszeiger verwandelt sich in einen dicken nach rechts gerichteten Pfeil. Klicken Sie einmal.
Zeile	Bewegen Sie den Mauszeiger **außerhalb** der Tabelle links neben die betreffende Zeile. Der Mauszeiger verwandelt sich in einen dicken nach rechts gerichteten Pfeil. Klicken Sie dort.
Spalte	Bewegen Sie den Mauszeiger an die **obere** Rahmenlinie der Spalte. Der Mauszeiger verwandelt sich in einen dicken nach unten gerichteten Pfeil. Führen Sie einen Mausklick durch.
Ganze Tabelle	Bewegen Sie den Mauszeiger **außerhalb** der Tabelle links neben die erste Zeile und ziehen Sie mit gedrückter Maustaste den Mauszeiger am linken Rand der Tabelle entlang bis zum Tabellenende.
Mehrere Zellen	Klicken Sie mit der Maus **in** die erste Zelle und erweitern Sie die Markierung durch Ziehen in weitere Zellen.

Bewegen in der Tabelle

Sie können den Cursor innerhalb einer Zelle oder von Zelle zu Zelle

→ mit der Maus → mit der Tabulatortaste oder → mit den Pfeiltasten

bewegen. Wenn der Cursor die letzte Zelle der Zeile erreicht hat, springen Sie mit der Tabulatortaste automatisch in die nächste Zeile.

Benötigen Sie weitere Zeilen am Ende Ihrer Tabelle, so betätigen Sie die Tabulatortaste, wenn Sie in der letzten Zelle der letzten Zeile stehen, oder setzen Sie den Cursor außerhalb der Tabelle rechts neben die letzte Zeile und klicken Sie auf Return.

Steuerung innerhalb einer Tabelle mit der Tastatur

Mit der Tastatur können Sie ebenso bestimmte Zellen schnell ansteuern.

Zelle nach rechts	Tab-Taste	Letzte Zelle der Zeile	Alt + Ende
Zelle nach links	Shift- und Tab-Taste	Erste Zelle der Zeile	Alt + Pos1
Zelle nach unten	↓	Letzte Zelle der Spalte	Alt + Bild ↓
Zelle nach oben	↑	Erste Zelle der Spalte	Alt + Bild ↑

5.5 Tabelle formatieren

Sobald Sie Ihre Tabelle erstellt haben, können Sie diese formatieren. Blinkt der Cursor innerhalb einer Tabelle, stehen Ihnen zwei neue Registerkarten für die Bearbeitung zur Verfügung. Öffnen Sie dazu die Registerkarte Entwurf.

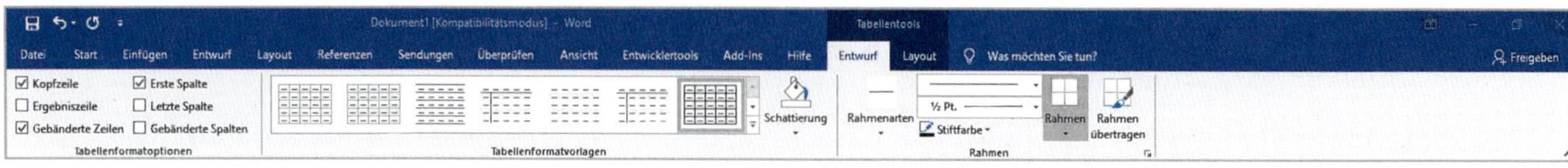

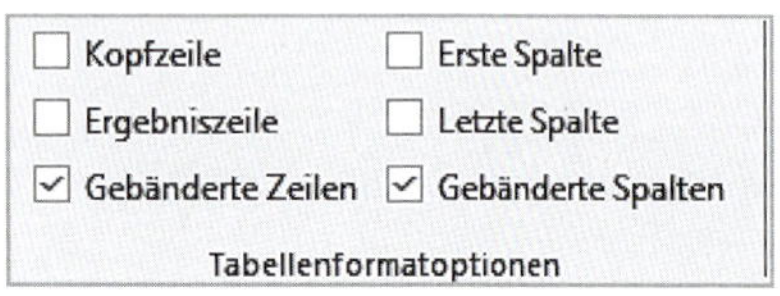

Bei diesen Optionen können Sie Ihr Tabellenformat verändern. Die unterschiedlichen Vorlagen werden z. B. mit einer Überschrift versehen, erhalten eine Zeile für das Ergebnis oder bekommen eine Spalte oben oder unten hinzugefügt. Die Zeilen und Spalten können auch unterschiedlich verbunden werden.

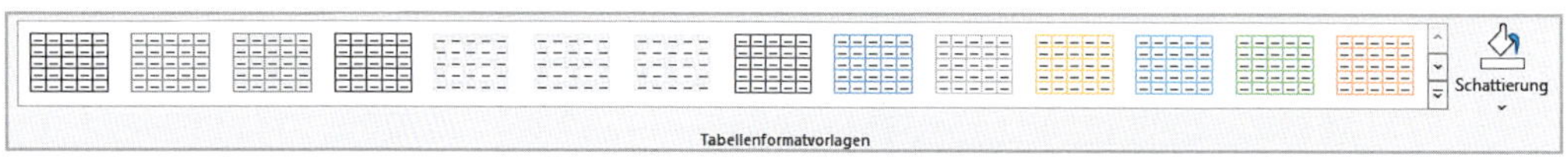

Bei den Tabellenformatvorlagen kann zwischen unterschiedlichen Vorlagen ausgewählt werden. Sie bestimmen die Gestaltung der gesamten Tabelle. Es können unterschiedliche Farben für die Schattierungen oder aber verschiedene Rahmenlinien ausgewählt werden.

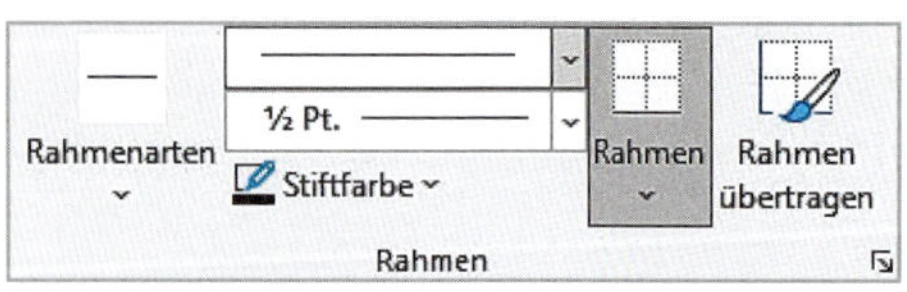

Für die Rahmenlinien lassen sich unterschiedliche Linienarten, Linienbreiten und Schriftfarben wählen.

Zur weiteren Bearbeitung öffnen Sie die Registerkarte **Layout**.

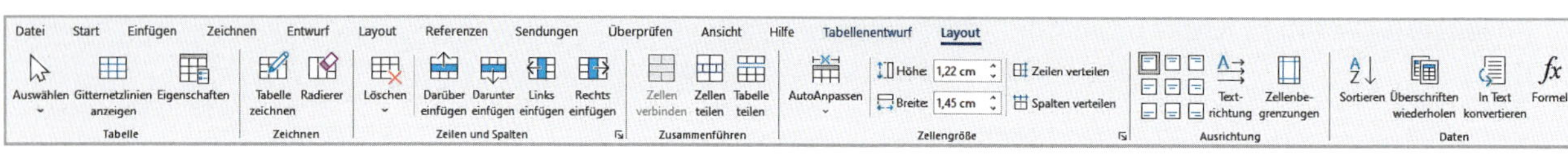

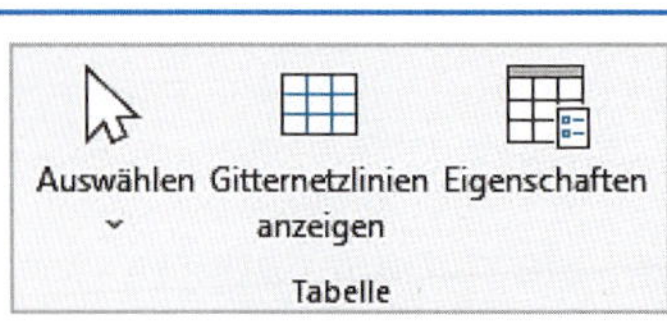

Unter der Gruppe „Tabelle" lassen sich bestimmte Zellen, Spalten oder Zeilen auswählen und Sie können sich die Rasterlinie anzeigen lassen. Unter „Eigenschaften" können die einzelnen Zeilen, Spalten, Zellen oder die gesamte Tabelle ausgewählt werden und in Breite, Größe, Ausrichtung oder im Textumbruch verändert werden.

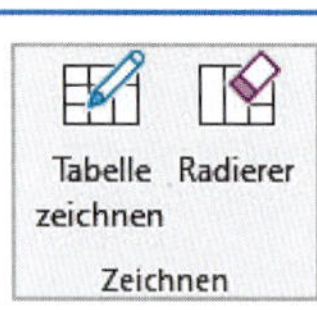

Unter der Gruppe „Zeichnen" können Tabellen einzeln gezeichnet werden und wieder ausradiert werden.

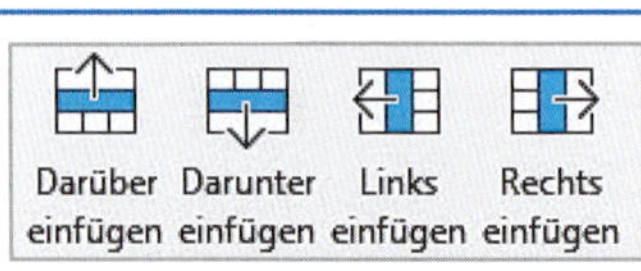

Diese Funktionen ermöglichen schnelles Löschen von Zellen, Spalten, Zeilen bzw. der gesamten Tabelle. Genauso lassen sich schnell Spalten oder Zeilen an der passenden Stelle einfügen.

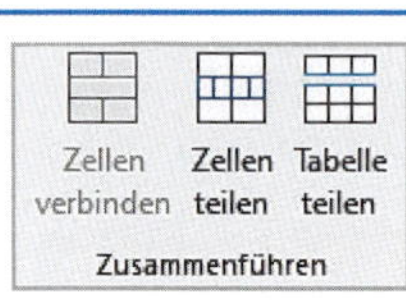

Unter der Gruppe „Zusammenführen" lassen sich aus zwei Zellen eine machen, also verbinden oder man kann aus einer Zelle zwei machen, also teilen. Des Weiteren besteht auch die Möglichkeit, die gesamte Tabelle zu teilen.

<table>
<tr><td>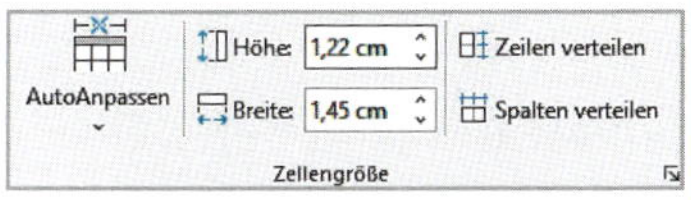
</td><td>Die Zellengröße lässt sich hier exakt in Höhe und Breite definieren oder auch automatisch an den Text anpassen. Ebenso kann die Höhe oder die Breite von ausgewählten Spalten gleichmäßig verteilt werden.</td></tr>
<tr><td>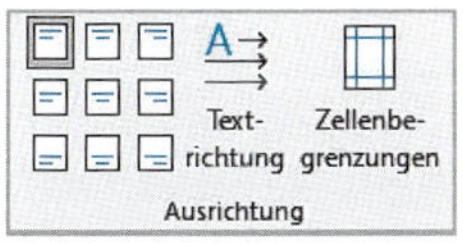
</td><td>In der Gruppe „Ausrichtung“ kann man unterschiedliche Textausrichtungen wählen. Zudem kann die Textrichtung der Schrift in der Tabelle verändert werden. Ebenso lässt sich der Abstand zwischen den Zellen anpassen.</td></tr>
<tr><td>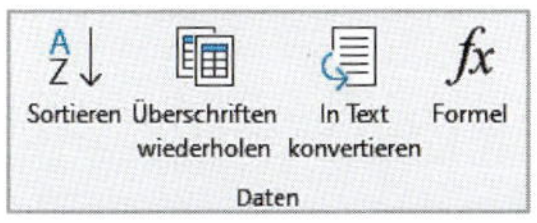
</td><td>Unter der Gruppe „Daten“ können die Spalten numerisch oder alphabetisch sortiert werden. Bei mehrseitigen Tabellen können die Überschriften der einzelnen Spalten auf jeder Seite erneut angegeben werden. Für Berechnungen lassen sich auch einzelne Formeln hinzufügen.</td></tr>
</table>

Übungsaufgaben:

1. Wählen Sie aus den Tabellenformatvorlagen ein Muster Ihrer Wahl.
2. Geben Sie Ihren Text ein und löschen Sie überflüssige Zeilen.
3. Wählen Sie dann eine beliebige Textausrichtung.

Spenden Südwest

Name	**1. Quartal**	**2. Quartal**	**3. Quartal**	**4. Quartal**	**insgesamt**
Roth	150 €	100 €	100 €	120 €	470 €
Wagner	200 €	150 €	100 €	150 €	600 €
Klein	125 €	125 €	100 €	100 €	450 €

Übungsaufgaben:

1. Fügen Sie eine Tabelle aus 4 Spalten und 4 Zeilen ein.
2. Erfassen Sie den Text.
3. Arbeiten Sie dafür auch mit Tabulatoren.
   Spalte Jahr: 2,5 cm rechts   Spalte Monat: 1 cm links   Spalte Tag: 2 cm zentriert

Geburtstagsliste

Name	**Jahr**	**Monat**	**Tag**
Weiner, Christel	1969	Dezember	17
Klug, Jamie	1974	Mai	8
Risse, Alina	1978	März	21

5.6 Erarbeitung einer Tabelle

Erstellen Sie die Tabelle mithilfe der folgenden Erklärungen und Übungen.

Übungsaufgaben:

1. Erfassen Sie folgende Tabelle aus 4 Spalten und 6 Zeilen.
2. Füllen Sie die Tabelle mit Text.
3. Richten Sie die erste Spalte linksbündig und die übrigen rechtsbündig aus.

Artikel	Anzahl	Bestand	€
Monitor	5	8	399,00
Tastatur	10	3	24,50
Funkmaus	25	12	19,99
Drucker	2	12	128,50
Scanner	5	5	89,90

5.6.1 Ändern der Spaltenbreite

Die Breite einer Spalte und die Höhe der Spalte können nachträglich verändert werden.

mit der Maus	Zeigen Sie mit dem Mauszeiger auf die vertikale Linie, deren Breite Sie ändern möchten. Er erscheint in Form eines Doppelpfeils. Ziehen Sie die Linie bei gedrückter Maustaste an die neue Position.
im Zeilenlineal	Ziehen Sie mit der Maus im Lineal die Spaltenbreite auf eine andere Position. Unter der Registerkarte **Ansicht/Gruppe Anzeigen** können Sie das Lineal ein- oder ausblenden. 
auf der Registerkarte	Soll die Spaltenbreite präzise Maße erhalten, markieren Sie die Spalte, deren Breite Sie verändern möchten. Rufen Sie unter der Registerkarte **Layout/Gruppe Tabelle/Eigenschaften** auf. Auf der Registerkarte „Spalte“ können die Einstellungen vorgenommen werden. Sie werden mit OK bestätigt. 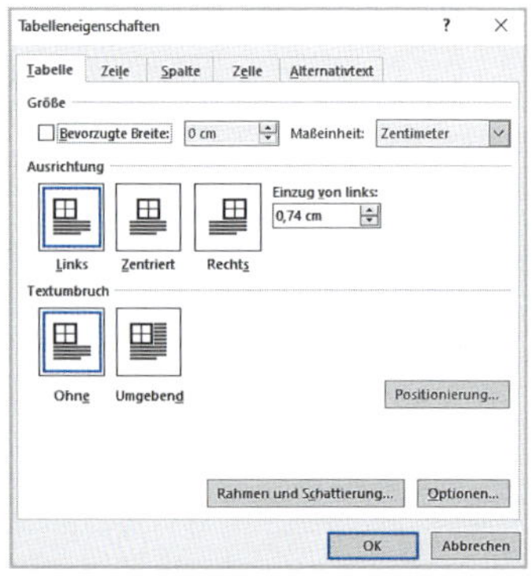 Bevorzugte Breite Hier können Sie das Maß und die Maßeinheit für die gewünschte Spaltenbreite genau einstellen. Vorherige Spalte/Nächste Spalte Sie können bei geöffnetem Dialogfenster zwischen den einzelnen Spalten wechseln und Einstellungen vornehmen.

Übungsaufgabe:

Ändern Sie die Spaltenbreiten der obigen Tabelle auf 3 cm.

Artikel	Anzahl	Bestand	€
Monitor	5	8	399,00
Tastatur	10	3	24,50
Funkmaus	25	12	19,99
Drucker	2	12	128,50
Scanner	5	5	89,90

5.6.2 Ändern der Zeilenhöhe

Ähnlich wie bei der Änderung der Spaltenbreite kann auch die Zeilenhöhe verändert werden.

<table>
<tr><th>mit der Maus</th><th>im Zeilenlineal</th><th>auf der Registerkarte</th></tr>
<tr>
<td>Setzen Sie die Maus auf die waagerechte Linie, die Sie verändern möchten, bis ein Doppelpfeil erscheint.

Durch Ziehen mit gedrückter Maustaste kann die gewünschte Zeilenhöhe eingestellt werden.</td>
<td>In der Layoutansicht können Sie die Zeilenhöhe mithilfe des vertikalen Zeilenlineals ändern.

Markieren Sie die Zeilen, deren Höhe Sie verändern wollen.

Ziehen Sie die Zeilenmarke an die neue Position.

Markieren Sie die Zeilen, deren Höhe Sie verändern wollen.

Ziehen Sie die Zeilenmarke an die neue Position.

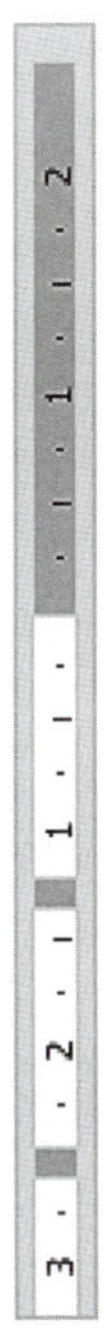</td>
<td>Markieren Sie die ausgewählte Zeile, deren Höhe Sie verändern möchten.

Rufen Sie unter der Registerkarte Layout/Gruppe Tabelle/Eigenschaften auf. Auf der Registerkarte „Zeile“ können die Einstellungen vorgenommen werden.

Sie werden mit OK bestätigt.

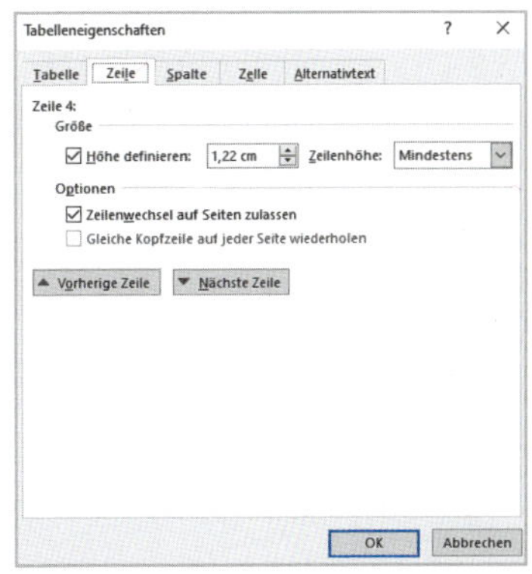

Bei Größe können Sie die Höhe und die Zeilenhöhe genau definieren.

Die Einstellung Mindestens legt das Mindestmaß fest, das der Inhalt der Zeile erfordert. Dieses Maß soll nicht unterschritten werden.

Die Einstellung Genau legt einen festen Wert der Zeilenhöhe exakt fest.

Falls Sie innerhalb der aktuellen Tabelle keinen Zeilenwechsel zulassen möchten, müssen Sie das Kontrollkästchen Zeilenwechsel auf Seiten zulassen deaktivieren.

Das Kontrollfeld „Gleiche Kopfzeile auf jeder Seite wiederholen“ kann beim Seitenwechsel aktiviert werden.</td>
</tr>
</table>

Übungsaufgabe:

Ändern Sie die Zeilenhöhen der obigen Tabelle auf genau 0,6 cm.

Artikel	Anzahl	Bestand	€
Monitor	5	8	399,00
Tastatur	10	3	24,50
Funkmaus	25	12	19,99
Drucker	2	12	128,50
Scanner	5	5	89,90

5.6.3 Verschieben oder Kopieren von Spalten und Zeilen

Markierte Spalten oder Zeilen können Sie am schnellsten durch Ziehen mit der Maus also Drag & Drop verschieben. Wenn Sie beim Ziehen zusätzlich die Strg-Taste gedrückt halten, werden die markierten Textstellen beim Verschieben zusätzlich **kopiert**.

Übungsaufgaben:

1. Verwenden Sie die obigen Tabelle und verschieben Sie die Spalte Bestand vor die Spalte Anzahl.
2. Verschieben Sie danach die Zeile Scanner vor Drucker.

Artikel	Bestand	Anzahl	€
Monitor	8	5	399,00
Tastatur	3	10	24,50
Funkmaus	12	25	19,99
Scanner	5	5	89,90
Drucker	12	2	128,50

5.6.4 Nachträglich Spalten und Zeilen einfügen und löschen

Nicht immer lässt sich der Umfang einer Tabelle von Anfang an absehen. Mitunter müssen Sie bestehende Zeilen oder Spalten löschen bzw. neue Zeilen oder Spalten hinzufügen.

Markieren Sie die Spalte bzw. die Zeile vor oder nach der Sie eine neue Spalte oder Zeile einfügen wollen. Klicken Sie auf die Registerkarte **Layout/Gruppe Zeilen und Spalten/Links einfügen** oder **Rechts einfügen** oder **Gruppe Zeilen und Spalten/Darüber einfügen** oder **Darunter einfügen**.

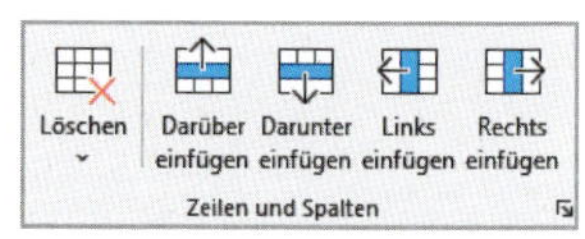

Alternativ können Sie auch eine neue Zeile einfügen, indem Sie den Cursor hinter die Tabellenzeile setzen und Return drücken.

Markieren Sie die Zelle, Spalte, Zeile oder die gesamte Tabelle, die Sie löschen möchten. Klicken Sie auf die Registerkarte **Layout/Löschen**.

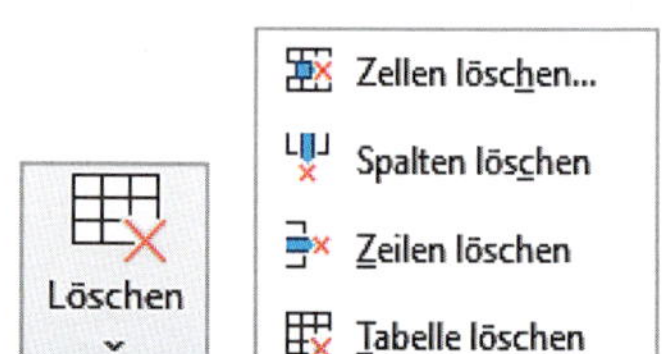

Übungsaufgaben:

1. Fügen Sie in der obigen Tabelle links eine neue Spalte ein.
2. Fügen Sie danach eine neue Zeile oberhalb der Tabelle ein.

	Artikel	Bestand	Anzahl	€
	Monitor	8	5	399,00
	Tastatur	3	10	24,50
	Funkmaus	12	25	19,99
	Scanner	5	5	89,90
	Drucker	12	2	128,50

5.6.5 Zellen verbinden oder teilen

Zellen verbinden

Markieren Sie die Zellen, die Sie verbinden möchten, indem Sie mit der Maus über die gewünschten Zellen ziehen. Klicken Sie auf die Registerkarte **Layout/Gruppe zusammenführen/Zellen verbinden**.

Zellen teilen

Sie können die aktuelle Zelle in mehrere gleichmäßige Zellen aufteilen. Klicken Sie auf die Registerkarte **Layout/Gruppe zusammenführen/Zellen teilen**.

Geben Sie die Anzahl der Spalten und Zeilen an.

Übungsaufgaben:

1. Verbinden Sie in der obigen Tabelle die erste Spalte sowie die erste Zeile.
2. Erfassen Sie die Überschrift Nachlieferung in „Arial 14 p", fett und zentriert.

	Nachlieferung			
	Artikel	Bestand	Anzahl	€
	Monitor	8	5	399,00
	Tastatur	3	10	24,50
	Funkmaus	12	25	19,99
	Scanner	5	5	89,90
	Drucker	12	2	128,50

5.6.6 Textrichtung ändern

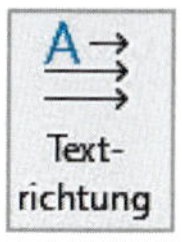

Die Tabellenspalten können eine andere **Textrichtung** als optischen Blickfang erhalten. Markieren Sie die ausgewählte Spalte. Wählen Sie in der Registerkarte **Layout/Gruppe Ausrichtung/Textrichtung**.

Klicken Sie mehrmals auf die Schaltfläche, um die gewünschte Textrichtung zu erhalten.

Übungsaufgaben:

1. Geben Sie in der obigen Tabelle in die erste Spalte Filiale Hamburg ein.
2. Formatieren Sie die erste Spalte in Fettschrift, 14 p und ändern Sie die Textrichtung.
3. Unter der Ausrichtung wählen Sie die Schaltfläche Mitte ausrichten.

Filiale Hamburg	**Nachlieferung**			
	Artikel	Bestand	Anzahl	€
	Monitor	8	5	399,00
	Tastatur	3	10	24,50
	Funkmaus	12	25	19,99
	Scanner	5	5	89,90
	Drucker	12	2	128,50

5.6.7 Schattierung und Rahmen

Sie haben die Möglichkeit, Rahmenlinien und Hintergrundschattierungen in die Tabelle einzufügen.

Schattierung

Klicken Sie auf die Registerkarte **Tabellenentwurf** auf den Auswahlpfeil von **Schattierung.** Es öffnet sich die Palette mit allen Hintergrundschattierungen. Treffen Sie eine Entscheidung.

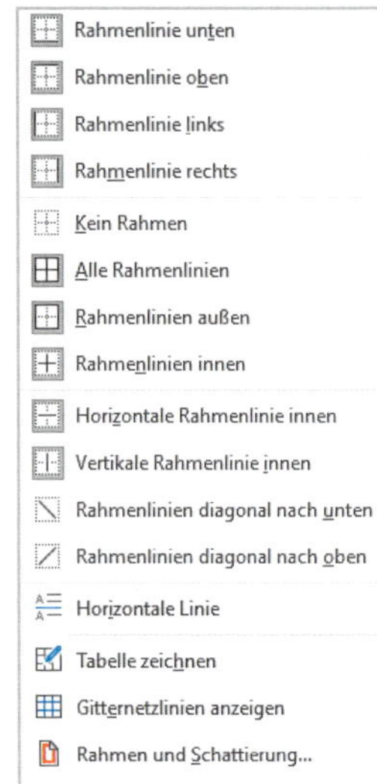

Rahmen

Klicken Sie auf die Registerkarte **Tabellenentwurf** auf den Auswahlpfeil von **Rahmen**, um einzelne Rahmenlinien ein- oder auszublenden.

Rahmenarten

Klicken Sie auf die Registerkarte **Tabellenentwurf** auf den Auswahlpfeil von **Rahmenarten**, um verschiedene Arten von Rahmen ein- oder auszublenden.

Möchten Sie andere Linienarten oder -stärken verwenden, so klicken Sie auf die Auswahlpfeile der Registerkarte **Tabellenentwurf,** die Sie rechts abgebildet sehen.

Übungsaufgaben:

1. Wählen Sie für die obige Tabelle unterschiedliche Rahmenlinien.
2. Wählen Sie für die Überschrift eine Schattierungsfarbe.

	Nachlieferung			
Filiale Hamburg	Artikel	Bestand	Anzahl	€
	Monitor	8	5	399,00
	Tastatur	3	10	24,50
	Funkmaus	12	25	19,99
	Scanner	5	5	89,90
	Drucker	12	2	128,50

5.6.8 Zellenbegrenzungen

Unter Zellenbegrenzung versteht man den Abstand zwischen Text und Rahmenlinie. Die Begrenzung lässt sich unter der Registerkarte **Layout/Gruppe Tabelle/Eigenschaften**/Registerkarte **Zelle/Optionen** anpassen.

Im Fenster „Zellenoptionen" muss unter Zellenbegrenzungen das Kontrollkästchen **Wie gesamte Tabelle** deaktiviert werden, wenn Sie die Einstellungen verändern wollen.

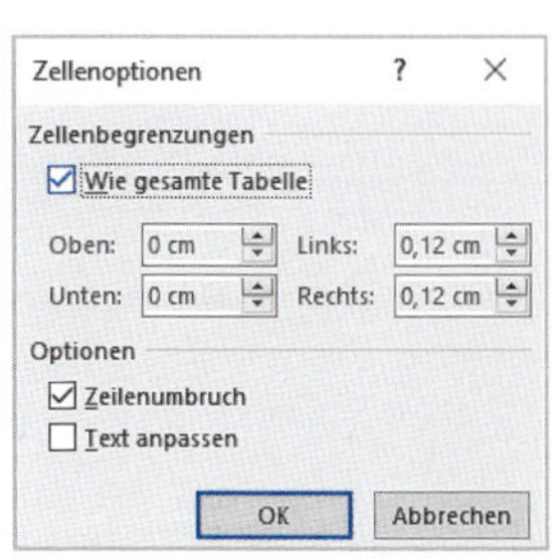

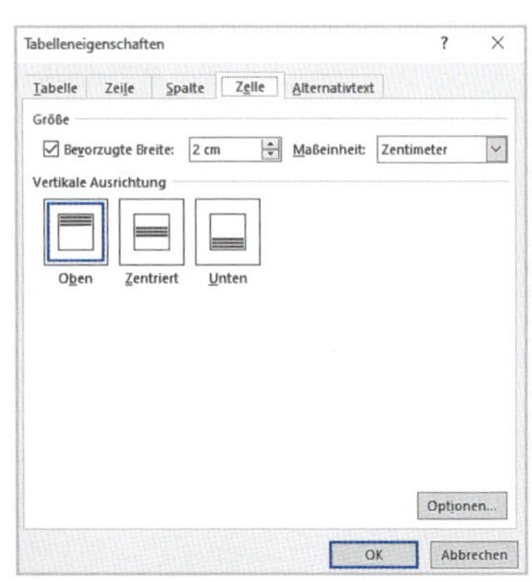

Übungsaufgabe:

Passen Sie für die obige Tabelle die Abstände zwischen Schrift und Rahmenlinien an, indem Sie die Zellenbegrenzungen Oben und Unten auf 0,05 cm und Rechts und Links auf 0,25 cm einstellen. Die Überschrift und den vertikalen Text lassen Sie unformatiert.

Filiale Hamburg	**Nachlieferung**			
	Artikel	Bestand	Anzahl	€
	Monitor	8	5	399,00
	Tastatur	3	10	24,50
	Funkmaus	12	25	19,99
	Scanner	5	5	89,90
	Drucker	12	2	128,50

5.6.9 Tabelle zentrieren

Um eine gesamte Tabelle zwischen den Seitenrändern zu zentrieren, markieren Sie die Tabelle (einschließlich der Zeilenendemarken!) und wählen Sie in der Registerkarte Start die Ausrichtung „Zentriert".

Übungsaufgabe:

Zentrieren Sie die obige Tabelle.

Filiale Hamburg	**Nachlieferung**			
	Artikel	Bestand	Anzahl	€
	Monitor	8	5	399,00
	Tastatur	3	10	24,50
	Funkmaus	12	25	19,99
	Scanner	5	5	89,90
	Drucker	12	2	128,50

5.6.10 Tabelleninhalt sortieren

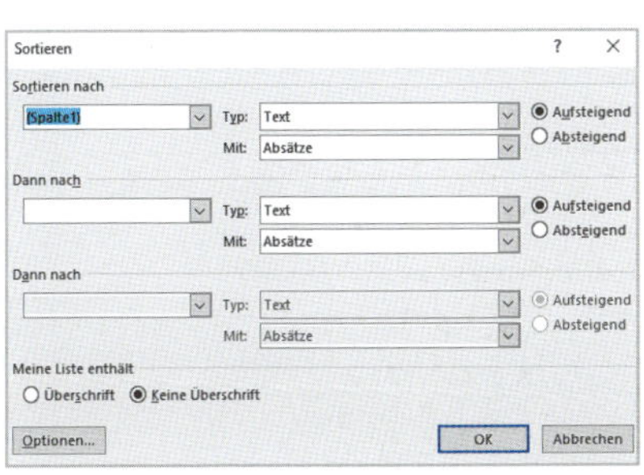

Tabellen können nach verschiedenen Kriterien sortiert werden: **alphabetisch, numerisch** oder **chronologisch**, d. h. nach Text, Zahl oder Datum.

Sie haben ferner die Wahl, in aufsteigender oder absteigender Reihenfolge zu sortieren.

Markieren Sie die Spalte, die maßgeblich für das Sortieren sein soll. Klicken Sie auf die Registerkarte **Layout/Gruppe Daten/Sortieren**.

Im Bereich „Sortieren nach" wird der Sortierschlüssel bereits angezeigt. Legen Sie unter Typ fest, ob es sich um Text, Zahl oder Datum handelt. Geben Sie an, ob „Aufsteigend" oder „Absteigend" sortiert werden soll. Außerdem geben Sie an, ob die Spalte eine Überschrift enthält, damit diese von der Sortierung ausgenommen wird.

Übungsaufgaben:

Vorsicht!
Die Spaltenüberschriften dürfen nicht markiert werden!

1. Erfassen Sie die folgende Tabelle.
2. Sortieren Sie die Spalte Ort alphabetisch in aufsteigender Reihenfolge.
3. Üben Sie das Sortieren in absteigender Reihenfolge bei der PLZ.
4. Zuletzt sortieren Sie die Namen alphabetisch in aufsteigender Reihenfolge.

Namensliste			
Name	**Vorname**	**PLZ**	**Ort**
Wagner	Fabian	69123	Heidelberg
Rother	Jens	72511	Bingen
Neumann	Pascal	38239	Salzgitter
Kreisel	Robin	28219	Bremen
Fiedler	Martin	54636	Hamm
Altmann	Finn	69123	Heidelberg
Lange	Arno	80331	München

5.6.11 Rechnen in Word

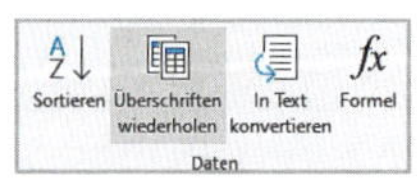

Sie können in der Registerkarte **Layout** unter **Daten/Formel** auch kleine Berechnungen durchführen.

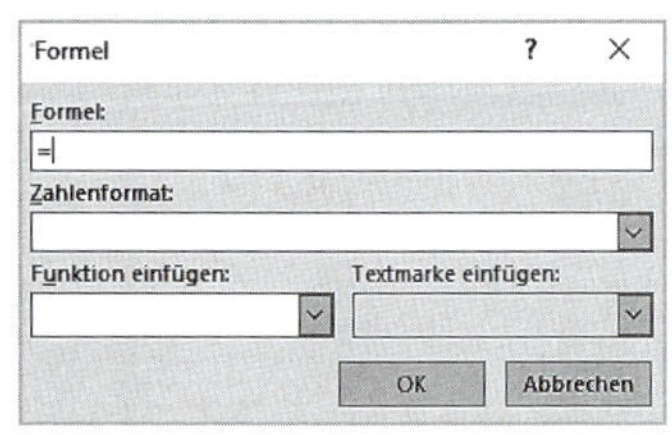

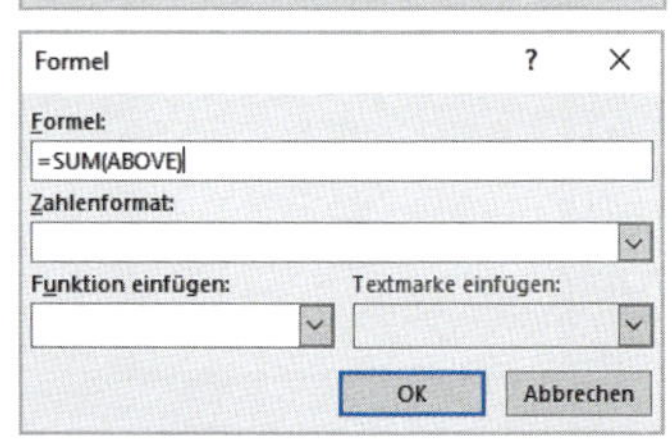

Stellen Sie den Cursor an die Stelle im Dokument, an die Sie das Ergebnis einfügen möchten. Klicken Sie auf das Icon „Formel" und MS Word schlägt Ihnen eine Formel vor. Das Zahlenformat müssen Sie wählen. Sie können ganze Zahlen, Eurobeträge, Prozentzahlen oder auch die Stellen hinter dem Komma auswählen. Schlägt MS Word kein passendes Zahlenformat vor, können Sie das Feld „Zahlenformat" leer lassen.

Klicken Sie auf OK.

Übungsaufgaben:

1. Erstellen Sie folgende Tabelle.
2. Führen Sie die Berechnung für die Menge und den Gesamtpreis durch.

Artikel	Einzelpreis €	Menge	Gesamtpreis €
Papier	5,50	10	55,00
Schnellhefter, blau	0,75	100	75,00
Ordner A4	0,95	20	19,00
Gesamtsumme			

Übungsaufgaben:

1. Erstellen Sie folgende Tabelle.
2. Tragen Sie alle Hauptstädte ein.
3. Sortieren Sie alphabetisch aufsteigend nach den Bundesländern.
4. Üben Sie dann das Sortieren nach der Fläche.
5. Berechnen Sie die Einwohnerzahl und die Gesamtfläche der Bundesrepublik Deutschland.

Nr.	**Bundesland**	**Einwohner (Millionen)**	**Fläche (in 1000 km²)**	**Hauptstadt**
1.	Nordrhein-Westfalen	17,6	34,1	
2.	Bayern	12,7	70,6	
3.	Baden-Württemberg	10,7	35,8	
4.	Niedersachsen	7,8	47,6	
5.	Hessen	6,1	21,1	
6.	Rheinland-Pfalz	4,0	19,8	
7.	Sachsen	4,0	18,4	
8.	Berlin	3,5	0,9	
9.	Schleswig-Holstein	2,8	15,7	
10.	Brandenburg	2,4	29,5	
11.	Sachsen-Anhalt	2,2	20,4	
12.	Thüringen	2,1	16,2	
13.	Hamburg	1,7	0,8	
14.	Mecklenburg-Vorpommern	1,6	23,2	
15.	Saarland	1,0	2,6	
16.	Bremen	0,6	0,4	
		=	=	

5.6.12 Text in Tabelle umwandeln

Sie können auch bereits vorhandenen Text nachträglich in eine Tabelle umwandeln. Nicht nur, dass Tabellen leichter zu formatieren sind, Sie können auch die beiden neu eingeblendeten Registerkarten zum Organisieren der Informationen nutzen.

Dazu verfahren Sie wie folgt:

Die einzelnen Bestandteile der Liste müssen innerhalb einer Zeile durch Tabulator, Semikolon oder ein anderes Sonderzeichen getrennt sein.

Die Zeilen sollten durch Absatzmarken (Return) abgeschlossen sein.

Markieren Sie die gesamte Liste, die umgewandelt werden soll.

Klicken Sie auf der Registerkarte **Einfügen** auf **Tabelle/Text in Tabelle umwandeln**.

Geben Sie die Spaltenanzahl an und wählen Sie in dem geöffneten Dialogfenster das zum Anordnen der Spalten verwendete Trennzeichen aus. Nach Bestätigen mit OK wird die Liste in eine Tabelle umgewandelt.

Übungsaufgaben:

1. Erfassen Sie die folgende Aufstellung mit Tabstopps.
2. Wandeln Sie die Liste in eine Tabelle um.
3. Ändern Sie das angezeigte Gitternetz durch eine Rahmenlinie Ihrer Wahl.
4. Nehmen Sie weitere Formatierungen vor.

Tabstopps:	5 cm links	8 cm links	13 cm rechts
Arena	**Ort**	**Eröffnung**	**max. Kapazität**
Esprit Arena	Düsseldorf	2005	66 000
Lanxess Arena	Köln	1998	20 000
Mercedes-Benz Arena	Berlin	2008	17 000
Barclaycard Arena	Hamburg	2002	16 000
Schleyer-Halle	Stuttgart	1983	15 500
Westfalenhalle I	Dortmund	1925	15 380
TUI-Arena	Hannover	2000	14 000
ÖVB-Arena	Bremen	1964	14 000
ISS-Dome	Düsseldorf	2005	13 400
König-Pilsener-Arena	Oberhausen	1996	12 650
Arena Leipzig	Leipzig	2002	12 200
Grugahalle	Essen	1958	10 000

5.7 Tabellen dokumentenübergreifend verknüpfen

Möchten Sie eine in MS Word erstellte Tabelle in anderen Office-Anwendungen, wie z. B. MS Excel oder MS Power Point verwenden, lässt sich eine Verknüpfung zwischen den beiden Programmen herstellen.

Sie entscheiden, ob Sie das Objekt, also die Tabelle, als Verknüpfung oder als Kopie einfügen wollen.

Bei einer Verknüpfung wird die Verbindung zum Ursprungsdokument beibehalten. Der Inhalt der Tabelle kann aktualisiert werden. Beim Bearbeiten wird automatisch der Inhalt des Quelldokuments verändert.

Bei einer Kopie (Kopieren und Einfügen) wird die Verbindung zum Ursprungsdokument nicht beibehalten. Nachträgliche Änderungen des Ursprungsdokuments wirken sich nicht auf die Tabelle aus. Ebenso verändert sich beim Bearbeiten der Inhalt des Quelldokuments nicht.

Gesamte Datei verknüpfen

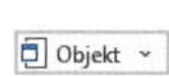

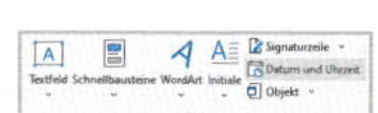

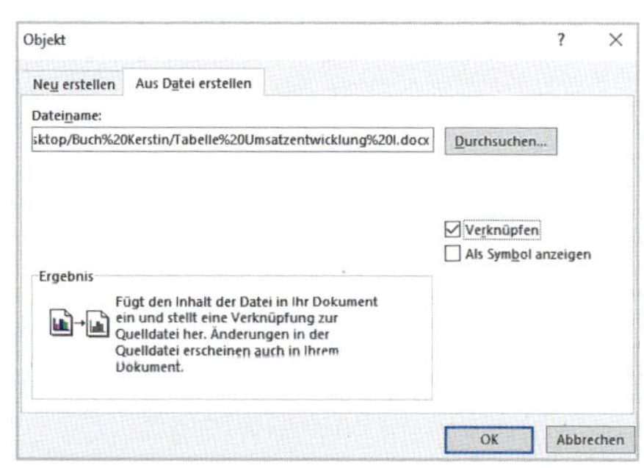

Um die gesamte Datei zu verknüpfen, wechseln Sie in das Dokument, in dem das Objekt platziert werden soll und klicken auf der Registerkarte **Einfügen/Gruppe Text/Objekt** an. Aktivieren Sie die Registerkarte „Aus Datei erstellen" und geben Sie den betreffenden Dateinamen ein. Alternativ können Sie die Ursprungsdatei über das Icon „Durchsuchen" auswählen. Bei einer Verknüpfung muss das Kontrollkästchen „Verknüpfen" aktiviert sein. Bestätigen Sie mit OK.

Dateiausschnitt verknüpfen

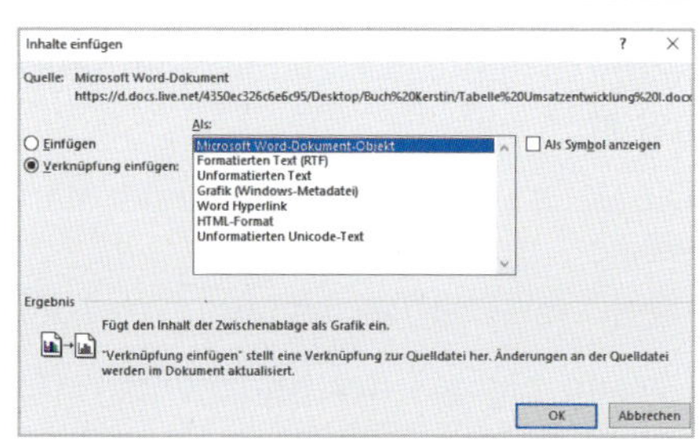

Um nur einen Ausschnitt Ihrer Datei zu verknüpfen, öffnen Sie die Ursprungsdatei und kopieren die markierte Tabelle in die Zwischenablage. Danach wechseln Sie an die Stelle in die neue Datei, in der die Tabelle eingefügt werden soll. Klicken Sie auf der Registerkarte **Start** den Auswahlpfeil von **Einfügen/Inhalte einfügen**. In dem Fenster muss „Verknüpfung einfügen:" aktiviert werden. Zudem fügen Sie die Inhalte als „Microsoft Word-Dokument-Objekt" ein. Bestätigen Sie mit OK.

Beim Öffnen eines Dokuments, welches Verknüpfungen enthält, werden Sie gefragt, ob Sie die Verknüpfung aktualisieren möchten. Bestätigen Sie mit „Ja".

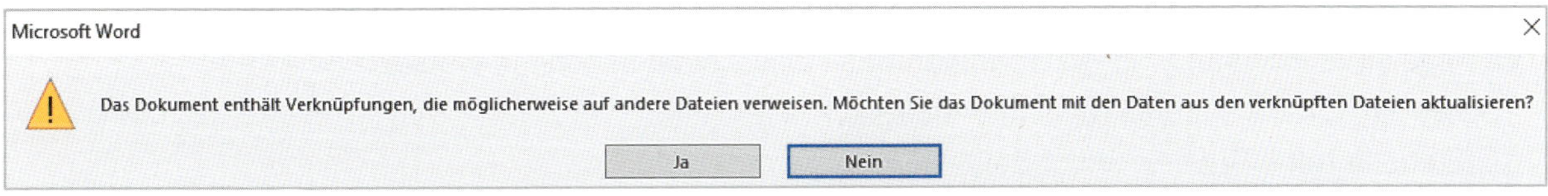

Der beschriebene Ablauf zur Verknüpfung von Dateien funktioniert auf gleiche Art und Weise in jeder Ihnen zur Verfügung stehenden Office-Anwendung. Sie können nicht nur Tabellen, sondern auch Diagramme und andere Objekte mit einem anderen Office-Programm verknüpfen.

Übungsaufgabe:

In Ihrem Lernbuch „Büromanagement 2" im Lernfeld 8 steht unter dem Kapitel 3.1 „Personalanalyse" eine Übersicht „Personalwirtschaftliche Kennzahlen der Weber Metallbau GmbH". Erstellen Sie diese Tabelle in MS Word. Verknüpfen Sie anschließend die Tabelle mit MS Excel.

5.8 Daten exportieren und importieren

Wenn Sie Daten in einem Programm bereits erfasst haben und diese in einem andere Programm verwenden möchten, brauchen Sie diese Daten nicht ein weiteres Mal einzugeben, sondern können sie aus MS Word exportieren bzw. aus einem anderen Programm in MS Word importieren. Standardmäßig werden dabei bereits vorhandene Daten überschrieben.

Gehen Sie wie folgt vor, um eine Word-Datei in eine Datei im PDF-Format zu exportieren:

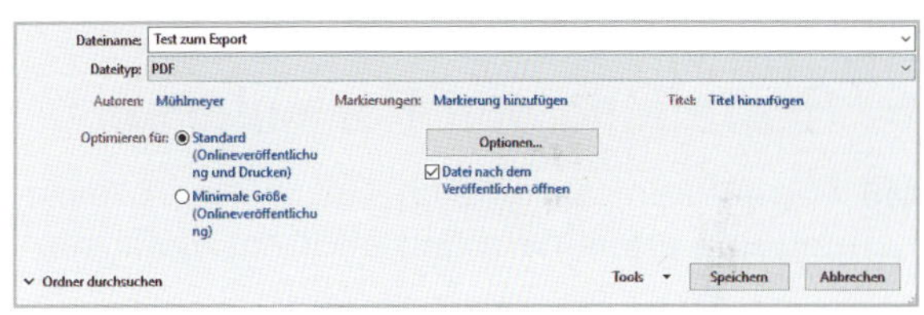

Öffnen Sie Ihr Word-Dokument. Klicken Sie auf die Registerkarte **Datei/Speichern unter** und wählen Sie den Speicherort. Geben Sie den gewünschten Dateinamen ein und klicken Sie in der Liste Dateityp auf ein beliebiges Dateiformat, wie z. B. PDF. Soll die Datei nach dem Speichern in dem gewählten Format geöffnet werden, müssen Sie das Kontrollkästchen „Datei nach dem Veröffentlichen öffnen" anklicken. Wählen Sie „Standard (Onlineveröffentlichung und Drucken)", erhalten Sie ein Dokument, welches Sie in hoher Qualität ausdrucken können. Wünschen Sie eine geringere Druckqualität, aktivieren Sie „Minimale Größe (Onlineveröffentlichung)". Zum Bestätigen klicken Sie auf „Speichern".

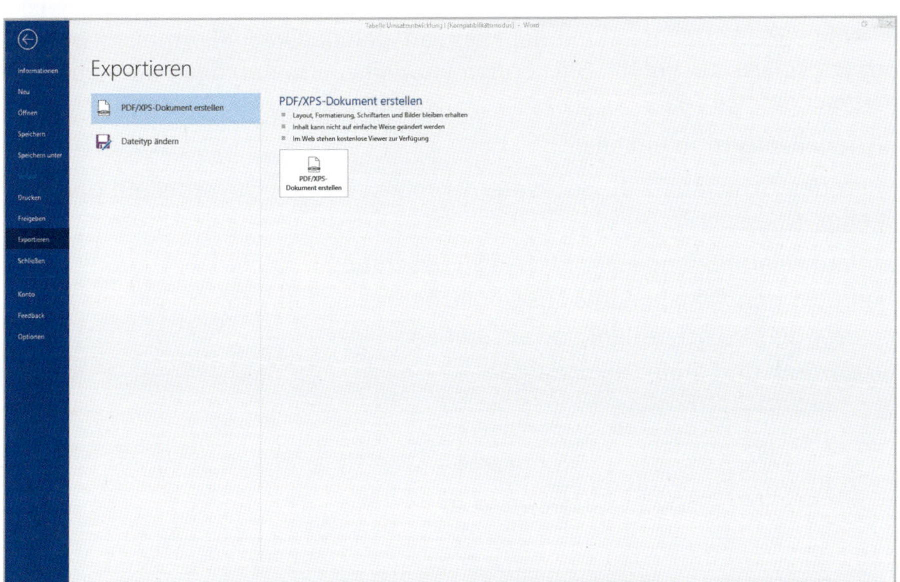

Alternativ können Sie auch direkt unter der Registerkarte **Datei/Exportieren** klicken. Sie können entscheiden, ob Sie dem Vorschlag von MS Word, die Datei in ein PDF-Dokument umwandeln, zustimmen, oder sich einen anderen Dateitypen auswählen. Sie werden automatisch in den oben beschriebenen Speichervorgang geleitet.

Kompetenztraining:

Die Auszubildende Moni Tor konnte wegen Krankheit den Unterricht am Berufskolleg nicht besuchen. Gill Bates zeigt seiner Mitschülerin den Ablauf einer Tabelle in wenigen Schritten.

Führen Sie die einzelnen Arbeitsschritte aus.

1. Tabelle mit 5 Spalten und 4 Zeilen einfügen
2. Daten eingeben:

Filiale	Mai	Juni	Juli	August
Hamburg	30.500	34.250	35.150	32.600
Berlin	38.400	37.200	36.480	34.800
München	18.725	20.100	16.240	17.400

3. Andere Rahmenlinie wählen
4. Am Anfang eine Spalte hinzufügen und Nummerierung eingeben: Nr. 1 – 2 – 3
5. Am Ende eine Zeile hinzufügen
   Text eintragen: 4 – Wesel – 12.275 – 13.800 – 14.500 – 13.150
6. Spalten verkleinern
7. Zentrieren der Tabelle
8. Überschriften in Schriftschnitt: Fett und schattieren
9. Zeilenhöhe auf 0,7 cm vergrößern
10. Überschrift 2-zeilig und € zentriert in die zweite Zeile hinzufügen
11. Filialen alphabetisch aufsteigend sortieren
12. Am Ende eine Zeile hinzufügen
13. Endergebnis ermitteln
14. Summenabschlussstrich in 2¼ p Breite/Doppelstrich
15. Am Anfang eine weitere Zeile hinzufügen, Zellen verbinden und die Überschrift „Umsatzzahlen“ zentriert, fett und mit größerer Schrift eintragen

6 Erstellung von Formularen

Mit Formularen lassen sich Geschäftsprozesse rationalisieren. Formulare sichern eine gleiche Bearbeitung und erleichtern den Informationsfluss.

Machen Sie sich vor der Gestaltung Gedanken, welcher Zweck mit dem Formular verfolgt wird. Ein Formular muss immer vollständig, ablaufgerecht, schreibgerecht, verständlich und behandlungsgerecht sein. Prüfen Sie, welche Funktionen Sie benötigen. Funktionen können Formularfelder sein, rechnende bzw. nichtrechnende Funktionen oder auch logische Funktionen. Letztere lassen sich zielführender mit z. B. MS Excel erstellen.

Entscheiden Sie, ob Sie ein Offline- oder ein Online-Formular erstellen wollen. Die Offline-Formulare werden in MS Word erstellt, ausgedruckt und dann mit der Hand ausgefüllt. Online-Formulare werden mit MS Word erstellt und am Bildschirm ausgefüllt. Sie können am Bildschirm neu bearbeitet und verarbeitet sowie elektronisch versendet werden.

Es macht Sinn, Formulare in Tabellenform zu erstellen.

Beginnen Sie mit dem Namen des Urhebers, z. B. des Unternehmens, für das Sie arbeiten, und versehen Sie das Formular mit einer Überschrift.

Bei der Erstellung von Formularen sind folgende Grundsätze zu beachten:

die Leitwörter stehen über den Angaben, die ausgefüllt werden sollen,
der Leittext soll links vor dem zu schreibenden Text stehen,
formulieren Sie verständlich und ohne Abkürzungen.

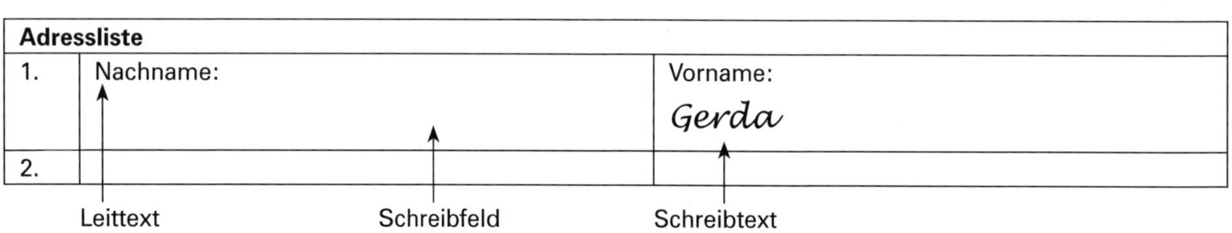

6.1 Formularfelder/Steuerelemente

Um in MS Word Formulare zu erstellen, werden Formularfelder (Steuerelemente) eingesetzt. Dabei handelt es sich um Platzhalter für Eintragungen. So kann der Nutzer/Anwender, der das Formular ausfüllen möchte, die feststehenden Textpassagen des Formulars nicht ändern. Formularfelder bieten sich also für Dokumente an, die gut strukturiert sind und einen festen Aufbau haben, damit dieser Aufbau nur einmal erstellt werden muss. So können nicht nur Formulare mit ihnen versehen werden, sondern auch Geschäftsbriefe, Kopf- und Fußzeilen, Deckblätter oder Inhaltsverzeichnisse. Die Inhaltssteuerelemente stehen ab den Word-Versionen von 2007 zur Verfügung und können mit älteren Word-Versionen nicht ausgeführt werden.

Sinnvoll ist es, die Formulare als Dokumentvorlage abzuspeichern.

Register Entwicklertools

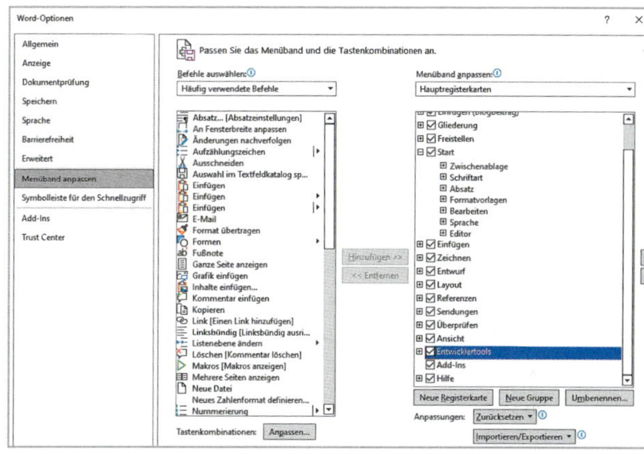

Standardmäßig sind die Formularfelder in MS Word ausgeblendet. Sie müssen zunächst die Registerkarte Entwicklertools einblenden.

Dazu gehen Sie auf die Registerkarte **Datei/Optionen/Menüband anpassen/Entwicklertools**. Machen Sie in das Kontrollkästchen einen Haken und bestätigen Sie mit OK. In Ihrem Menüband befindet sich nun eine Registerkarte „Entwicklertools“. Wichtig für die Formularerstellung ist darin die Gruppe „Steuerelemente“.

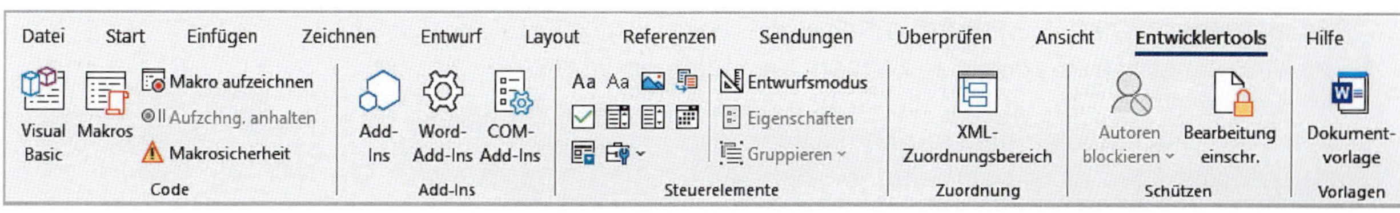

Formularfelder einfügen

Rufen Sie nun die Registerkarte **Entwicklertools** auf. Klicken Sie auf die Gruppe **Steuerelemente**. Wählen Sie die folgenden Symbole.

Rich-Text-Inhaltssteuerelement	Aa	Zur Eingabe von Text, grafischen Objekten und Tabellen.
Nur-Text-Inhaltssteuerelement	Aa	Zur Eingabe von Text und Zahlen.
Bildinhaltssteuerelement		Zur Eingabe von Grafiken.
Bausteinkatalog-Inhaltssteuerelement		Zur Eingabe von Textbausteinen.
Kontrollkästchensteuerelement		Zur Eingabe von Ankreuzkästchen.
Kombinationsfeld-Inhaltssteuerelement		Zur Auswahl von vorgegebenen Begriffen aus einer Liste einschließlich selbst gewählter Begriffe.
Dropdownlisten-Inhaltssteuerelement		Zur Auswahl von vorgegebenen Begriffen aus einer Liste ohne selbst wählbare Begriffe.
Datumsauswahl-Inhaltssteuerelement		Zur Eingabe eines Datums aus einem Kalender.
Inhaltssteuerelement für wiederholte Abschnitte		Zur Wiederholung eines bereits bestehenden Steuerelements.

Wenn Sie mit dem Mauszeiger über das Steuerelement fahren, erscheint eine kurze Beschreibung des jeweiligen Symbols.

Um diese Felder einzufügen, muss sich der Cursor an der betreffenden Stelle befinden. Klicken Sie dann das gewünschte Steuerelement an. Es erscheint an der Stelle in Ihrem Dokument ein grau unterlegtes, umrandetes Feld. Befinden Sie sich außerhalb des Eingabefeldes, verschwindet der Rahmen und der Text im Steuerelement erscheint grau. Mit einem Mausklick wird das Steuerelement wieder sichtbar und Sie können eine Eingabe vornehmen. Um ein Element zu löschen, können Sie es aktivieren und auf Entfernen bzw. Ausschneiden drücken.

Jedes Steuerelement verfügt über bestimmte Eigenschaften. Auf diese wird in der folgenden Beschreibung eingegangen.

Entwurfmodus

Über die Schaltfläche „Entwurfmodus" haben Sie die Möglichkeit, sich Ihre ausgewählten Eigenschaften in dem Steuerelement nochmals anzuschauen. Sie können aber auch den Text, der beim Einfügen eines Steuerelements erscheint, ändern. Im Entwurfmodus erscheinen die Eingabefelder mit einem anderen Rahmen. Schalten Sie nach Bearbeitung den Entwurfmodus wieder aus.

Rich-Text-Inhaltssteuerelement

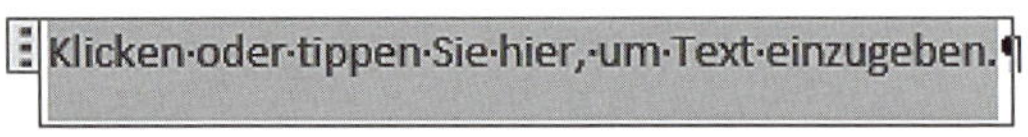

Dieses Steuerelement setzen Sie, um Texte, aber auch Tabellen und grafische Objekte einzufügen. Diese lassen sich dann alle unterschiedlich formatieren. Klicken Sie in den Steuerelementen das abgebildete Symbol an. In dem Feld, welches sich öffnet, können Sie nun den gewünschten Inhalt eingeben.

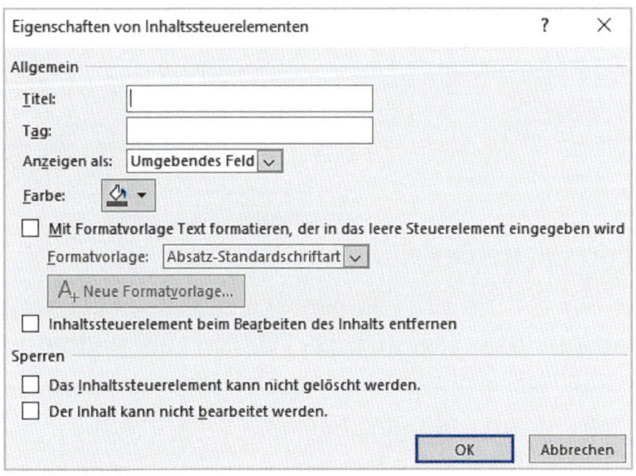

Wählen Sie unter der Gruppe Steuerelemente das Symbol **Eigenschaften** aus. Hier können Sie dem Formularfeld einen Titel geben, die Farben ändern und das Inhaltssteuerelement sperren. Es kann also nicht gelöscht bzw. nicht bearbeitet werden. Aktivieren Sie die Eigenschaft „Inhaltssteuerelement beim Bearbeiten des Inhalts entfernen", wird das Element durch den eingegebenen Text ersetzt.

Um die eingegebenen Formularfelder zur Eingabe nutzen zu können, muss das **Formular geschützt** werden. Solange das Formular geschützt ist, sind keine Änderungen an Text oder Layout möglich. So bleibt Ihre Dokumentvorlage unverändert. Deshalb sollte dieser Schritt ganz zum Schluss durchgeführt werden. Wenn das Formular später nochmals bearbeitet werden soll, kann der Schutz im Dokument einfach wieder aufgehoben werden.

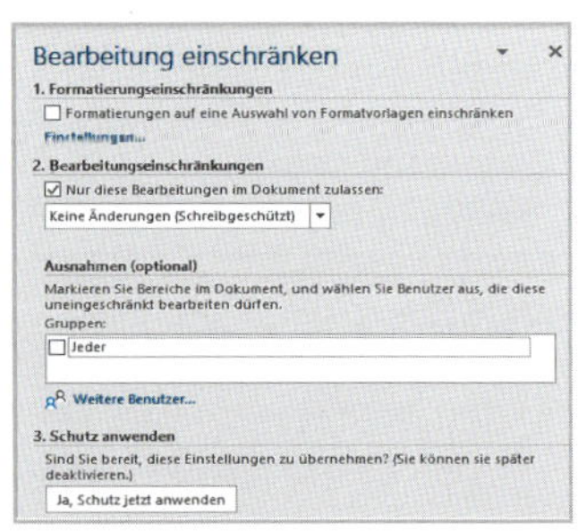

Klicken Sie in der Gruppe Schützen auf **Bearbeitung einschränken**. Es blendet sich ein Aufgabenbereich ein. Aktivieren Sie unter **2. Bearbeitungseinschränkungen** das Kontrollkästchen **Nur diese Bearbeitung im Dokument zulassen:** und wählen Sie in der dazugehörigen Liste der Bearbeitungsbeschränkungen die Option **Ausfüllen von Formularen** aus. Treffen Sie dann unter **3. Schutz anwenden** die Auswahl **Ja, Schutz jetzt anwenden**. Sie werden aufgefordert ein Kennwort einzugeben und zu bestätigen. Um den eingegebenen Schutz wieder aufzuheben, klicken Sie unter Bearbeitung einschränken auf die Schaltfläche „Schutz aufheben". Geben Sie Ihr Kennwort ein und Sie können Änderungen in Ihrem Formular vornehmen.

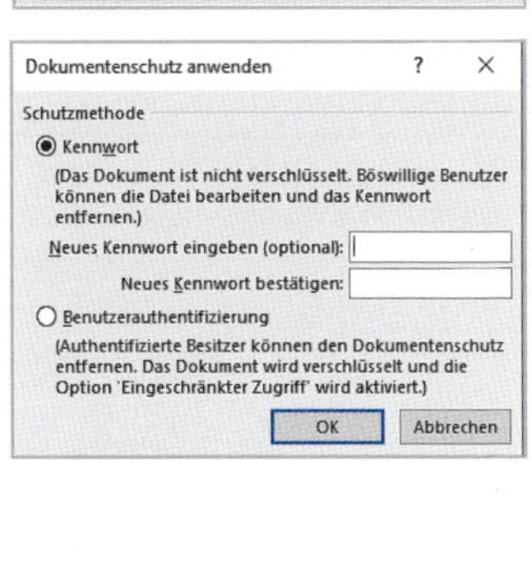

Nur-Text-Inhaltssteuerelement

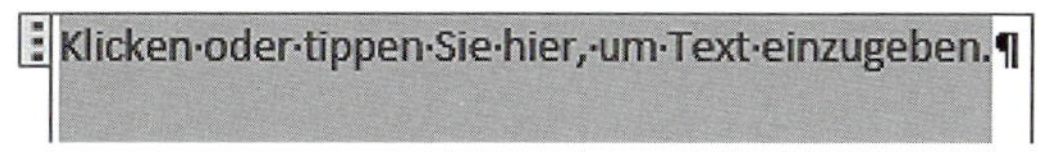

In dieses Steuerelement kann der Benutzer nur Text oder Zahlen eingeben. Klicken Sie das abgebildete Symbol an, um das Element einzufügen.

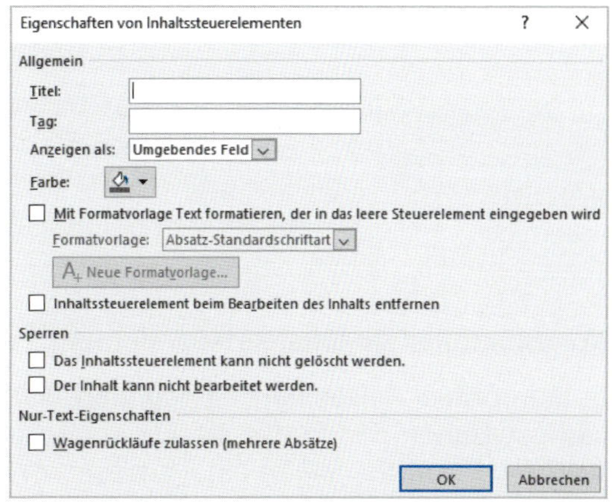

Wie bei dem Rich-Text-Inhaltssteuerelement können Sie Eigenschaften für das Inhaltssteuerelement wählen, wie z. B. einen Titel, farbige Umrahmung und das Formular sperren. Sie können das Feld entfernen lassen, sobald es bearbeitet wurde. Der Inhalt bleibt erhalten und nur die Eingabemöglichkeit verschwindet. Die Eigenschaft „Wagenrückläufe zulassen" können Sie aktivieren, um Zeilen mit Zeilenumbrüchen zu trennen.

Bildinhaltssteuerelement

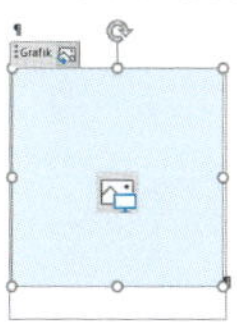

Unter diesem Symbol lässt sich bei der späteren Bearbeitung eine Grafik in das Dokument einfügen. Wenn Sie das Symbol auswählen, öffnet sich das abgebildete Element. Der Nutzer des Dokuments kann entweder Grafiken aus einer Datei einfügen oder sich für eine Grafik aus der Bing-Bildersuche entscheiden.

Wie bei dem Rich-Text-Inhaltssteuerelement und dem Nur-Text-Inhaltssteuerelement können Sie Eigenschaften, wie z. B. einen Titel, farbige Umrahmung, für das Inhaltssteuerelement wählen und das Formular sperren.

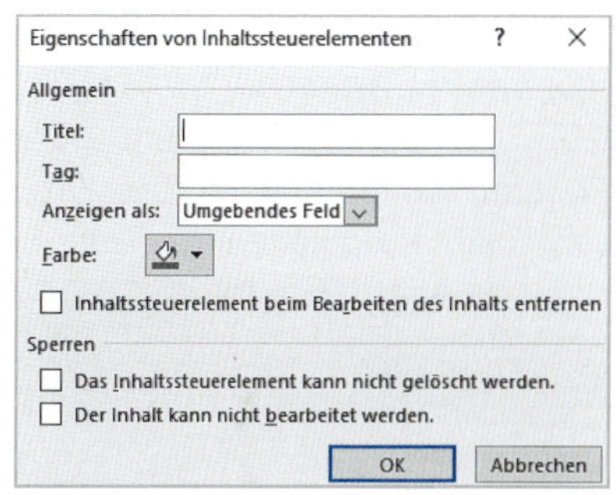

Bausteinkatalog-Inhaltssteuerelement

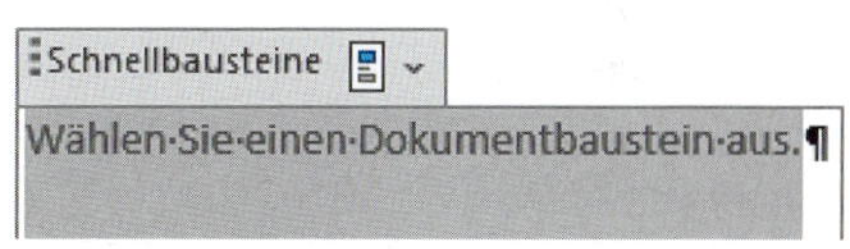

In dieses Steuerelement kann ein erstellter Schnellbaustein eingeben werden. Klicken Sie das oben abgebildete Symbol an und fügen es ein. Nun kann der Benutzer des Formulars den Schnellbaustein aus seinem Bausteinkatalog einfügen.

Wie bei den anderen Inhaltssteuerelementen können Sie die bekannten Eigenschaften für das Inhaltssteuerelement wählen und das Formular sperren. Auch lassen sich Eigenschaften der Bausteine näher bestimmen.

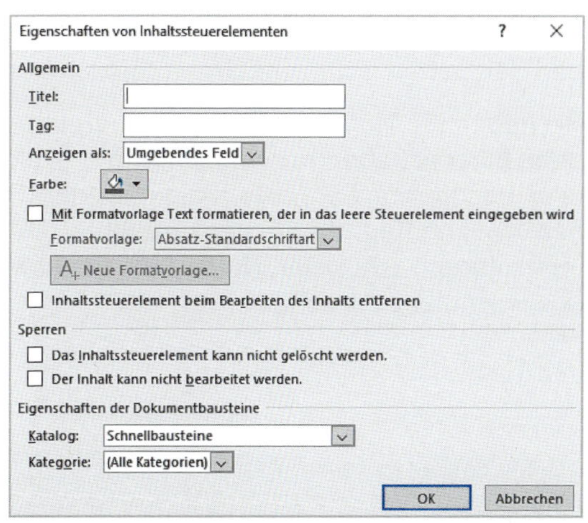

Kontrollkästchensteuerelement

Fügen Sie in Ihr Dokument ein Ankreuzkästchen ein, welches bei Bearbeitung mit einem Haken versehen werden kann. Wählen Sie das entsprechende Symbol und das Element mit dem Kästchen wird eingefügt.

Auch bei diesem Steuerelement lassen sich Eigenschaften zuweisen und das Formular sperren. Sie haben bei dem Kästchen die Möglichkeit, es durch ein X auswählen zu lassen. Wenn Ihnen das vorgegebene Kästchen nicht gefällt, können Sie über „Ändern" ein neues Symbol auswählen.

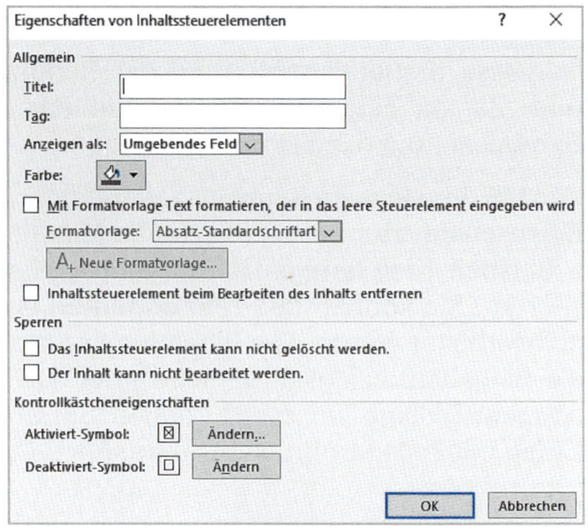

Kombinationsfeld-Inhaltssteuerelement

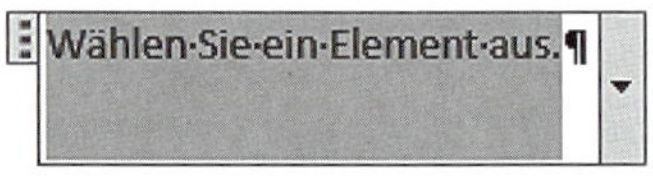

Es kann eine Aufzählung eingegeben werden. Bei der Bearbeitung kann zwischen den Eingaben aus einer Aufzählungsliste ausgewählt werden. Zusätzlich bleibt ein Feld frei, um eine Selbsteingabe vorzunehmen. Klicken Sie das abgebildete Symbol an und fügen es ein.

Weisen Sie dem Inhaltssteuerelement verschiedene Eigenschaften zu und sperren Sie das Formular. Sie können dem Element einen Titel und eine bestimmte Schriftart zuweisen. Unter den Eigenschaften haben Sie die Möglichkeit, verschiedene Begriffe zur Auswahl in das Feld einzugeben, um die Auswahlliste zu erstellen. Dieses geschieht über den Begriff „Hinzufügen". In dem Fenster, welches sich öffnet, können Sie den Eintrag Ihrer Aufzählungsliste eingeben. Ist Ihre Auswahl vollständig, bestätigen Sie mit OK.

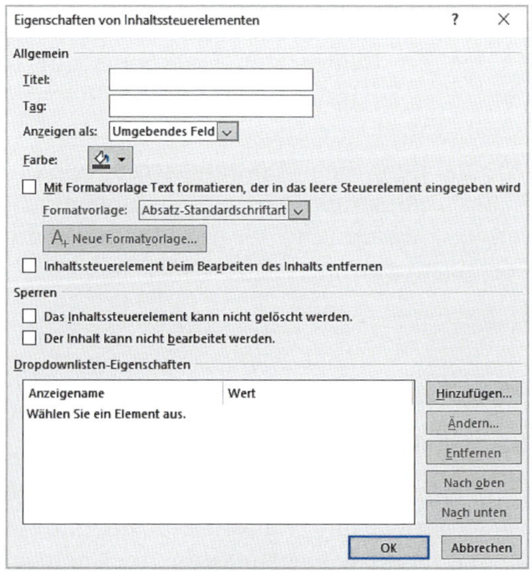

Dropdownlisten-Inhaltssteuerelement

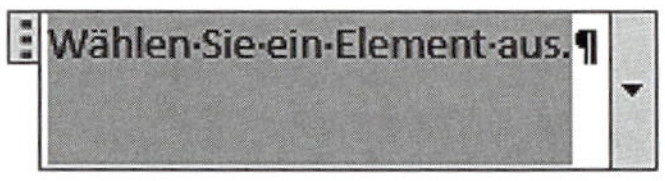

Bei diesem Steuerelement kann eine Aufzählungsliste eingegeben werden. Bei der Bearbeitung kann der Benutzer zwischen den Eingaben der Liste auswählen. Fügen Sie das Inhaltssteuerelement ein.

Sie haben die Möglichkeit, dem Steuerelement verschiedene Eigenschaften zuzuweisen, wie z. B. einen Titel und eine bestimmte Schriftart. Auch können Sie entscheiden, welche Begriffe Sie der Liste über die Schaltfläche „Hinzufügen" zuweisen. Nutzen Sie die Eigenschaft, um das Formular zu sperren.

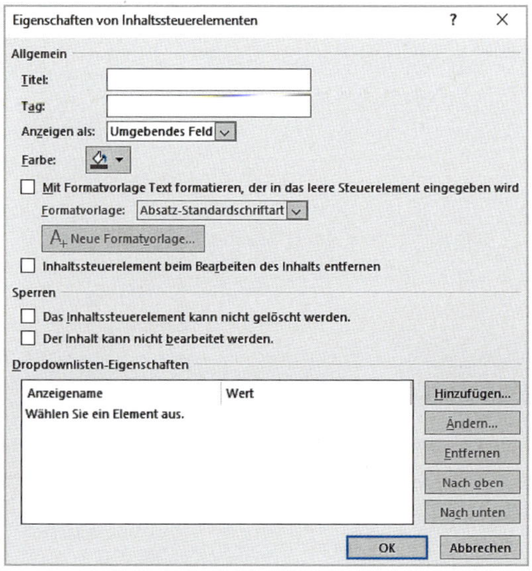

Datumsauswahl-Inhaltssteuerelement

Der Benutzer hat die Möglichkeit das aktuelle Tagesdatum oder ein frei gewähltes Datum in das Formularfeld zu setzen. Fügen Sie das Inhaltssteuerelement ein, indem Sie auf das abgebildete Symbol klicken.

Weisen Sie dem Steuerelement verschiedene Eigenschaften zu und sperren Sie das Formular. Auch können Sie entscheiden, in welchem Format das Datum erscheinen soll.

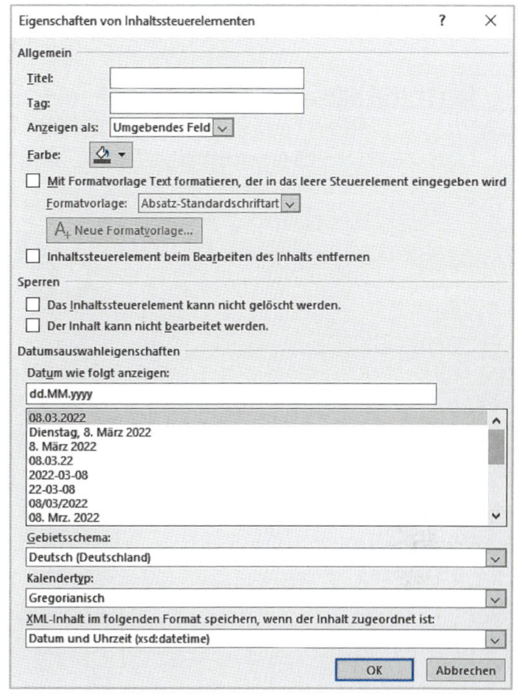

Inhaltssteuerelement für wiederholte Abschnitte

In diesem Steuerelement können Sie ein anderes Steuerelement wiederholen. Klicken Sie auf das entsprechende Symbol, um es in Ihr Dokument einzufügen.

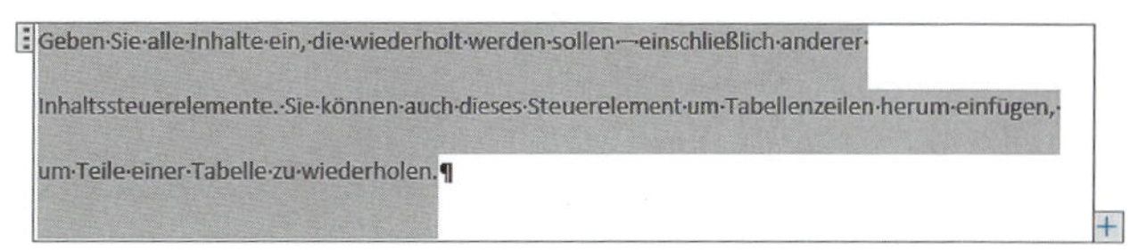

Auch bei diesem Steuerelement können Sie zwischen verschiedenen Eigenschaften auswählen. So lässt sich das Feld mit einem Titel versehen, farbig gestalten und sperren.

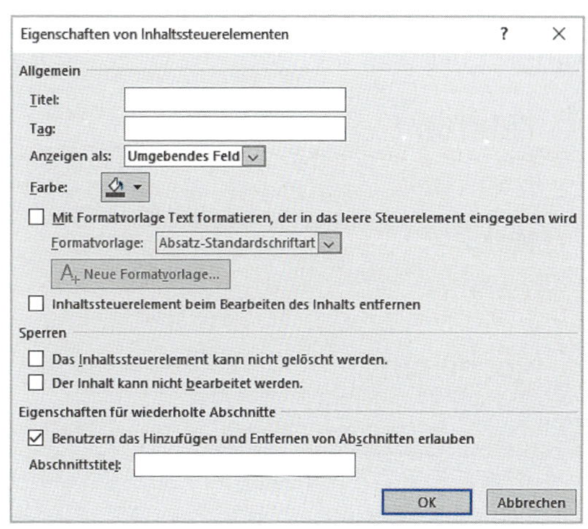

Übungsaufgabe:

Sie stellen bei Ihrer Arbeit im Büro fest, dass es eine Vielzahl von Formularen gibt, die immer wieder neu erstellt werden müssen. Zur Optimierung Ihrer Arbeitsabläufe gestalten Sie die nachfolgende Telefonnotiz. Nutzen Sie geeignete Formularfelder.

Heinrich KG
Büromöbel und Zubehör

Angenommen von: Klicken oder tippen Sie hier, um Text einzugeben.

Datum: Klicken oder tippen Sie hier, um ein Datum einzugeben.

Uhrzeit: Klicken oder tippen Sie hier, um Text einzugeben.

Telefonnotiz

Gesprächspartner:
Klicken oder tippen Sie hier, um Text einzugeben.

von Firma:
Klicken oder tippen Sie hier, um Text einzugeben.

Anschrift:
Klicken oder tippen Sie hier, um Text einzugeben.
Klicken oder tippen Sie hier, um Text einzugeben.
Klicken oder tippen Sie hier, um Text einzugeben.

- ☐ hat angerufen
- ☐ ruft nochmals an
- ☐ erbittet Rückruf
- ☐ wünscht Besuch
- ☐ wünscht ein Treffen
- ☐ war hier
- ☐ zur Kenntnisnahme
- ☐ zur Bearbeitung

Telefon:
Nummer

Telefax:
Nummer

Mobil:
Nummer

E-Mail:
Text

Nachricht:

____

____

____

____

____

____

Übungsaufgaben:

1. Erstellen Sie den abgebildeten Lieferschein.
2. Speichern Sie den Lieferschein als Dokumentvorlage ab.
3. Fügen Sie die Formularfelder ein.
4. Schützen Sie das Formular.
5. Öffnen Sie die Dokumentvorlage und füllen das Formular aus.

Heinrich KG
Büromöbel und Zubehör

Ihr Zeichen:
Ihre Nachricht vom:
Unser Zeichen:
Unsere Nachricht vom:

Name:
Telefon:
Telefax:
E-Mail: info@heinrich-kg.de

Datum:

Heinrich KG – Rahlstedter Str. 144 – 22143 Hamburg
Wählen Sie ein Element aus.
Klicken oder tippen Sie hier, um Text einzugeben.
Klicken oder tippen Sie hier, um Text einzugeben.
Klicken oder tippen Sie hier, um Text einzugeben.

Lieferschein

Liefer-Nr.:	Klicken oder tippen Sie hier, um Text einzugeben.
Lieferdatum:	Klicken oder tippen Sie, um ein Datum einzugeben.
Kunden-Nr.:	Klicken oder tippen Sie hier, um Text einzugeben.
Bestellung:	Klicken oder tippen Sie hier, um Text einzugeben.
Bestell-Nr.:	Klicken oder tippen Sie hier, um Text einzugeben.
Sachbearbeiter:	Klicken oder tippen Sie hier, um Text einzugeben.
Vermerk:	Klicken oder tippen Sie hier, um Text einzugeben.

Art.-Nr.:	Klicken oder tippen Sie hier, um Text einzugeben.
Bezeichnung:	Klicken oder tippen Sie hier, um Text einzugeben.
Anzahl:	Klicken oder tippen Sie hier, um Text einzugeben.
Einzelpreis:	Klicken oder tippen Sie hier, um Text einzugeben.
Gesamtpreis:	Klicken oder tippen Sie hier, um Text einzugeben.

Lieferbedingungen:
☐ frei ☐ unfrei
☐ Post ☐ Paketdienst ☐ Bote ☐ Express
Spedition Wählen Sie ein Element aus.
Sonstiges Klicken oder tippen Sie hier, um Text einzugeben.

Die gelieferte Ware bleibt bis zur vollständigen Bezahlung unser Eigentum.
Wählen Sie einen Dokumentbaustein aus.

Heinrich KG Rahlstedter Str. 144 22143 Hamburg	Öffnungszeiten: Montag bis Samstag 08:00 bis 19:00 Uhr	Hamburger Sparkasse IBAN DE07 2005 0550 1120 2399 08 BIC HASPDEHHXXX	Amtsgericht Hamburg HRA 1101 Steuer-Nr. 27/430/0027	Gerda Heinrich Peter Heinrich Monika Heinrich

6.2 Formularfelder aus Vorversionen

Die Formularfelder aus früheren Word-Versionen finden Sie unter der Registerkarte **Entwicklertools/Gruppe Steuerelemente/Vorversionstools**. Klicken Sie den Auswahlpfeil an.

Folgende Formularfelder lassen sich unterscheiden:

 Textfeld		In dieses Formularfeld kann man schreiben.
 Kontrollkästchen	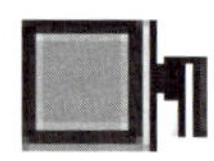	Dieses Formularfeld kann angekreuzt werden.
 Kombinationsfeld	 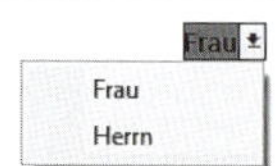 Der Auswahlpfeil wird erst nach der Eingabe von Dropdownelementen und nach der Aktivierung des Formularschutzes sichtbar.	Bei diesem Formularfeld erscheinen mehrere Auswahlmöglichkeiten.

Um ein Formularfeld einzufügen, muss der Cursor an der Stelle im Text oder in der Tabelle stehen, an der das Formularfeld eingefügt werden soll. Klicken Sie das gewünschte Formularfeld an und es wird automatisch eingefügt.

Textformularfeld

Klickt man in der Gruppe **Steuerelemente/Vorversionstools** auf das Symbol für das Textfeld, wird dieses eingefügt. Hier kann beliebiger Text, der aus Zeichen oder Zahlen besteht, eingegeben werden. Alle Kästchen, die Sie in ein Formular einfügen, sind grau hinterlegt. Mit einem Doppelklick in das Formularfeld öffnen Sie das Dialogfenster **Optionen für Textformularfelder**.

Folgende Einstellungen sind hier möglich:

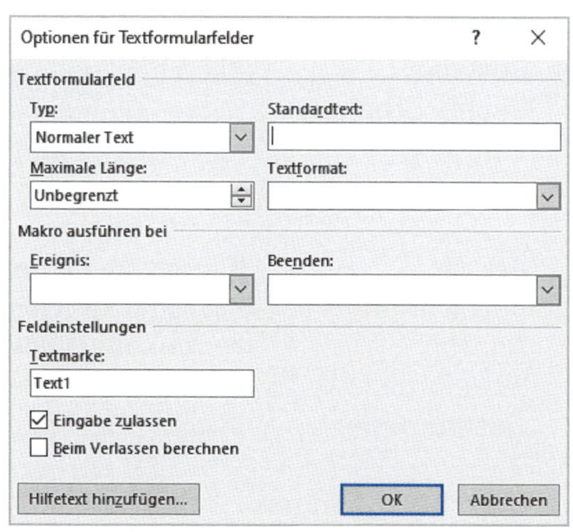

Typ: In dieser Auswahlliste kann festgelegt werden, ob das Formularfeld einen normalen Text, eine Zahl, ein Datum usw. enthalten soll.

Standardtext: In dieses Listenfeld kann ein bestimmter Text (z. B. Datum) geschrieben werden. Der Text wird automatisch als Vorgabe im Formularfeld angezeigt und kann überschrieben werden. Der Anwender hat so einen Anhaltspunkt, welche Eingaben erwartet werden.

Maximale Länge: Hier kann man bestimmen, wie viele Zeichen maximal in das Textfeld geschrieben werden dürfen. Beim Ausfüllen kann nur die zulässige Zeichenzahl eingegeben werden. Standardmäßig ist „Unbegrenzt" vorgegeben.

Textformat: Hier bestimmt man das Format für den Inhalt des Textfelds: Großbuchstaben, Kleinbuchstaben, Satzanfang groß, Erster Buchstabe groß. Die Option der Einstellung wechselt und hängt von dem Textfeldtyp ab.

Textmarke: Jedes Formularfeld erhält standardmäßig einen Textmarkennamen mit einer Nummer. Eine Änderung ist möglich.

Bestätigen Sie mit 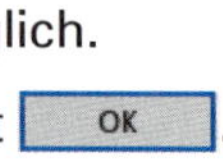 .

Die Vorversiontools lassen sich in der Bearbeitung genauso einschränken (Formularschutz) wie die Inhaltssteuerelemente.

Übungsaufgabe:

Sie stellen bei Ihrer Arbeit im Büro fest, dass es doch eine Vielzahl von Formularen gibt, die immer wieder neu erstellt werden müssen. Zur Optimierung Ihrer Arbeitsabläufe gestalten Sie den nachfolgenden Urlaubsantrag.

Heinrich KG
Büromöbel und Zubehör

Urlaubsantrag

Name: °°°°° Vorname: °°°°°

Geburtsdatum: °°°°° Personalnummer: °°°°°

Abteilung: °°°°°

Ich beantrage Urlaub für die Zeit vom °°°°° bis °°°°°

Urlaubstage: °°°°° Resturlaubstage: °°°°°

Kommentar Antragsteller: ______________________________

____

____

Unterschrift Antragsteller: ____________________ Datum: °°°°°

Unterschrift Abteilungsleiter: ____________________ Datum: °°°°°

Bestätigung Personalleiter: ____________________ Datum: °°°°°

Urlaub genehmigt: ____________________ Datum: °°°°°

Kontrollkästchen-Formularfeld

Klickt man in der **Gruppe Steuerelemente/Vorversionstools** auf das Symbol, wird das Kontrollkästchen eingefügt.

Um die **Optionen für Kontrollkästchen-Formularfelder** zu öffnen, muss das Feld doppelt angeklickt werden.

Folgende Möglichkeiten stehen zur Auswahl:

Kontrollkästchengröße: Die Einstellung „Automatisch" bei Kontrollkästchengröße besagt, dass das Kästchen der Schriftgröße angepasst wird. Aktiviert man „Genau", muss daneben im Eingabefeld die genaue Größe eingetragen werden.

Standardwert: „Deaktiviert" bedeutet, das Kontrollkästchen ist leer. Beim Ausfüllen von Onlineformularen kann durch Mausklick auf das Kontrollkästchen das Ankreuzen erfolgen. „Aktiviert" bedeutet, das Kontrollkästchen ist angekreuzt.

Bestätigen Sie mit OK.

Um die Formularfelder verwenden zu können, muss das Formular geschützt werden.

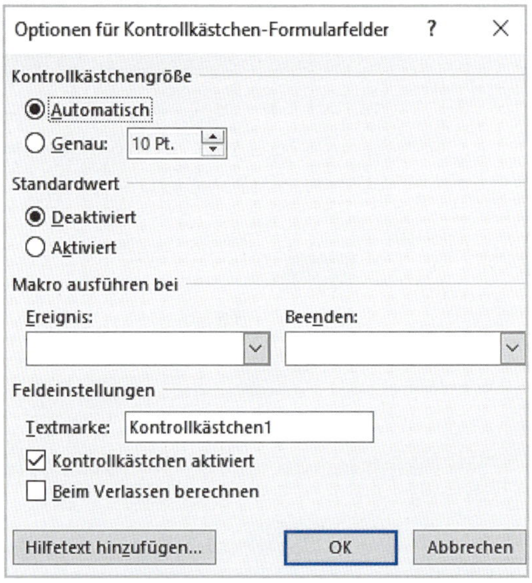

Übungsaufgabe:

Moni und Gill bereiten sich auf eine Klassenarbeit vor. In der Vorbereitungsphase haben sie gemerkt, wie wichtig es ist, sich vernünftig zu organisieren. Um ihr Lernverhalten besser analysieren zu können, wollen sie eine Checkliste mit Kontrollkästchen-Formularfeldern erstellen.

Ist mein Lernverhalten OK?

		Ja	Nein
1.	Plane ich beim Lernen feste Pausen ein?	☐	☐
2.	Unterteile ich den Lernstoff in überschaubare Einheiten?	☐	☐
3.	Setze ich mir eine Belohnung für erreichte Lernziele?	☐	☐
4.	Kann ich Abneigungen gegen Themen abbauen?	☐	☐
5.	Brauche ich viel Zeit für die Strukturierung des Lernstoffs?	☐	☐
6.	Kann ich meinen Lernstoff systematisch wiederholen?	☐	☐
7.	Wechsel ich Lernformen ab, um mich nicht zu langweilen?	☐	☐
8.	Kann ich Störungen während des Lernens vermeiden?	☐	☐
9.	Habe ich einen ordentlich ausgestatteten Arbeitsplatz?	☐	☐
10.	Plane ich feste Zeiten zum Lernen ein?	☐	☐
11.	Schätze ich meine Fähigkeiten realistisch ein?	☐	☐
12.	Gehe ich mit einer positiven Einstellung an die Lernarbeit?	☐	☐
13.	Stimme ich die Arbeitszeit auf meine individuelle Leistungskurve ab?	☐	☐

Übungsaufgabe:

Zur Optimierung Ihrer Arbeitsabläufe gestalten Sie die nachfolgende Kurzmitteilung.

Heinrich KG
Büromöbel und Zubehör

Heinrich KG – Rahlstedter Str. 144 – 22143 Hamburg

	Ihr Zeichen: Ihre Nachricht vom: Unser Zeichen: Unsere Nachricht vom: Name: Telefon: Telefax: E-Mail: Datum:

Kurzmitteilung:

Mit der Bitte um:

☐ Kenntnisnahme	☐ Stellungnahme	☐ Weiterleitung
☐ Rücksprache	☐ Zur Erinnerung	☐ Ergänzung
☐ Erledigung	☐ Aufbewahrung	☐ Entscheidung
☐ Prüfung	☐ ____________________	

Bemerkungen:

____

____

____

____

____

____

Mit freundlichen Grüßen

Anlage

Übungsaufgabe:

Moni und Gill werden beauftragt ein Meeting vorzubereiten. Moni hat im Unterricht aufgepasst und gelernt, dass eine Checkliste eine notwendige Planungshilfe darstellt. In Ihrem Lernbuch „Büromanagement" gibt es im Lernfeld 2 ein Beispiel für eine „Checkliste Meeting".

Übernehmen Sie die Checkliste und fügen Sie die Textformularfelder ein.

Kombinationsfeld/Dropdown-Formularfeld

Klickt man in der Gruppe **Steuerelemente/Vorversionstools** auf das Symbol, wird das Kombinationsfeld eingefügt. Dieses Feld wählen Sie, wenn Sie mehrere Auswahlmöglichkeiten beim Ausfüllen des Vordrucks haben.

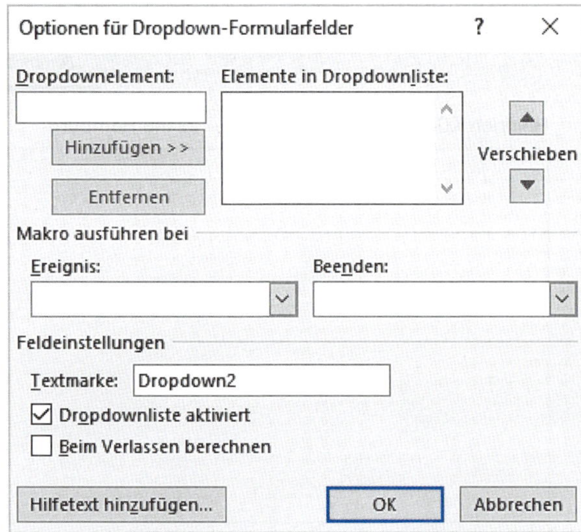

Um die Optionen für **Dropdown-Formularfelder** zu öffnen, muss das Feld doppelt angeklickt werden. Es öffnet sich das Fenster zur Eingabe des Auswahltextes. Geben Sie Ihren Text unter **Dropdownelement** ein und klicken auf „Hinzufügen". Soll ein Dropdownelement gelöscht werden, markieren Sie das Element in der Liste und klicken anschließend auf „Entfernen".

Über die Schaltfläche „Verschieben" kann die Reihenfolge der Dropdownelemente verändert werden. Hierzu markieren Sie das betreffende Element und klicken auf die entsprechende Pfeiltaste bis das Element an der gewünschten Position steht.

Um die Formularfelder verwenden zu können, muss das Formular geschützt werden. Erst dann wird der Auswahlpfeil sichtbar. Wird beim Ausfüllen des Formulars dieser Pfeil angeklickt, kann die betreffende Eintragung gewählt werden.

Übungsaufgaben:

1. Geben Sie das folgende Dropdown-Formularfeld mit der Auswahl Frau und Herrn ein.
2. Fügen Sie anschließend die Tabelle mit den Textformularfeldern ein.

<table>
<tr><td colspan="2">Anrede:
Frau
Frau
Herrn</td><td colspan="2">Name:
°°°°°</td><td>Vorname:
°°°°°</td></tr>
<tr><td colspan="5">Straße:
°°°°°</td></tr>
<tr><td>PLZ:
°°°°°</td><td colspan="4">Ort:
°°°°°</td></tr>
<tr><td>Geb.-Datum:
°°°°°</td><td>Telefon:
°°°°°</td><td colspan="2">Mobil:
°°°°°</td><td>E-Mail:
°°°°°</td></tr>
</table>

Kompetenztraining:

Gill Bates ist im Moment in der Personalabteilung der Heinrich KG eingesetzt. Seine Vorgesetzte Frau Gehrke beauftragt ihn, ein Formular für eine interne Hausmitteilung zu entwerfen.

1. Erstellen Sie für Herrn Bates das Formular. Es soll mit dem Firmenkopf versehen werden und standardmäßige Informationen über Name und Abteilung des Absenders und des Empfängers, das Datum und Bearbeitungshinweise enthalten.
2. Verwenden Sie für den Firmenkopf ein WordArt und ein eigenes Bild.
3. Fügen Sie in das Formular geeignete Formularfelder ein.

Kompetenztraining:

Moni Tor erhält von Herrn Walter, Leiter der Verkaufsabteilung der Heinrich KG, die Aufgabe, einen Fragebogen zu entwickeln. Dieser soll die Kundenzufriedenheit testen.

1. Überlegen Sie sich mögliche Fragen, die man den Kunden stellen kann, um ihre Zufriedenheit mit der Heinrich KG festzustellen.
2. Entwickeln Sie für die einzelnen Fragen ein mögliches Bewertungsschema.
3. Erstellen Sie den Fragebogen am PC.

7 Briefgestaltung I

Im Gegensatz zu den persönlichen Inhalten eines Privatbriefs, enthält ein Geschäftsbrief ausschließlich geschäftliche Belange. Bei einem Geschäftsbrief handelt es sich um ein Kommunikationsinstrument zwischen zwei Unternehmen bzw. zwischen einem Unternehmen und einer Privatperson. Für Geschäftsbriefe gelten bestimmte inhaltliche und formale Vorgaben, die das Deutsche Institut für Normung (DIN) in der DIN 5008 regelt.

7.1 Schreibregeln für Zahlengliederungen nach DIN 5008

Kalenderdaten	Das Kalenderdatum können Sie numerisch oder alphanumerisch schreiben. Das Briefdatum und die Kalenderdaten im Geschäftsbrief sind jedoch immer numerisch anzugeben. Wenn keine Missverständnisse entstehen, darf auch die Schreibung in der Reihenfolge Tag-Monat-Jahr angegeben werden. Dies ist bei Schreiben an inländische Empfänger die gängige Schreibweise. Tag und Monat werden zweistellig geschrieben, die Jahreszahl vierstellig. 04.12.2021 Jedoch ist eine Vermischung der beiden Formen in einem Schreiben nicht zweckmäßig.	<u>Numerische Schreibweise:</u> Jahr-Monat-Tag mit Kurzstrich Die Jahreszahl soll vierstellig angegeben werden. Leerzeichen entfallen. 2021-05-03 <u>alphanumerische Schreibweise:</u> Der Monatsname wird in Buchstaben geschrieben und darf nicht mehr abgekürzt werden. Die Jahreszahl soll bei alphanumerischer Schreibung stets vierstellig angegeben werden. Einstellige Tage erhalten keine Null. 5. August 2021
Uhrzeiten	Nichtdezimale Teilungen wie die Angabe der Uhrzeit kennzeichnet man mit einem Doppelpunkt. Bei der Angabe der Stunden, Minuten und Sekunden ist jede Einheit mit zwei Ziffern zu schreiben.	08:15 Uhr 00:05 Uhr 12:04:48 Uhr 10:00 – 12:00 Uhr 8 Uhr (als Schreibweise ohne Minutenangabe möglich)
Zahlen	Zahlen mit mehr als drei Stellen links oder rechts des Kommas sollten durch je ein geschütztes Leerzeichen in dreistellige Gruppen gegliedert werden. Aus Sicherheitsgründen wird empfohlen, Währungsbeträge mit mehr als drei Stellen mit einem Punkt (statt mit einem Leerzeichen) zu gliedern.	50 000 km 105 200 Einwohner 27,834 28 t 4 014,5 kg Rechnungsbetrag 5.525,00 € 0,67 € oder EUR <u>bei runden Zahlen:</u> 48.000 € Einkommen Preis: ungefähr 8 €
Telefon- und Telefaxnummern	Die einzelnen Funktionen (Anbieter, Landesvorwahl, Ortsnetzkennzahl, Einzelanschluss bzw. Durchwahlnummer) werden durch je ein Leerzeichen gegliedert. Innerhalb eines Funktionsblocks erfolgt keine Gliederung und der Block wird nicht von Klammern umschlossen. Die Durchwahlnummer wird nach einem Kurzstrich ohne Leerzeichen angefügt. Die Schreibweise für Handy- und Faxnummern ist identisch mit den Telefonnummern.	<u>Telefonnummern:</u> Telefon: 02041 26870 Tel.: 02041 26875-0 ☎ 02041 26875-32 Tel. +49 001 76548 Mobil 0157 88536955 📱 0179 1234567 <u>Telefaxnummern:</u> Telefax: 030 987654 Fax: 0731 5502-341 📠 +49 61 903361

Internationale Bankkontonummer (IBAN)	Die IBAN für Deutschland (International Bank Account Number) besteht aus dem Länderkürzel, der Prüfziffer, der 8-stelligen Bankleitzahl und der 10-stelligen Kontonummer. Sie untergliedert sich in 22 Stellen und wird von links nach rechts in Vierergruppen gegliedert. Davor steht das Wort IBAN. Die IBAN ist in den einzelnen Ländern unterschiedlich lang.	IBAN DE89 3704 0044 0532 0130 00 IBAN AT61 1904 3002 3457 3201 IBAN BE68 5390 0754 7034
	Damit die Geschäftsstellen im Zahlungsverkehr identifiziert werden können, ist ein standardisierter Code international eingeführt worden. Der sogenannte BIC (Business Identifier Code) ist ohne Gliederung fortlaufend zu schreiben.	BIC WELADED9BOT
Postfachnummern	Postfachnummern werden in Zweiergruppen von rechts gegliedert.	Postfach 2 76 Postfach 36 58
Postleitzahlen	Postleitzahlen sind 5-stellig ohne Gliederung zu schreiben.	46236 Bottrop

Übungsaufgabe:

Schreiben Sie die folgenden Angaben nach der DIN 5008 richtig!

9 Uhr, 53 Minuten und 42 Sekunden	Numerische Schreibweise des heutigen Datums	fünfstellige Postfachnummer
Ihre IBAN	0,12347 m	10 800 km
Vorwahl 0201, Telefax 8965, Durchwahl 227	Ihre Telefonnummer mit Ländervorwahl	Alphanumerische Schreibweise des heutigen Datums
10 Uhr bis 11 Uhr	85699 Euro und 25 Cent	Ihre PLZ mit Wohnort

7.2 Schreibweise Straßennamen

Trotz klarer Regeln werden Straßennamen häufig falsch geschrieben. Wer Briefe schreibt, muss auch die Straßennamen richtig schreiben können. Die meisten Straßennamen sind zusammengesetzt aus Bestimmungswort und Grundwort.

Es gibt im Deutschen zahlreiche Benennungen, die an die Stelle des Wortes **Straße** treten können. Hier einige Beispiele: Allee, Anlage, Brücke, Chaussee, Damm, Feld, Gasse, Graben, Hof, Platz, Kreuz, Markt, Pfad, Promenade, Ring, Steg, Tor, Ufer, Wald, Weg, Wiese, Winkel, Zeile.

Regel 1: *Straßennamen, bestehend aus Bestimmungswort (Substantiv oder Name) und Grundwort, schreibt man zusammen.*

Das Geschäftshaus Bahnhofstraße 18 - 20 gehörte der Firma Wallmann & Co.
Die Familie Spickermann hat gestern den Neubau im Windmühlenweg gekauft.
Das Malergeschäft ist im letzten Jahr zur Goethestraße 1 verlegt worden.
Die Maybachstraße ist voraussichtlich bis kommenden Donnerstag gesperrt.
Die Linie 111 hält alle 20 Minuten an der Königsallee und am Steinplatz.

Regel 2: *Straßennamen, bestehend aus mehreren Bestimmungswörtern und dem Grundwort, werden durch Bindestriche (ohne Leerschritte) verbunden.*

Die Hans-Sachs-Straße soll im nächsten Jahr ganz neu umgestaltet werden.
Herr Mühle wohnt seit April nicht mehr in der Ernst-Moritz-Arndt-Straße.
Die Kapitän-Lehmann-Straße ist in Bottrop und nicht in Dortmund-Zentrum.
Der Berliner-Tor-Platz soll ab Anfang Februar zweispurig befahrbar sein.
Das Seminar „Das Verkaufsgespräch" findet in der Max-Planck-Allee statt.

Regel 3: *Getrennt schreibt man Straßennamen, die von Orts- oder Ländernamen abgeleitet sind und auf -er oder -isch enden.*

Die Filiale Essener Straße hat im letzten Jahr auch hohe Umsätze erzielt.
Der Altbau am Westfälischen Ring 15 wird doch noch vor Ostern abgerissen.
Am Düsseldorfer Platz finden im Oktober keine Veranstaltungen mehr statt.
Der Marathonlauf im kommenden Jahr beginnt an der Westfälischen Chaussee.
Gestern ereigneten sich auf dem Kölner Ring zwei schwere Verkehrsunfälle.

Regel 4: *Endet das Bestimmungswort bei Orts- oder Ländernamen bereits auf -er oder -isch schreibt man den Straßennamen zusammen.*

Wussten Sie, dass Frau Simmes seit 1. August auf der Münsterstraße wohnt?
Der Speyerweg ist ab gestern für den gesamten Durchgangsverkehr gesperrt.
Am Eschweilerdamm in Aachen sollte auch ein neuer Radweg angelegt werden.

Regel 5: *Straßennamen, die aus einem Adjektiv und dem Grundwort gebildet werden, schreibt man zusammen.*
Getrennt schreibt man dagegen, wenn das Adjektiv eine Beugungsendung erhält.

Die Neustraße in Mainz ist wegen Kanalarbeiten für den Verkehr gesperrt.
Die Neue Straße wird voraussichtlich im Mai nächsten Jahres asphaltiert.
Am Altmarkt findet heute auf dem kleinen Platz eine Maikundgebung statt.
Am Alten Markt kann ab nächsten September auch kostenlos geparkt werden.
Die Hochstraße in Gelsenkirchen-Buer hat eine sehr breite Fußgängerzone.
Alle Blumenkübel in der Hohen Straße in Köln werden heute neu bepflanzt.

Regel 6: Alle zum Straßennamen gehörenden Adjektive schreibt man groß.

Das Parken auf der Straße Am Langen Damm ist nur für Anlieger gestattet.
Die Anschrift der Firma DeGu lautet: 46244 Bottrop, Am Alten Sägewerk 8.
Das Textilfachgeschäft Weber & Reimers eröffnet Unter den Drei Birken 1.
Die alte Jugendherberge befindet sich Am Alten Bahnhof in Bad Salzuflen.
An der Krummen Lanke in Berlin treffen sich sehr oft ausländische Gäste.

Regel 7: *Bei der Zusammenfassung der Straßennamen sind die Regeln zu beachten, die auch für die einzelnen Straßennamen gelten. Man setzt einen Ergänzungsbindestrich, wenn ein Teil der Zusammensetzung nicht noch einmal wiederholt werden soll.*

Am Freitag wurde ein Fachgeschäft Ecke Koch- und Bergstraße neu eröffnet.
Der Neubau Ecke Wittmann- und Oberhausener Straße wurde bereits verkauft.
Heute ereignete sich Ecke Bahnhof- und Friedrich-Ebert-Straße ein Unfall.
An der Ecke Bottroper und Steinstraße stießen soeben zwei Wagen zusammen.
Jetzt musste auch die Firma Ecke Hans-Sachs- und Essener Straße aufgeben.

Schreibweise Hausnummern

Burgstraße 10 - 12	oder	Burgstraße 10/12
Essener Straße 24 a	oder	Essener Straße 24 A
Parkallee 14 // W 176		= Nummer der Wohnung im Haus Nr. 14
Gladbecker Straße 75 // 2. Stock		= 2. Etage im Haus Nr. 75

Herr Weitersmann hat im September das Haus Hamburger Straße 17 a bezogen.
Das Fachwerkhaus Hermannstraße 17 B wird von Familie Jagerhausen bewohnt.
Das Geschäftshaus Bogenstraße 11 - 13 hat jetzt sechs große Schaufenster.
Die Eigentumswohnung Am Alten Markt 150 // W 376 ist zz. nicht vermietet.
Die Wohnung Schulstraße 150 // 3. Stock bewohnt jetzt Herr Wim Reichwein.

Übungsaufgabe:

Schreiben Sie nachfolgende Straßennamen richtig.
Vorsicht! Vielleicht sind ja auch einige richtig geschrieben.

Bahnhof Straße, Heinrich-Heine-Ufer, Am langen Burgtor, Hannoverstraße, Berlinerplatz, Unter den Linden, Kurz Gasse, Kurzegasse, Dr. Weber-Weg, Am alten Feld, Beethoven-Straße, Kölnerring, Neuer Markt Platz, Lang Straße, Lange Straße, Brüner Straße, Bonnersteg, Schillerplatz, Dürer-Chaussee, Lessing-Weg.

Kölnerstraße, Breites Feld, Pfarrer Kneipp Ufer, Hinter dem neuen Platz, Burggasse, Kleist Straße, an Der Meierei, Strom Weg, Dänischersteg, Händel Allee, An der steilen Treppe, Neues Eck, Kurgarten Chaussee, Alexander von Humboldt Platz, Braunschweigerring, Ludwig Uhland-Straße, Neuer Pfad, Von-Galen-Straße

7.3 Anschriftfelder

Sowohl Maße als auch Position und Anordnung des Anschriftfeldes sind auf allen Schriftstücken und Briefhüllen nach der DIN 5008 gleich angeordnet. Es ist in eine Zusatz-/Vermerkzone und in eine Anschriftzone aufgeteilt.

Die **Zusatz- und Vermerkzone** enthält Angaben wie Vorausverfügungen, Produktbezeichnungen, Zusatzleistungen sowie elektronische Frankiervermerke. Ebenso ist die Rücksendeangabe in diese Zone integriert. Die Zusatz- und Vermerkzone besteht aus 5 Zeilen in einer kleineren Schriftgröße. Die Schriftgröße von 8 p darf nicht unterschritten werden.

Die **Anschriftzone** besteht aus 6 Zeilen und enthält die Anschrift. Sie wird in der Schriftgröße geschrieben, in der auch der Brief verfasst wird.

Zwischen Zusatz-/Vermerkzone und Anschriftzone entsteht keine Leerzeile.

5 Rücksendeangabe
4 elektronische Frankiervermerke
3 Produktbezeichnung (z. B. Warensendung)
2 Vorausverfügung (z. B. Nicht nachsenden)
1 Zusatzleistungen (z. B. Einschreiben)
1
2
3
4
5
6

↑ Beschriftung aufwärts
Zusatz-/Vermerkzone
Anschriftzone
↓ Beschriftung abwärts

Personenanschriften

Erläuterung	Beispiel 1	Beispiel 2
In der 1. Zeile der Anschriftzone steht die Anrede gefolgt von dem Namen in Zeile 2. Die Zeile 3 enthält die Straße mit der Hausnummer bzw. das Postfach, in der 4. Zeile schreiben Sie die Postleitzahl mit dem Wohnort.	5 • 4 • 3 • 2 • 1 Vogel AG, Neustr. 14, 22143 Hamburg 1 Frau 2 Simone Kraft 3 Essener Straße 17 4 42011 Wuppertal 5 • 6 •	5 • 4 • 3 • 2 Vogel AG · Neustr. 14 · 22143 Hamburg 1 Warensendung 1 Herrn 2 Ulrich Kaminski 3 Meisenstraße 89 4 50667 Köln 5 • 6 •
Berufs- und Amtsbezeichnungen stehen neben der Anrede, akademische Grade vor dem Namen. Hinter dem Namen werden Bachelor- und Mastergrade angegeben z. B. Bachelor of Arts (B. A.) Master of Science (M. Sc.) Master of Laws (LL. M.).	5 • 4 • 3 Vogel AG, Neustr. 14, 22143 Hamburg 2 Nicht nachsenden! 1 Persönlich 1 Herrn Rechtsanwalt 2 Frank Guttmann LL. M. 3 Am Alten Brauhaus 20 4 45650 Recklinghausen 5 • 6 •	5 • 4 • 3 • 2 • 1 Vogel AG, Neustr. 14, 22143 Hamburg 1 Herrn 2 Dr. Udo Fleischer 3 Neue Gasse 17 a 4 44329 Dortmund 5 • 6 •
Bei einem Brief an Ehepaare wählt man die Anrede Eheleute. Beide Vornamen und der Nachname stehen in der zweiten Zeile der Anschriftzone. Bei Lebensgemeinschaften werden beide Namen aufgeführt. Die Anrede steht jeweils vor dem Namen.	5 • 4 • 3 • 2 Vogel AG, Neustr. 14, 22143 Hamburg 1 Einschreiben Einwurf 1 Eheleute 2 Mara und Robin Klar 3 Hermann-Löns-Weg 7 4 70563 Stuttgart 5 • 6 •	5 • 4 • 3 • 2 Vogel AG, Neustr. 14, 22143 Hamburg 1 Infopost 1 Frau Svenja Sturm 2 Herrn Max Groß 3 Am Wasserturm 16 A 4 12207 Berlin 5 • 6 •
Bei gleichgeschlechtlichen Ehepaaren wird bei Männern zuerst die Anrede Herren aufgeführt, in der Zeile darunter beide Vornamen und der Nachname. Bei Frauen hingegen stehen Anrede und Name in jeweils einer Zeile.	5 • 4 • 3 • 2 Vogel AG, Neustr. 14, 22143 Hamburg 1 Express 1 Herren 2 Michael und Marc Heil 3 Langes Feld 24 4 45127 Essen 5 • 6 •	5 • 4 • 3 • 2 • 1 Vogel AG, Neustr. 14, 22143 Hamburg 1 Frau Maria Sauer 2 Frau Elvira Sauer-Klein 3 Marienallee 58 4 01099 Dresden 5 • 6 •
Wohnt der Empfänger zur Untermiete, wird der Name des Vermieters unter den Namen des Empfängers gesetzt. Bei einer Packstation-Adresse wird unter dem Empfängernamen zunächst die Postnummer angegeben, darunter die Bezeichnung Packstation einschließlich deren Nummer.	5 • 4 • 3 • 2 Vogel AG, Neustr. 14, 22143 Hamburg 1 Persönlich/Vertraulich 1 Frau 2 Viola Reimers 3 bei Westermann 4 Münsterstraße 23 5 33699 Bielefeld 6 •	5 • 4 • 3 • 2 • 1 Vogel AG, Neustr. 14, 22143 Hamburg 1 Herrn 2 Ole Schmidt 3 234496220 4 Packstation 110 5 13507 Berlin 6 •

Die Stockwerk- und Wohnungsangaben folgen der Hausnummer getrennt durch zwei Schrägstriche. Vor und nach den Schrägstrichen ist ein Leerzeichen einzugeben.	5 • 4 • 3 • 2 • 1 Vogel AG, Neustr. 14, 22143 Hamburg 1 Frau 2 Rita Raster 3 Bahnhofstraße 1 // 2. Stock 4 46373 Bocholt 5 • 6 •	5 • 4 • 3 • 2 • 1 Vogel AG, Neustr. 14, 22143 Hamburg 1 Herrn 2 Roland Scherz 3 Bachstraße 8 // W 10 4 36039 Fulda 5 • 6 •

Übungsaufgaben:

1. Gestalten und ordnen Sie folgende Anschriften normgerecht.
2. Kennzeichnen Sie die Leerzeilen durch einen Punkt •.
3. Geben Sie für alle Rücksendeangaben die Anschrift der Heinrich KG, Rahlstedter Str. 144 in 22143 Hamburg an

a) 63073 Offenbach – Goethestraße 16 b – Persönlich – Elke Reichmann – Frau – B. A. (Bachelor of Arts)
b) Am Rodelberg 3 A – Lasse Ludwig – 18059 Rostock– Leon Ludwig
c) Studienrat – Manfred Sieger – Lerchenweg 23 – 79115 Freiburg – Herrn
d) bei Metzler – Frau – Silke Freitag – 45501 Hattingen – Bahnhofstraße 76 // 4. Stock
e) Herrn Thilo Netzer – Frau Rita Alt – Express – 45276 Essen – Hauptstraße 2
f) Direktor – Herrn – Alfons Klein – Henry-Ford-Straße 10 // W 7 – 68740 Saarlouis
g) 46446 Emmerich – Frau – Dr. – Luise Ortmann – Rheinufer 3 a – Einschreiben
h) Packstation 123 – Dieter Krabusch – 76131 Karlsruhe – 004289641 – Warensendung

Firmen- und Behördenanschriften

Soll eine Sendung eine(n) Mitarbeiter(in) erreichen, wird der Name unter der Firma genannt. Bei Firmenanschriften steht die Firmenbezeichnung (Geschäftszweig) an erster Stelle. Statt der Straße wird das Postfach aufgeführt.	5 • 4 • 3 • 2 • 1 Vogel AG, Neustr. 14, 22143 Hamburg 1 Papierfabrik 2 Fritz Stöcker OHG 3 Frau Marga Ohm 4 Postfach 17 35 5 89522 Heidenheim 6 •	5 • 4 • 3 • 2 • 1 Vogel AG, Neustr. 14, 22143 Hamburg 1 Metallwarenfabrik 2 Hartmann & Sohn 3 Postfach 3 25 4 60448 Frankfurt 5 • 6 •
Wird auf eine Firmenbezeichnung verzichtet, beginnt die Anschrift mit dem Firmennamen und der Unternehmensform. Schreiben Sie ein Einzelunternehmen an, führen Sie hinter dem Namen den Zusatz eingetragene Kauffrau/eingetragener Kaufmann (e. Kffr., e. Kfm. oder e. K.) an.	5 • 4 • 3 • 2 • 1 Vogel AG, Neustr. 14, 22143 Hamburg 1 Domino GmbH 2 Postfach 23 3 47137 Duisburg 4 • 5 • 6 •	5 • 4 • 3 • 2 • 1 Vogel AG, Neustr. 14, 22143 Hamburg 1 Melanie Bauer e. Kffr. 2 Nizzaallee 42 3 52072 Aachen 4 • 5 • 6 •

Abteilungen können unter die Empfängerbezeichnung geschrieben werden. Enthält die Anschrift sowohl einen Ansprechpartner als auch einen Firmennamen, ist zuerst die Abteilung zu nennen und dann der Personenname.	5 • 4 • 3 • 2 • 1 Vogel AG, Neustr. 14, 22143 Hamburg 1 Küpper & Schrey KG 2 Einkauf 3 Postallee 1 – 3 4 38108 Braunschweig 5 • 6 •	5 • 4 • 3 • 2 • 1 Vogel AG, Neustr. 14, 22143 Hamburg 1 Buchhandlung 2 Küpper & Schrey KG 3 Abteilung Personal 4 Herrn Hubert Lessing 5 Postallee 1 – 3 6 38108 Braunschweig
Eine Sendung, die in der Anschriftzone den Namen des Unternehmens und den Namen des Mitarbeiters enthält, darf vom Arbeitgeber geöffnet werden. Mittlerweile dürfen auch Briefe, in denen erst der Name des Mitarbeiters genannt ist und dann der Firmenname, geöffnet werden. Erst der Vertraulichkeitsvermerk (Vertraulich, Persönlich, Privat oder Ausschließlich) machen diesen Brief zu einem Privatbrief, der vom Arbeitgeber nicht geöffnet werden darf.	5 • 4 • 3 • 2 • 1 Vogel AG, Neustr. 14, 22143 Hamburg 1 Buchhandlung 2 Küpper & Schrey KG 3 Herrn Hubert Lessing 4 Postallee 1 – 3 5 38108 Braunschweig 6 •	5 • 4 • 3 • 2 Vogel AG, Neustr. 14, 22143 Hamburg 1 Persönlich 1 Herrn 2 Hubert Lessing 3 Küpper & Schrey KG 4 Postallee 1 – 3 5 38108 Braunschweig 6 •
Bei Großempfängeranschriften oder Behörden sollte weder das Postfach noch die Straße angegeben werden. Der Empfänger hat eine eigene Postleitzahl.	5 • 4 • 3 • 2 • 1 Vogel AG, Neustr. 14, 22143 Hamburg 1 Stadtverwaltung Bottrop 2 Ordnungsamt 3 46200 Bottrop 4 • 5 • 6 •	5 • 4 • 3 • 2 • 1 Vogel AG, Neustr. 14, 22143 Hamburg 1 Finanzamt Köln 2 Kraftfahrzeugsteuer 3 50672 Köln 4 • 5 • 6 •
Viele Unternehmen nutzen eine Frankierungssoftware um nationale und internationale Brief- und Warensendungen zu adressieren und zu frankieren. Die Positionierung der elektronischen Frankierungselemente erfolgt durch diese Software.	5 • 4 • 3 Vogel AG, Neustr. 14, 22143 Hamburg 2 Deutsche Post DIALOGPOST 1 *64293*K2 1.245.367 01/4 1 Eurotrans GmbH 2 Personalabteilung 3 Frau Christina Rickert 4 Zollernring 28 5 89073 Ulm 6 •	5 • 4 • 3 Vogel AG, Neustr. 14, 22143 Hamburg 2 P Premiumadress Plus Dialogpost Deutsche Post DIALOGPOST 1 1 Küchenstudio und Wohnwelten 2 Kai Schmidt AG 3 Am Querweg 99 4 01219 Dresden 5 • 6 •

Zusätze wie „An die" oder „An das" sind veraltet und entfallen.
Der Zusatz „z. Hd." oder „z. H." („zu Händen") ist ebenfalls veraltet und entfällt.

Übungsaufgaben:

1. Gestalten und ordnen Sie folgende Anschriften normgerecht.
2. Kennzeichnen Sie die Leerzeilen durch einen Punkt •.
3. Geben Sie für alle Rücksendeangaben die Anschrift der Heinrich KG, Rahlstedter Str. 144 in 22143 Hamburg an.

a) 94469 Nürnberg – Grundbuchamt – Amtsgericht Nürnberg
b) 83646 Bad Tölz – Postfach 3 21 – Motorenwerke – Peter Neumann KG
c) Norddeutsche Versicherung – 14469 Potsdam – Jens Kleinschmidt – Postfach 36 80
d) Hermann Grüter GmbH – 55122 Mainz – Hüttenweg 18
e) Frau Dr. Rüffer – Postfach 22 – Abt. Verkauf – Hartmann & Stein – 58593 Iserlohn – Bürohaus
f) Ruge & Zeck GmbH & Co. – Kleiderfabrik – 56068 Koblenz – Am Weinberg 3 – 5

Auslandsanschriften

Bei Auslandsanschriften müssen der Bestimmungsort und das Bestimmungsland in lateinischer Schrift und in Großbuchstaben geschrieben werden. Verwenden Sie die Schrift, die in dem betreffenden Land üblich ist.	5 • 4 • 3 • 2 • 1 Vogel AG, Neustr. 14, 22143 Hamburg 1 Lossos Ltd. 2 28 Solonos Street 3 10967 ATHEN 4 GRIECHENLAND 5 • 6 •	5 • 4 • 3 • 2 • 1 Vogel AG, Neustr. 14, 22143 Hamburg 1 Mrs 2 Ruth Meyers 3 254 Belleair Av. Apt. 56 4 CLEARWATER 5 FLORIDA 2153-56 6 USA
Die Anordnung der Bestandteile können Sie der Absenderangabe entnehmen. Der Bestimmungsort ist nach Möglichkeit in der Sprache des Bestimmungslandes aufzuführen. Das Bestimmungsland steht in der letzten Zeile in deutscher Sprache.	5 • 4 • 3 • 2 • 1 Vogel AG, Neustr. 14, 22143 Hamburg 1 Monsieur 2 André Gérard 3 19 rue Alexis Carrel 4 31000 STRASBOURG 5 FRANKREICH 6 •	5 • 4 • 3 • 2 • 1 Vogel AG, Neustr. 14, 22143 Hamburg 1 Guiseppe Bertoni Ltd. 2 Via Dante 212 3 20100 MILANO 4 ITALIEN 5 • 6 •

Übungsaufgaben:

1. Gestalten und ordnen Sie folgende Anschriften normgerecht.
2. Kennzeichnen Sie die Leerzeilen durch einen Punkt •.
3. Geben Sie für alle Rücksendeangaben die Anschrift der Heinrich KG, Rahlstedter Str. 144 in 22143 Hamburg an.

a) 0130 Oslo – Oscarsgate 22 – Christian Johannson – Norwegen – Mega-Products
b) Mr Johnny Walker – Großbritannien – Edinburgh EH2 4PY – 26 Regentstreet
c) Seefeldstraße 89 – 6006 Luzern – Herrn Metzgermeister Sepp Zwingli – Schweiz

Kompetenztraining:

Moni arbeitet in der Poststelle und hat die Aufgabe übernommen, Briefumschläge mit Anschriften zu versehen.

1. Schreiben Sie folgende Anschriften normgerecht.
2. Kennzeichnen Sie die Leerzeilen durch einen Punkt •.

a) Herr Christian Weller studiert in 80807 München und wohnt zur Untermiete bei Familie Riemer in der Mozartgasse 17.

b) Die Eheleute Celina und Justin Klug wohnen im 3. Stockwerk des Hauses Gartenstraße 17 in 48135 Münster.

c) Frau Heidi Klamp und Herr Ralf Meinert bewohnen gemeinsam eine Wohnung in 70333 Stuttgart, Am Langen Eck 17 a.

d) Sie haben eine Anfrage an die Deutsche Bahn AG, Verwaltungsstelle Bonn, Rheinufer 17 – 19, 53111 Bonn.

e) Sie schicken dem Bürobedarf Meyer & Scholz, Bahnstraße 56 b in 04347 Leipzig ein Angebot zu. Der Ansprechpartner in der Einkaufsabteilung ist Herr Timo Reuter.

f) Sie sollen Ihrem Arzt, Herrn Dr. Walter Neumann, 44141 Dortmund, Neue Straße 35 A, einen Befund vom Krankenhaus zuschicken. Damit er nicht verloren geht, wählen Sie Einschreiben Einwurf.

g) Sie möchten Ihrem Architekten, Herrn Rüdiger Mauer, Master of Engineering (M. Eng.), schnell einige Sonderwünsche mitteilen. Sie wählen Express. Herr Mauer wohnt im 2. Stock der Kurt-Schumacher-Straße 16 in 18146 Rostock.

h) Schicken Sie Frau Ina Kramer, Sachbearbeiterin der Firma Seidelmann GmbH, Postfach 2 88 in 07745 Jena eine Preisliste Ihrer neuen Produkte.

i) Sie müssen dem Grundbuchamt des Amtsgerichts in 79100 Freiburg eine Urkunde zuschicken.

j) Die Schweizer Firma Bürodesign Hütli & Storck wünscht Unterlagen Ihres neuen Computermodells LP. Die Firma hat eine Niederlassung in 3685 Zürich, Wilhelm-Tell-Gasse 60 – 62.

k) Sie bewerben sich bei der Rheinbank EG in 46825 Borken, Marktplatz 38. In der Personalabteilung ist Herr Uwe Rettkowski für Neueinstellungen zuständig.

l) Ihre Freundin Anke Zimmer macht Urlaub in Großbritannien. Sie schreiben ihr eine Ansichtskarte. Sie wohnt im Towerhotel, Zimmer 633, in London N1, 312 Towerbridge Street.

m) Eine Büchersendung wird Dr. Hermann Glocke bei der Uhrenfabrik GmbH, Parkstraße 18 a in 23662 Lübeck zugeschickt.

n) Frau Jamie Kohn bewohnt in einem Apartmenthaus die Wohnung Nr. 12, Neue Gasse 23 in 10963 Berlin.

o) Herr Dipl.-Kfm. Ole Ruck ist der Ansprechpartner der Firma für Computerzubehör Reichert & Sohn KG. Er erwartet eine Kopie von der DIAL GmbH. Reichert & Sohn KG hat ihren Sitz in 24143 Kiel, Postfach 3 80.

7.4 Privatbrief

Bei Privatbriefen handelt es sich um Briefe mit persönlichem Inhalt, die von Privatpersonen verschickt werden.

Regeln für den Briefaufbau bei formlosen Briefen

Seite einrichten	Datei „Seite einrichten"; Links 2,5 cm und Rechts 2 cm Der obere und untere Seitenrand werden nicht mehr vorgeschrieben.
Schriftart und Schriftgröße	Der Brief wird in der Schriftart „Times New Roman" in 12 p oder der Schriftart „Arial" in 11 p geschrieben.
Kopfzeile	Der Briefkopf kann in der Kopfzeile (5 cm) frei gestaltet werden. Er enthält die Absenderangaben. Zu den privaten Absenderangaben gehören Vorname und Name, Straße mit Hausnummer bzw. Postfach und Postleitzahl mit Ort. Bei internationalem Schriftverkehr wird noch das Land ergänzt. Die Informationen können aber auch durch Telefon, Mobil, E-Mail etc. ausgeweitet werden. Diese Angaben müssen nicht linksbündig angeordnet werden, sondern können auch zentriert oder rechtsbündig geschrieben werden. Sie dürfen auch für den Briefkopf eine andere Schriftart und -größe wählen. Zur Gestaltung können Linien, Rahmen oder Raster verwendet werden.
Anschriftfeld	Das Anschriftfeld beginnt direkt unter dem Briefkopf und besteht aus 11 Zeilen.
Datum	Nach dem Anschriftfeld werden zwei Leerzeilen gelassen. Danach folgt rechtsbündig das Datum in numerischer Schreibweise.
Betreffangabe	Im Betreff wird der Inhalt des Briefs kurz umrissen. Er folgt mit zwei Leerzeilen Abstand vom Datum. Auf einen Schlusspunkt wird verzichtet. Die Betreffangabe wird durch Fettdruck hervorgehoben.
Anrede	Zwei Leerzeilen nach dem Betreff (d. h., es wird dreimal geschaltet) folgt die Anrede. Nach der Anrede wird in der Regel ein Komma gesetzt, um in den Brieftext überzuleiten. Ist der Ansprechpartner bekannt, wird er direkt mit seinem Namen angesprochen. Ansonsten wird eine allgemeine Anrede verwandt, wie z. B. „Sehr geehrte Damen und Herren".
Text	Nach der Anrede wird zweimal geschaltet, d. h., es erscheint eine Leerzeile. Die Absätze im Brieftext sind durch je eine Leerzeile zu gliedern.
Grußformel	Der Brief endet mit einem Gruß, der eine Leerzeile vom Brieftext abgesetzt ist. Zwischen Brieftext und Grußformel sollte kein inhaltlicher Zusammenhang bestehen. Im Allgemeinen werden neutrale aber freundliche Grußformeln verwandt (z. B. „Mit freundlichem Gruß"). Bei Briefen mit negativem Inhalt (z. B. Mahnungen) sollte eine distanzierte Grußformel angewandt werden (z. B. „Hochachtungsvoll").
Anlage	Wird dem Brief eine Anlage beigefügt, z. B. ein ärztliches Attest, so muss dies am Ende des Briefs vermerkt werden. Nach der Grußformel wird viermal geschaltet. Es bleiben also drei Leerzeilen, bis das Wort Anlage vermerkt wird.

Moni Tor
Dornbusch 6
20095 Hamburg
Telefon: 040 353638
E-Mail: moni.tor@aol.com

•
•
•
•
Moni Tor, Dornbusch 6, 20095 Hamburg
Berufskolleg der Stadt Hamburg
Schulleitung
An der Berufsschule 20
22143 Hamburg
•
•
•
•

20..-08-21

•
•
Antrag auf Beurlaubung vom Unterricht
•
•
Sehr geehrte Damen und Herren,
•
am 12. Oktober d. J. finden in Köln die deutschen Tennismeisterschaften statt.
•
Da ich mich für diesen Wettbewerb qualifizieren konnte, darf ich daran teilnehmen. Deshalb bitte ich Sie, mich für diesen Tag vom Unterricht freizustellen.
•
Für einen positiven Bescheid, den ich meiner Klassenlehrerin zur Kenntnis geben werde, bin ich Ihnen dankbar.
•
Mit freundlichen Grüßen
•
• Moni Tor
•
Anlage
1 Teilnahmebescheinigung

Alternativ kann auch für den privaten Brief ein Informationsblock verwendet werden. Dazu setzen Sie bei einer Tabstoppposition von 10 cm auf Höhe des Anschriftfelds folgende Leitwörter:

Ihr Zeichen: Ihre Nachricht vom: Telefon: Telefax: E-Mail: Datum:

Beachten Sie im nachfolgenden Beispiel die Leerzeilen. Ausgefüllt werden die Angaben nach einem Leerschritt. Nach dem Anschriftfeld bleiben zwei Leerzeilen, danach folgt der Betreff.

Moni Tor
Dornbusch 6
20095 Hamburg
Mobil: 040 353638
E-Mail: moni-tor@aol.com

•
•
•
•

Moni Tor, Dornbusch 6, 20095 Hamburg
VDK-Versicherung
Herrn Karsten Müller
Hamburger Straße 88
04129 Leipzig

•
•
•
•

Datum: 20..-08-21

•
•

Antrag Kfz-Versicherung

•
•

Sehr geehrter Herr Müller,

•

vielen Dank für die Zusendung Ihrer Vertragsunterlagen und Tarifbestimmungen.

•

Da mir einige Vertragsbestimmungen noch unklar sind, wäre ich Ihnen dankbar, wenn mich ein Kundenberater besuchen könnte. Alternativ können wir meine Fragen telefonisch unter der angegebenen Nummer klären.

•

Ich bitte um Ihren Anruf abends ab 18:00 Uhr.

•

Mit freundlichem Gruß

•
• *Moni Tor*
•

Übungsaufgabe:

Fertigen Sie für sich selbst anhand der folgenden Angaben ein Entschuldigungsschreiben an.

Empfänger: Berufskolleg der Stadt Hamburg, An der Berufsschule 20, 22143 Hamburg
Betreff: **Entschuldigung für mein Fernbleiben vom Unterricht**
Klassenlehrer: Herr Franke
Briefschluss: Mit freundlichen Grüßen – **Anlage** – 1 Attest

Sehr geehrter Herr Franke, bitte entschuldigen Sie mein Fehlen am Mittwoch, dem 15. Februar 20.. (Absatz) Schon in der letzten Nacht hatte ich starke Zahnschmerzen, sodass ich morgens zum Zahnarzt gehen musste. Es wurde mir ein Zahn gezogen. Deshalb konnte ich anschließend nicht zur Schule kommen. (Absatz) Das ärztliche Attest füge ich bei.

Übungsaufgabe:

Fertigen Sie für Ines Fischer anhand der folgenden Angaben eine Kündigung der Vereinsmitgliedschaft an.

Absender:	Ines Fischer, Dorstener Straße 67, 45657 Recklinghausen, Tel. 02361 98438
E-Mail:	ines-fischer@gmx.de
Datum:	17. Oktober 20..
Empfänger:	TC Recklinghausen, Florastr. 99, 45663 Recklinghausen
Betreff:	Kündigung Mitgliedschaft (Mitgliedsnummer 123 456)
Anrede:	(selbst wählen)
Briefschluss:	Freundliche Grüße

Aufgrund meines Umzuges kündige ich meine Mitgliedschaft in Ihrem Verein fristgerecht zum nächstmöglichen Zeitpunkt. Nach meiner Berechnung ist das der 31.12..

Die Ihnen erteilte Einzugsermächtigung für mein Konto bei der Sparkasse Recklinghausen, IBAN DE89 3705 5568 4562 0013 66 widerrufe ich mit Wirkung zum oben genannten Termin.

Bitte lassen Sie mir unmittelbar, aber spätestens bis zum 15.11.. eine schriftliche Bestätigung über die Austrittserklärung und das konkrete Mitgliedschaftsende zukommen.

Kompetenztraining:

Sie möchten Ihren Handyvertrag kündigen.

Verfassen Sie das Kündigungsschreiben in Form eines Privatbriefes.

7.5 Privatbrief als Bewerbung

Bei der Bewerbung handelt es sich um einen Privatbrief, für den die Regeln der DIN 5008 gelten.

Wer im Bewerbungsprozess die Nase vorn haben möchte, muss sich positiv von anderen Bewerbern absetzen. Dazu sollte die Bewerbungsmappe tiptop gestaltet sein. Es handelt sich dabei nicht nur um Ihre persönliche Visitenkarte, sondern auch um Ihre erste Arbeitsprobe. Der Sinn einer Bewerbungsmappe besteht darin, dem Empfänger ein umfangreiches Bild von sich zu bieten.

Dazu sind folgende Pflicht-Bestandteile notwendig: ein Anschreiben, ein Lebenslauf und die Anlagen. Zu den optionalen Bestandteilen zählen das Deckblatt und ein Motivationsschreiben.

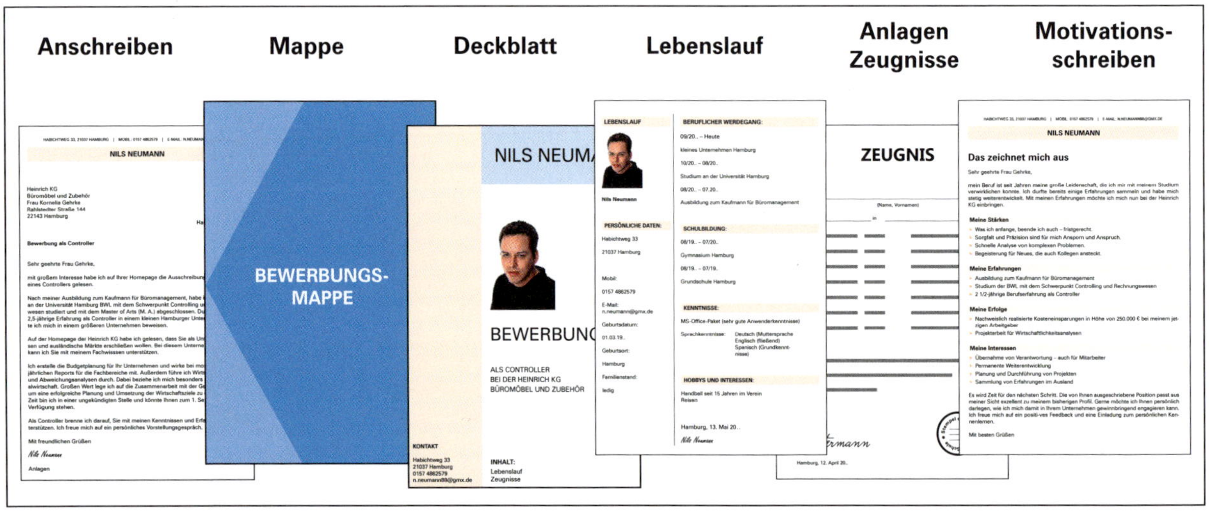

Bewerbungsanschreiben

Das Anschreiben ist der Auftakt der Bewerbung. Dabei geht es um Ihre Motivation für die Arbeitsstelle sowie Ihre Persönlichkeit. Grundsätzlich kann man das Anschreiben in vier Absätze gliedern:

Im ersten Absatz steht, wie Sie auf die Stelle aufmerksam geworden sind. Der zweite Absatz ist der persönlichen Motivation vorenthalten, also warum Sie sich um die Stelle bemühen, was Sie an der Stelle interessiert und warum Sie der geeignete Bewerber sind. Im dritten Absatz geht es um das Unternehmen, bei dem Sie sich bewerben. Erklären Sie, warum Sie sich ausgerechnet bei dem Unternehmen bewerben. Der vierte Absatz ist für Eigenwerbung vorgesehen. Im Schlussteil verabschieden Sie sich.

Neben einer guten Struktur ist die fehlerfreie Rechtschreibung und Grammatik von zentraler Bedeutung. Schreiben Sie in der Gegenwartsform und verzichten Sie auf Konjunktive. Nutzen Sie kurze und prägnante Sätze ohne Übertreibungen.

Deckblatt

Das Deckblatt ist ein freiwilliger Zusatz, der Ihnen überlassen bleibt, um ggf. die Bewerbung abzurunden. Falls Sie sich für ein Deckblatt entscheiden, beachten Sie bitte, dass es wichtige Informationen über Sie selbst enthält. Achten Sie auf eine optisch ansprechende Gestaltung. Ein durchgängiges Design steigert den Wiedererkennungswert.

Lebenslauf

Im Lebenslauf stehen Ihre wichtigsten Eckdaten. Um es dem Empfänger einfach zu machen, hat sich der tabellarische Lebenslauf durchgesetzt. Dieser erfolgt nach dem Drop-down-Prinzip: die jüngsten Ereignisse stehen oben.

Motivationsschreiben

Das Motivationsschreiben, die sogenannte „Dritte Seite" ist eine freiwillige Ergänzung der Bewerbungsunterlagen. Es ist persönlicher als das Anschreiben und soll nochmal verstärkt zum Ausdruck bringen, was Sie motiviert, sich für diese Stelle zu bewerben und warum gerade Sie geeignet sind.

Es darf als Aufzählung oder in Form eines Fließtextes geschrieben werden. Sie dürfen neben Ihrer fachlichen Kompetenz und Ihrer akademischen Laufbahn auch Ihre persönlichen Stärken betonen. Ebenso gehören Talente, Alleinstellungsmerkmale, Werte, soziales Engagement sowie berufliche und private Ziele selbstbewusst herausgestellt.

Anlagen

Dinge, die Sie im Lebenslauf erwähnen, sollten Sie mit Nachweisen belegen. Dazu zählen Ausbildungszeugnisse, Arbeitszeugnisse, Fortbildungen, freiwillige Tätigkeiten und Referenzen. Sortieren Sie chronologisch. Das Abschlusszeugnis der zuletzt besuchten Schule liegt oben. Vermeiden Sie undeutliche Kopien.

Tipps für ansprechende Bewerbungsunterlagen

- Achten Sie auf die Reihenfolge der Unterlagen. Ganz oben auf der Bewerbungsmappe liegt das Anschreiben. Danach ordnen Sie Deckblatt und Lebenslauf ein. Zeugnis und ein Motivationsschreiben sortieren Sie nach dem Lebenslauf ein.
- Verwenden Sie keine Klarsichtfolien, da sie sich im Kunstlicht spiegeln und somit die Lesbarkeit beeinträchtigen.
- Verwenden Sie sauberes, weißes Papier in guter Qualität.
- Zwar sind Bewerbungsfotos nicht mehr üblich, trotzdem können Sie mit einem Foto einen persönlichen Eindruck hinterlassen. Verwenden Sie ein aktuelles Foto vom Fotografen und keine Selfies oder Urlaubsfotos. Das Bewerbungsfoto können Sie auf dem Deckblatt und/oder in dem Lebenslauf platzieren.

HABICHTWEG 33, 21037 HAMBURG | MOBIL: 0157 4862579 | E-MAIL: N.NEUMANN88@GMX.DE

1 **NILS NEUMANN**

Heinrich KG
2 Büromöbel und Zubehör
Frau Kornelia Gehrke
Rahlstedter Straße 144
22143 Hamburg

3 Hamburg, 13.05.20..

4 **Bewerbung als Controller**

5 Sehr geehrte Frau Gehrke,

6 mit großem Interesse habe ich auf Ihrer Homepage die Ausschreibung für die Stelle eines Controllers gelesen.

7 Nach meiner Ausbildung zum Kaufmann für Büromanagement, habe ich 10 Semester an der Universität Hamburg BWL mit dem Schwerpunkt Controlling und Rechnungswesen studiert und mit dem Master of Arts (M. A.) abgeschlossen. Durch meine 2,5-jährige Erfahrung als Controller in einem kleinen Hamburger Unternehmen, möchte ich mich in einem größeren Unternehmen beweisen.

7 Auf der Homepage der Heinrich KG habe ich gelesen, dass Sie als Unternehmen wachsen und ausländische Märkte erschließen wollen. Bei diesem Unternehmensprozess kann ich Sie mit meinem Fachwisssen unterstützen.

8 Ich erstelle die Budgetplanung für Ihr Unternehmen und wirke bei monatlichen und jährlichen Reports für die Fachbereiche mit. Außerdem führe ich Wirtschaftlichkeits- und Abweichungsanalysen durch. Dabei beziehe ich mich besonders auf die Materialwirtschaft. Großen Wert lege ich auf die Zusammenarbeit mit der Geschäftsführung, um eine erfolgreiche Planung und Umsetzung der Wirtschaftsziele zu ermöglichen. Zur Zeit bin ich in einer ungekündigten Stelle und könnte Ihnen zum 1. September 20.. zur Verfügung stehen.

9 Als Controller brenne ich darauf, Sie mit meinen Kenntnissen und Erfahrungen zu unterstützen. Ich freue mich auf ein persönliches Vorstellungsgespräch.

10 Mit freundlichen Grüßen

11 *Nils Neumann*

12 Anlagen

1 Kontaktdaten des Bewerbers
2 Kontaktdaten des Unternehmens
3 Ort und Datum
4 Betreff
5 Anrede
6 Grund der Bewerbung
7 persönliche Motivation und derzeitige Beschäftigung
8 persönliche Qualifikationen, Kenntnisse und Fertigkeiten
9 Bitte um Vorstellungsgespräch und Verabschiedung
10 Grußformel
11 Unterschrift
12 Anlagenvermerk

LEBENSLAUF

Nils Neumann ❶

PERSÖNLICHE DATEN:

Habichtweg 33 ❷

21037 Hamburg

Mobil:

0157 4862579

E-Mail:
n.neumann88@gmx.de

Geburtsdatum:

01.03.19..

Geburtsort:

Hamburg

Familienstand:

ledig

BERUFLICHER WERDEGANG:

❸

09/20.. – Heute

kleines Unternehmen Hamburg

10/20.. – 08/20..

Studium an der Universität Hamburg

08/20.. – 07.20..

Ausbildung zum Kaufmann für Büromanagement

SCHULBILDUNG:

❹

08/19.. – 07/20..

Gymnasium Hamburg

08/19.. – 07/19..

Grundschule Hamburg

KENNTNISSE:

❺

MS-Office-Paket (sehr gute Anwenderkenntnisse)

Sprachkenntnisse: Deutsch (Muttersprache
Englisch (fließend)
Spanisch (Grundkenntnisse)

HOBBYS UND INTERESSEN:

Handball seit 15 Jahren im Verein ❻
Reisen

Hamburg, 13. Mai 20..

Nils Neumann ❼

❶ Name und Bewebungsfoto

❷ Persönliche Angaben:
- Vorname und Nachname
- Telefon
- E-Mail
- Geburtsdatum
- Familienstand

❸ Beruflicher Werdegang

❹ Schulbildung

❺ Kenntnisse und Fertigkeiten

❻ Hobbys und Interessen

❼ Datum und Unterschrift

Digitale Bewerbungen

Per Post verschickte Bewerbungen werden immer noch verlangt, aber mittlerweile sind digitale Bewerbungen üblich.

Dabei gibt es zwei Möglichkeiten: entweder möchte ein Unternehmen eine Mail mit den Bewerbungsunterlagen bekommen (E-Mail-Bewerbung) oder das Unternehmen nutzt ein Online-Formular mit Eingabefeldern auf seiner Website (Online-Bewerbung). Individuelle Unterlagen können im PDF-Format hochgeladen werden.

Die E-Mail-Bewerbung nimmt bei den Unternehmen mittlerweile den größten Stellenwert ein. Die Tipps für eine klassische Bewerbungsmappe und eine digitale Bewerbung sind identisch: formulieren Sie sorgfältig, fehlerfrei, grammatikalisch einwandfrei und gut lesbar. Achten Sie auf die Aktualität der Dokumente, verwenden Sie ein einheitliches Layout und geben Sie den PDF´s sinnvolle Dateinamen.

Schreiben Sie bei der E-Mail-Bewerbung einen kurzen E-Mail Text und fügen Ihre Unterlagen in einem gängigen Dateiformat, z. B. PDF, an die Mail an.

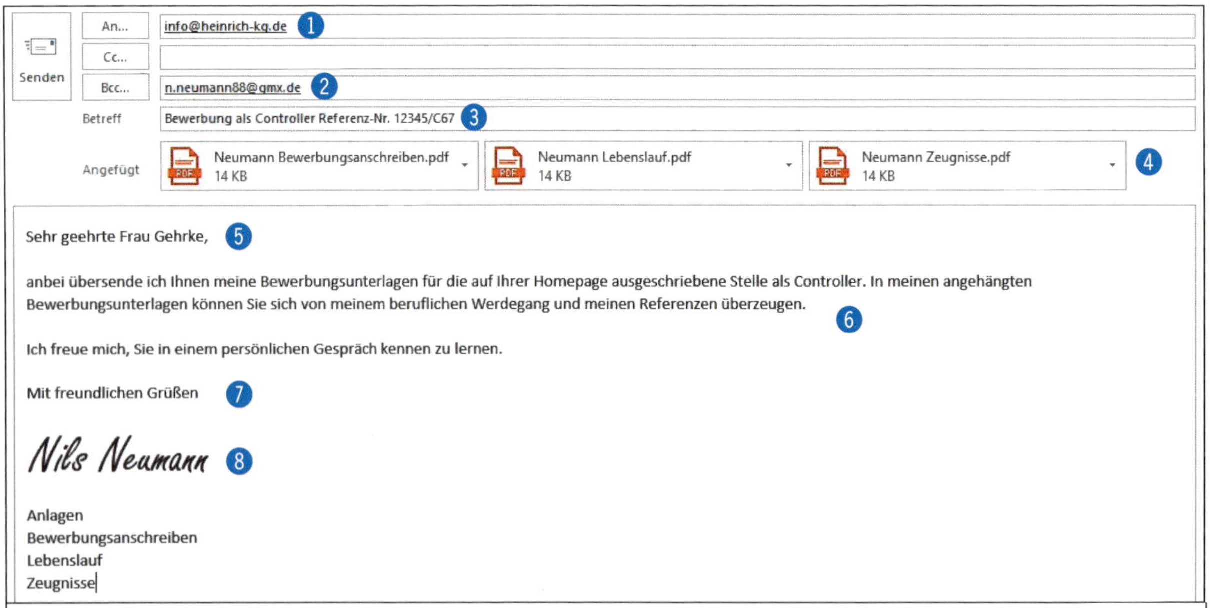
Senden
An... info@heinrich-kg.de (1)
Cc...
Bcc... n.neumann88@gmx.de (2)
Betreff Bewerbung als Controller Referenz-Nr. 12345/C67 (3)
Angefügt Neumann Bewerbungsanschreiben.pdf 14 KB | Neumann Lebenslauf.pdf 14 KB | Neumann Zeugnisse.pdf 14 KB (4)

Sehr geehrte Frau Gehrke, (5)

anbei übersende ich Ihnen meine Bewerbungsunterlagen für die auf Ihrer Homepage ausgeschriebene Stelle als Controller. In meinen angehängten Bewerbungsunterlagen können Sie sich von meinem beruflichen Werdegang und meinen Referenzen überzeugen. (6)

Ich freue mich, Sie in einem persönlichen Gespräch kennen zu lernen.

Mit freundlichen Grüßen (7)

Nils Neumann (8)

Anlagen
Bewerbungsanschreiben
Lebenslauf
Zeugnisse

(1) E-Mail-Empfänger
(2) E-Mail-Absender
(3) Betreff
(4) Anhang
(5) Anrede
(6) E-Mail-Text
(7) Grußformel
(8) Unterschrift und Signatur

Achten Sie auf eine seriöse E-Mail-Adresse, damit die Bewerbung nicht direkt im Spam-Ordner des Unternehmens landet.

Die **Betreffzeile** sollte klar benennen, warum Sie diese E-Mail verschicken. Sie prägt sich sofort ein und vermittelt den ersten Eindruck. Es sollte immer der Begriff „Bewerbung" enthalten sein. Ggf. sollten Sie auch die Kennziffer der Stellenanzeige angeben, damit eine Zuordnung der Stelle ermöglicht wird. Nennen Sie auch den Titel der angestrebten Stelle.

Der **E-Mail-Text** geht an den Personalverantwortlichen und erklärt ihm, was in der E-Mail zu finden ist. Sie sollten nicht das Bewerbungsanschreiben wiederholen. Sie sollten sich im Text kurz vorstellen und in Ihre Bewerbung einführen. Halten Sie auch hier alle formalen Ansprüche ein.

Fügen Sie alle Bewerbungsdokumente als PDF-Dokumente der E-Mail hinzu. Vergewissern Sie sich, dass Sie keine Anlage vergessen haben. Der Anhang sollte den Umfang von 4 oder 5 MB nicht überschreiten, da er sonst an der Firewall des Unternehmens scheitert oder im SPAM-Ordner landet. Versenden Sie keine ZIP-Dateien, denn die Personalverantwortlichen haben keine Zeit und Lust, erst Schritte zu unternehmen, um eine Datei zu öffnen. Verzichten Sie darauf, Ihre Bewerbungs-Mail als wichtig zu markieren. Verschicken Sie Ihre E-Mail am Vormittag eines regulären Geschäftstages.

Übungsaufgaben:

Erstellen Sie Ihren Lebenslauf.

Kompetenztraining:

Auf der Homepage der Bundesagentur für Arbeit (www.arbeitsagentur.de/jobsuche) finden Sie unter der Jobsuche folgende Stellenanzeige:

[zeitarbeit]

Wir suchen:

Kaufmann/Kauffrau für Büromanagement (m/w/d)

Zeit für Veränderungen – Zeit für einen neuen Job! Sie sind **kaufmännische Fachkraft** und auf der Suche nach einer neuen beruflichen Herausforderung in **Hagen**? Wir haben, was Sie suchen. Einen sicheren Arbeitsplatz, eine tarifgebundene, zuverlässige Entlohnung und interessante Tätigkeiten. Bewerben Sie sich jetzt direkt online! Bewerbungen schwerbehinderter Menschen sind uns selbstverständlich herzlich willkommen.

Wir bieten Ihnen

- Leistungsgerechte Vergütung gemäß Tarifvertrag Zeitarbeit der BAP/DGB Tarifgemeinschaft
- Möglichkeit der Abschlagszahlungen
- Umfangreiche Sozialleistungen, inklusive Weihnachts- und Urlaubsgeld
- Bis zu 30 Tage Urlaub pro Jahr
- Zugeschnittene Weiterbildungsmöglichkeiten und kostenlose Sprachkurse
- Monatlich wechselnde Mitarbeiterangebote, z. B. für Technik, Mode, Autos usw.

Ihre Aufgaben

- Verwaltung von Dokumenten
- Ausführung von Kopier- und Scantätigkeiten
- Bearbeitung der Lohnabrechnung
- Erledigung der Provisionsabrechnung

Erfahrungen

- Abgeschlossene kaufmännische Ausbildung z. B. als Kaufmann/Kauffrau für Bürokommunikation oder eine vergleichbare Qualifikation
- Erste Berufserfahrung in dem oben genannten Aufgabengebiet wünschenswert
- Versierter Umgang mit MS-Office
- Selbstständige und sorgfältige Arbeitsweise
- Teamfähigkeit und eigenverantwortliches Arbeiten

Über unsere Firma

Neue Perspektiven – mit unserer Firma. Denn wir sind nicht nur ein führender Dienstleister. Vor allem stehen wir für das Versprechen, gemeinsam weiterzukommen. Wir ermöglichen unseren Mitarbeitern eine vielfältige Karriere mit herausragenden Qualifizierungs- und Aufstiegschancen bei interessanten Kundenunternehmen. So helfen wir Ihnen dabei, Ihr wahres Potenzial auszuschöpfen.

Jetzt online bewerben

Stellendetails

Referenznummer:
XXXXXXXXX

Einsatzort:
58097 Hagen, Nordrhein Westfalen
Deutschland

Branche:
Dienstleistungen

Beruf:
Kaufmann/Kauffrau für Büromanagement

Tätigkeitsbereich:
Sekretariat/Assistenz/Office Management

Vergütung:
2300 – 2900 EUR pro Monat

Vertragsart:
Festanstellung (Zeitarbeit)

Befristung:
unbefristet

Kontakt:

XXXXX Deutschland
Frau Laura Mustermann
Musterstr. 71–75
58091 Hagen Westfalen
+49 XXX XXXXXX
+49 XXXX XXXXXXX
jobs.nrw@musterfirma.de
https://www.musterfirma.de

Jetzt online bewerben

Erstellen Sie für sich eine E-Mail-Bewerbung mit einem E-Mail-Text sowie einem Bewerbungsanschreiben und einem Lebenslauf als Anlagen.

Kompetenzen und Lernziele

Die Schülerinnen und Schüler besitzen die Kompetenz, mithilfe der Schreib- und Gestaltungsregeln für Geschäftsbriefe Anfragen, Angebote und Bestellungen fach- und normgerecht zu formulieren und zu gestalten.

8 Briefgestaltung II

8.1 Bestandteile Geschäftsbrief

Vorgehensweise für den Briefaufbau bei Geschäftsbriefen

Man unterscheidet zwei unterschiedliche Formen der Vorlagen:
Form A (hochgestelltes Anschriftfeld) und Form B (tiefgestelltes Anschriftfeld).

Nehmen Sie zunächst die **Einstellung der Seitenränder** vor.

Form A:	Oben: 2,7 cm	Unten: 2,5 cm	Rechts: 2,0 cm	Links: 2,5 cm
Form B:	Oben: 4,5 cm	Unten: 2,5 cm	Rechts: 2,0 cm	Links: 2,5 cm

Gestalten Sie anschließend die **Rücksendeangaben** und das **Anschriftfeld**.

Nun kann die **Erstellung** des **Informationsblocks** erfolgen. Beim Informationsblock gibt es zwei Möglichkeiten: den **Standardinformationsblock** und den **gestalteten Informationsblock**.

Beispiel: Oberer Teil der Normbriefvorlage A4 mit Standardinformationsblock (Maße in Millimetern)

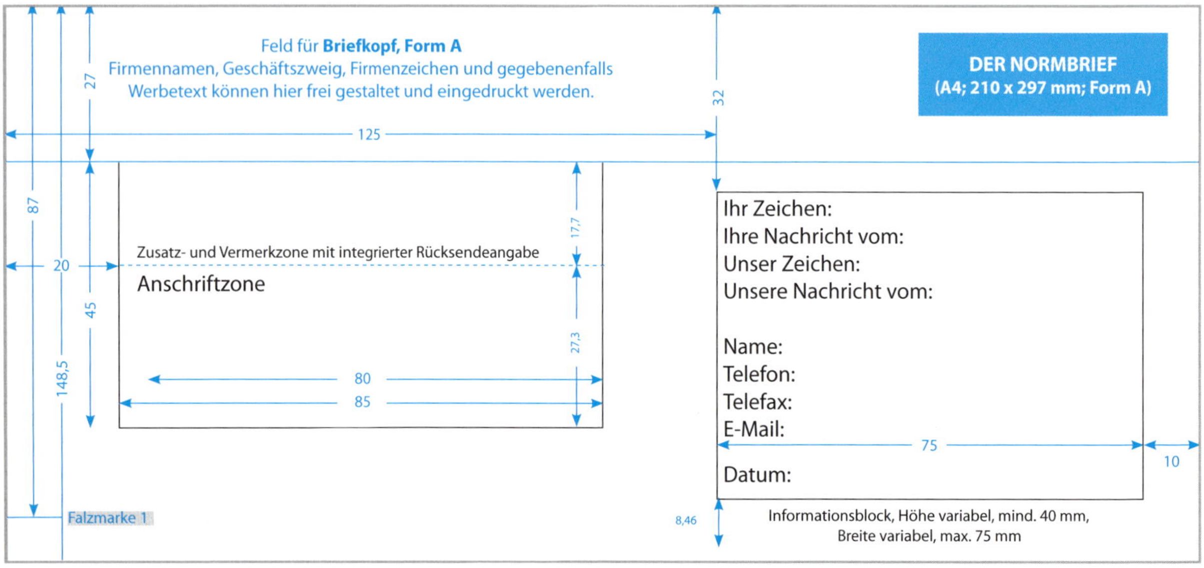

Anschließend geben Sie nach zwei Leerzeilen den **Betreff** in Fettschrift ein. Der Betreff endet ohne Satzzeichen. Nach zwei Leerzeilen schreiben Sie die **Anrede.** Sie endet mit einem Komma. Nach einer weiteren Leerzeile folgt die **Texteingabe.** Absätze werden im Brieftext durch eine Leerzeile voneinander getrennt. Nach einer Leerzeile vom Text getrennt folgt die **Grußformel** und nach einer weiteren Leerzeile wird der **Briefabschluss** eingegeben.

Geschäftsbrief Form A mit Standardinformationsblock

(1) **Heinrich KG**
Büromöbel und Zubehör

Heinrich KG – Rahlstedter Str. 144 – 22143 Hamburg
Frau
Ilse Sommer
Sommer Bürobedarf GmbH (2)
Blaue Gasse 56
46236 Bottrop

(3)
Ihr Zeichen:
Ihre Nachricht vom:
Unser Zeichen: br-tor
Unsere Nachricht vom

Name: Moni Tor
Telefon: 040 67245-34
Telefax: 040 67245-87
E-Mail: info@heinrich-kg.de

Datum: 20..-11-11

Angebot (4)

Sehr geehrte Frau Sommer, (5)

(6) für Ihre Anfrage danken wir Ihnen und freuen uns über Ihr Interesse an unseren Produkten. Deshalb schicken wir Ihnen unseren neuesten Katalog und unterbreiten Ihnen folgendes Angebot:

20 Schreibtische „Denver" A-1001100,
Standard: 140 x 120; Buche natur LVP, netto 245,00 €

Die Tische können bis Ende Februar geliefert werden.

Sie erhalten die Ware frei Haus. Wenn Sie die Rechnung innerhalb von 10 Tagen ab Rechnungsdatum begleichen, können Sie 3 % Skonto abziehen.

Wir gewähren Ihnen einen Mengenrabatt von 10 %, wenn Sie mindestens 20 Stück des o. g. Artikels bestellen. Ansonsten gelten unsere üblichen Lieferungs- und Zahlungsbedingungen.

Wir freuen uns auf Ihren Auftrag und werden sorgfältig und pünktlich liefern.

(7)
Mit freundlichen Grüßen

Heinrich KG
Büromöbel und Zubehör

i. A. Moni Tor

Anlage
1 Katalog

(8)

Heinrich KG	Öffnungszeiten:	Hamburger Sparkasse	Amtsgericht Hamburg	Gerda Heinrich
Rahlstedter Str. 144	Montag bis Samstag	IBAN DE07 2005 0550 1120 2399 08	HRA 1101	Peter Heinrich
22143 Hamburg	08:00 bis 19:00 Uhr	BIC HASPDEHHXXX	Steuer-Nr. 27/430/0027	Monika Heinrich

- (1) Absenderangaben
- (2) Anschrift
- (3) Informationsblock
- (4) Betreff
- (5) Anrede
- (6) Brieftext
- (7) Briefschluss
- (8) Gesellschaftsrechtliche Angaben

Geschäftsbrief Form B mit gestaltetem Informationsblock

1 Heinrich KG
Büromöbel und Zubehör

3

Vorgangsnummer:	GWII-159/06
Gesprächspartner:	Moni Tor
Abteilung:	Einkauf
Telefon:	040 67245-34
Telefax:	040 67245-87
E-Mail:	info@heinrich-kg.de
Internet:	www.heinrich-hamburg.de
Datum:	20..-11-11

Heinrich KG – Rahlstedter Str. 144 – 22143 Hamburg
Frau
Ilse Sommer
Sommer Bürobedarf GmbH 2
Blaue Gasse 56
46236 Bottrop

Angebot 4

Sehr geehrte Frau Sommer, 5

für Ihre Anfrage danken wir Ihnen und freuen uns über Ihr Interesse an unseren Produkten. Deshalb schicken wir Ihnen unseren neuesten Katalog und unterbreiten Ihnen folgendes Angebot:

6 **20 Schreibtische „Denver“ A-1001100,**
Standard: 140 x 120; Buche natur LVP, netto 245,00 €

Die Tische können bis Ende Februar geliefert werden.

Sie erhalten die Ware frei Haus. Wenn Sie die Rechnung innerhalb von 10 Tagen ab Rechnungsdatum begleichen, können Sie 3 % Skonto abziehen.

Wir gewähren Ihnen einen Mengenrabatt von 10 %, wenn Sie mindestens 20 Stück des o. g. Artikels bestellen. Ansonsten gelten unsere üblichen Lieferungs- und Zahlungsbedingungen.

Wir freuen uns auf Ihren Auftrag und werden sorgfältig und pünktlich liefern.

Mit freundlichen Grüßen

Heinrich KG
Büromöbel und Zubehör 7

i. A. Moni Tor

Anlage
1 Katalog

8

Heinrich KG Rahlstedter Str. 144 22143 Hamburg	Öffnungszeiten: Montag bis Samstag 08:00 bis 19:00 Uhr	Hamburger Sparkasse IBAN DE07 2005 0550 1120 2399 08 BIC HASPDEHHXXX	Amtsgericht Hamburg HRA 1101 Steuer-Nr. 27/430/0027	Gerda Heinrich Peter Heinrich Monika Heinrich

1 Absenderangaben
2 Anschrift
3 Informationsblock
4 Betreff
5 Anrede
6 Brieftext
7 Briefschluss
8 Gesellschaftsrechtliche Angaben

8.2 Briefabschlüsse

Nach DIN 5008 beginnt der Gruß an der Fluchtlinie und wird vom Brieftext durch eine Leerzeile abgesetzt.

Mögliche Grußformeln: Mit freundlichen Grüßen
Freundliche Grüße
Mit freundlichem Gruß

Beispiele:

Zum Abschluss eines Briefs gehört neben der Grußformel, die durch eine Leerzeile vom Text abgesetzt wird, die Bezeichnung der Firma. Vor der maschinenschriftlichen Angabe der Unterzeichner stehen in der Regel drei Leerzeilen. Sie sind für die handschriftliche Unterschrift vorgesehen.	Mit freundlichen Grüßen ¶ Schneider & Co GmbH ¶ ¶ ¶ Torben Schneider
Längere Firmennamen werden bei Bedarf sinngemäß auf zwei Zeilen aufgeteilt. Zusätze, zum Beispiel i. V. (in Vollmacht), i. A. (im Auftrag), ppa. (per procura) stehen zwischen der Bezeichnung des Unternehmens und der maschinenschriftlichen Namenswiedergabe mit je einer Leerzeile.	Mit freundlichem Gruß ¶ Heinrich KG Büromöbel und Zubehör ¶ i. V. ¶ Moni Tor
Die Zusätze können jedoch auch vor der Namenswiedergabe in derselben Zeile angeordnet sein. Dann sind für die handschriftliche Unterschrift drei Leerzeilen Platz zu lassen. Unterschreiben zwei Personen, werden die Namen so nebeneinander angeordnet, dass jede Person genügend Platz für die Unterschrift hat.	Mit freundlichem Gruß ¶ Heinrich KG Büromöbel und Zubehör ¶ ¶ ¶ ppa. Leo Helbig i. V. Gill Bates
Damit der Empfänger feststellen kann, ob dem Brief Unterlagen beigefügt wurden, ist ein Anlagenvermerk zu schreiben. Dieser Anlagenvermerk folgt der maschinenschriftlichen Angabe der Unterzeichner nach einer Leerzeile. Er kann durch Fettschrift hervorgehoben werden. Unter dem Wort „Anlage“ können die einzelnen Anlagen aufgeführt werden.	Freundliche Grüße ¶ Metallwarenfabrik Grüter & Lanfermann KG ¶ ¶ ¶ i. A. Weber ¶ **Anlage** 1 Preisliste
Besteht der Briefabschluss nur aus Grußformel und Anlagenvermerk, so sollte der Mindestabstand drei Leerzeilen betragen. Die im Brief genannten Anlagen müssen nicht einzeln aufgeführt werden. Es ist auch möglich, die Anlagen verkürzt aufzuführen.	Mit freundlichem Gruß ¶ ¶ ¶ **2 Anlagen**

Die Regeln des Anlagenvermerks gelten auch für den Verteilvermerk. Bekommt ein weiterer Empfänger eine Kopie des Briefs zur Kenntnisnahme, so folgt der Verteilvermerk dem Anlagenvermerk oder der Unterschriftswiederholung nach einer Leerzeile. Bei Platzmangel darf die Leerzeile entfallen. Fehlt der Anlagenvermerk, so tritt der Verteilvermerk an seine Stelle.	Mit freundlichen Grüßen ¶ Computertechnik Mausklick GmbH ¶ i. V. ¶ Meiser ¶ **Anlagen** 2 Kontoauszüge ¶ **Verteiler** Rechnungsabteilung
Bei langen Schriftstücken kann der Anlagen- und Verteilvermerk auch rechts neben dem Gruß bei 10 cm vom linken Rand beginnen.	10 cm Freundliche Grüße — **Anlage** ¶ — 1 Prospekt Möbelfabrik Kampmann & Co. — **Verteiler** ¶ — Frau Reiß ¶ ¶ i. V. Hartmann
Wird der Behördenbrief nicht eigenhändig unterzeichnet, schließt er in der Regel mit einem Beglaubigungsvermerk ab. Der Zusatz zur Unterschrift „im Auftrag" hat in der öffentlichen Verwaltung eine andere rechtliche Bedeutung als im kaufmännischen Schriftverkehr. Die Abkürzung i. A. ist beim Behördenbrief nicht üblich.	Mit freundlichem Gruß ¶ im Auftrag Malzahn ¶ Beglaubigt — (Siegelabdruck) ¶ ¶ ¶ Freiberger Verwaltungsangestellte

Übungsaufgabe:

Gestalten Sie folgende Briefabschlüsse normgerecht:

1. In den nächsten Tagen werden wir uns bei Ihnen melden. Mit freundlichem Gruß, Fachgeschäft für Büromaschinen Kleine & Sohn GmbH, Frank Schöne
2. Wir erwarten Sie am kommenden Dienstag um 09:00 Uhr in unserem Hauptgeschäft in Ulm. Freundliche Grüße, Autohaus PALMER & Co. KG, i. A. Siegburg, i. V. Meister
3. Bitte vereinbaren Sie mit uns einen Termin. Freundliche Grüße, Elektrogroßhandel Jens Weiße, Anlage 1 Prospekt
4. Wir sichern Ihnen eine schnelle Abwicklung zu. Mit freundlichem Gruß, Maschinenfabrik Hartmann KG, ppa. Schulte-Kellinghaus, Anlage 1 Preisliste, Verteiler Verkaufsabteilung
5. Die Waren werden Ihnen in der nächsten Woche zugestellt. Mit freundlichen Grüßen, Björn Kleine KG, 2 Anlagen
6. Der Leiter unserer Zweigstelle in Essen berät Sie gern. Mit bester Empfehlung, Im- und Export Dieter Steinke, i. A. Schulz, Verteiler Abt. Werbung
7. Unser Vertreter, Herr Urban, wird sich bei Ihnen telefonisch melden. Mit freundlichen Grüßen, Versicherungsagentur Fritz Möllmann, Anlage 1 Schadenmeldung

Kompetenztraining:

Moni Tor macht sich mit den Briefabschlüssen vertraut. Sie schreibt am Montag eine Klassenarbeit. Gill Bates überprüft sorgfältig.
Fertigen auch Sie die folgenden Briefabschlüsse an.

1. Sollten noch offene Fragen sein, stehen wir Ihnen jederzeit zur Verfügung. Mit freundlichen Grüßen, (Unterzeichner) Dr. Hans Wagner, Stellvertretender Leiter
2. Wir freuen uns, wenn Sie sich mit uns in Verbindung setzen. Mit bester Empfehlung, Hotel Sonne, i. A. Gerda Sonne, Anlagen 1 Hausprospekt, 1 Preisliste
3. Über eine positive Nachricht von Ihnen freue ich mich. Freundliche Grüße, Anlagen 1 Lebenslauf, 1 Lichtbild, 3 Zeugniskopien, 1 Urkunde in Kopie
4. Im Voraus besten Dank für die baldige Erledigung. Mit freundlichem Gruß, Rechtsanwaltskanzlei Dr. Monika Ross & Partner, i. V. Uwe Tront Rechtsanwalt
5. Für eine rasche Zusendung Ihres Angebots danken wir Ihnen schon jetzt. Mit freundlichen Grüßen, Storck & Baumann Papiergroßhandlung, i. A. Kurt Anholt

8.3 Absender- und Geschäftsangaben

Die obere Seitenrandeinstellung für das Briefblatt A4 Form B sieht für die Gestaltung der Absenderangaben 4,5 cm vor. Der untere Seitenrand beträgt 2,5 cm und steht für die Eingabe der Geschäftsangaben zur Verfügung. Die Gestaltung erfolgt über die Kopf- und Fußzeile.

Über die Registerkarte **Einfügen/Gruppe Kopf- und Fußzeile**/Schaltfläche **Kopfzeile** wird der Befehl aufgerufen.

In der **Kopfzeile** können nun die **Absenderangaben** gestaltet werden. Die Absenderangaben bestehen meistens aus dem Namenszug des Unternehmens und einer Grafik.

Die **Fußzeile** steht für die **Geschäftsangaben** und **gesellschaftsrechtlichen Angaben** zur Verfügung. Die Angaben werden in der Schriftgröße 8 p geschrieben. Zu den Geschäftsangaben gehören die Geschäftsraume, alle Kommunikationsangaben und die Bankverbindungen. Bei Kapitalunternehmen kommen gesellschaftsrechtliche Angaben, wie Rechtsform und Sitz der Gesellschaft, Handelsregistereintrag, USt-ID-Nr. und Geschäftsführer hinzu. Die dazugehörigen Tabstopps können beliebig verteilt werden.

Übungsaufgabe:

Gestalten Sie für die Heinrich KG die oben abgebildete Kopf- und Fußzeile mit den Absender- und Geschäftsangaben.

8.4 Geschäftsbrief mit Informationsblock

Der Informationsblock wird rechts neben der Empfängeranschrift geschrieben, beginnend in Höhe der ersten Zeile des Anschriftfelds, bei einer Tabstoppposition von 10 cm.

Die Leitwörter des Standardinformationsblocks lauten:

Ihr Zeichen, Ihre Nachricht vom, Unser Zeichen, Unsere Nachricht vom, Name, Telefon, Telefax, E-Mail, Datum.

Alle Angaben werden durch je eine Leerzeile in drei Blöcke aufgeteilt:
1. Block: Ihr Zeichen: – Ihre Nachricht vom: – Unser Zeichen: – Unsere Nachricht vom:
2. Block: Name: – Telefon: – Telefax: – E-Mail:
3. Block: Datum:

Die Leitwörter beginnen mit einem Großbuchstaben und enden mit einem Doppelpunkt. Nach dem Doppelpunkt wird ein Leerschritt gesetzt. Die Angaben setzen Sie unmittelbar hinter das Leitwort, in der im Brief verwendeten Schriftart und -größe.

Die angegebene Reihenfolge ist unbedingt zu beachten und einzuhalten. Nach zwei Leerzeilen folgt die Betreffangabe, beginnend an der Fluchtlinie.

¶
¶
¶
¶
Heinrich KG – Rahlstedter Str. 144 – 22143 Hamburg
Form & Schön OHG
Frau Dr. Helga Schneider
Postfach 11 22 33
46236 Bottrop

Ihr Zeichen: ger-man
Ihre Nachricht vom: 20..-12-12
Unser Zeichen: br-bat
Unsere Nachricht vom: 20..-12-04
¶
Name: Gill Bates
Telefon: 040 67245-67
Telefax: 040 67245-87
E-Mail: info@heinrich-kg.de
¶
Datum: 20..-12-14

¶
¶
Ihre Bestellung
¶
¶
Sehr geehrte Frau Dr. Schneider,
¶
für Ihre Bestellung bedanken wir uns recht herzlich.

Übungsaufgabe:

Fertigen Sie folgende Informationsblöcke einschließlich der Anschriftfelder normgerecht an.

a) Frau Gerda Heinrich (he), Geschäftsführerin in der Heinrich KG diktiert Frau Dr. Braun (br) aus der Rechtsabteilung am 28. Januar 20.. einen Brief an Herrn Robert Techmann der Bürotec GmbH. Frau Heinrich hat die Telefonnummer 040 67245-1, die Telefaxnummer 040 67245-87 und die E-Mail info@heinrich-kg.de. Die Bürotec GmbH ist auf der Hohenzollernstraße 44 – 48 in 45128 Essen ansässig.

b) Frau Cordula Zum Brink (bri) ist Sachbearbeiterin bei der Firma Bürotec GmbH in Essen und erhält den Brief. Ihr Chef, Herr Robert Techmann (tec), diktiert ihr am 2. Februar 20.. einen Antwortbrief. Herr Techmann hat die Telefonnummer 0201 89624-12 und die Faxnummer 0201 89624-14. Seine E-Mail-Anschrift lautet techmann@bürotec.de.

c) Frau Heinrich beauftragt Dr. Braun am 11. Februar 20.. das Schreiben von Herrn Techmann zu beantworten und den Geschäftsfall abzuschließen.

Kompetenztraining:

Zurzeit gehen in der Personalabteilung der Heinrich KG sehr viele Bewerbungen ein. Aus Krankheitsgründen ihrer Kollegin muss Frau Ohlsen einer Bewerberin (Erika Jahn, Overbeckstraße 16 b aus 22085 Hamburg) einen Termin für ein Vorstellungsgespräch zukommen lassen. Sie übergibt den Brief der Auszubildenden Moni Tor.

1. Erstellen Sie für Moni einen Geschäftsbrief mit Standardinformationsblock nach der DIN 5008 form- und normgerecht.
2. Nehmen Sie im Brieftext die Absätze vor und beachten Sie den unten stehenden Hinweis zur DIN 5008.
3. Speichern Sie den Geschäftsbrief unter dem Dateinamen „Geschäftsbrief mit Standardinformationsblock“ ab.

Betreff: Einladung zum Vorstellungsgespräch
Brieftext: Sehr geehrte Frau Jahn,
Besten Dank für Ihre Bewerbung vom 1. März 20.. Ihre Unterlagen haben unser Interesse geweckt. Wir wollen Sie gerne in einem Vorstellungsgespräch näher kennenlernen. Für dieses Gespräch haben wir den 8. April 20.. um 10:30 Uhr terminiert. Bitte seien Sie rechtzeitig bei uns. Das Gespräch soll in unseren Geschäftsräumen stattfinden: *(Absatz)*

Heinrich KG
Büromöbel und Zubehör
Rahlstedter Str. 144
22143 Hamburg

(Absatz)
Bitte melden Sie sich bei Frau Ohlsen. *(Absatz)*
Schon jetzt müssen wir Sie darauf aufmerksam machen, dass wir keinerlei Kosten erstatten. Hierzu zählen auch Reisekosten und Verdienstausfall. *(Absatz)*
Sollten Sie an dem genannten Termin verhindert sein, setzen Sie sich bitte telefonisch mit uns in Verbindung, damit wir einen anderen Termin abstimmen können. *(Absatz)*
Mit freundlichem Gruß

DIN 5008: Zentrierung in einem Geschäftsbrief
Lassen Sie vor und nach einer Textstelle, die zu zentrieren ist, je eine Leerzeile.

Alternativ können die Leitwörter in einer kleineren Schriftgröße geschrieben werden. Für die Leitwörter dieses Informationsblocks muss bei der Schriftart Times New Roman mindestens die Schriftgröße 8 p gewählt werden. Die Angaben werden in Schriftgröße 12 p Times New Roman geschrieben. Sie werden in einer Fluchtlinie untereinander gesetzt. Orientieren Sie sich dabei am längsten Wort. Die Leitwörter können auch rechtsbündig angeordnet werden. Dafür müssen Sie eine Tabelle einfügen und nutzen.

¶		
¶	Ihr Zeichen:	ger-man
¶	Ihre Nachricht vom:	20..-12-12
¶	Unser Zeichen:	br-bat
Heinrich KG – Rahlstedter Str. 144 – 22143 Hamburg	Unsere Nachricht vom:	20..-12-04
Form & Schön OHG	¶	
Frau Dr. Helga Schneider	Name:	Gill Bates
Postfach 11 22 33	Telefon:	040 67245-67
46236 Bottrop	Telefax:	040 67245-87
	E-Mail:	info@heinrich-kg.de
	¶	
	Datum:	20..-12-14

¶
¶
Ihre Bestellung
¶
¶
Sehr geehrte Frau Dr. Schneider,
¶
für Ihre Bestellung bedanken wir uns recht herzlich.

Informationsblock mit Tabellenfunktion

Alternativ können Sie den Infoblock mithilfe der Tabellenfunktion – bestehend aus zwei Spalten und elf Zeilen – einrichten. Dabei kann sich die Zeilenanzahl erhöhen, wenn mehr Leitwörter benötigt werden.

Auf der Registerkarte **Einfügen/Gruppe Tabellen**/Schaltfläche **Tabelle/Tabelle einfügen** geben Sie zwei Spalten und elf Zeilen ein. Möchten Sie bei einem gestalteten Informationsblock die Leitwörter rechtsbündig anordnen, arbeiten Sie mit 3 Spalten.

Klicken Sie mit der rechten Maustaste in die Tabelle, und wählen Sie „Tabelleneigenschaften". Öffnen Sie die Registerkarte „Spalte". Bei „Bevorzugte Breite" der Spalte 1 geben Sie 10 cm ein, damit die Spalte 2 bei 10,01 cm beginnen kann.

Die Rahmenlinien sind nach dem Beschriften auszublenden:

Markieren Sie dazu die Tabelle und klicken Sie auf **Start/Gruppe Absatz/Schaltfläche Rahmen/Kein Rahmen.**

	Ihr Zeichen:	
	Ihre Nachricht vom:	
	Unser Zeichen:	he-br
	Unsere Nachricht vom:	
Einschreiben		
Bürotec GmbH	Name:	Gerda Heinrich
Herrn Robert Techmann	Telefon:	040 67245-1
Hohenzollernstr. 44 – 48	Telefax:	040 67245-87
45128 Essen	E-Mail:	info@heinrich-kg.de
	Datum:	20..-02-14

Übungsaufgabe:

Erstellen Sie den auf Seite 116 abgebildeten Informationsblock mit Tabellenfunktion.

Kompetenztraining:

Die Heinrich KG plant im nächsten Monat die Anschaffung eines Firmenwagens. Um die Kosten besser einplanen zu können, soll die Auszubildende Moni am 21. Januar 20.. den Versicherungsvertreter Herrn Theo Staubig von der KUK Coburg, auf der Gutenbergstraße 5 in 96450 Coburg, anschreiben und sich genauere Informationen über die Kfz-Haftpflichtversicherung und eine Vollkaskoversicherung zukommen lassen.

1. Helfen Sie Moni und schreiben Sie mithilfe der unten stehenden Angaben einen Geschäftsbrief mit Informationsblock form- und normgerecht. Nutzen Sie die Tabellenfunktion und schreiben Sie die Leitwörter in einer kleinen Schriftgröße.
2. Nehmen Sie geeignete Absätze vor.
3. Versehen Sie die Fragen im Brieftext mit einer Nummerierung. Beachten Sie dafür den nachfolgenden Hinweis zur DIN 5008.
4. Speichern Sie den Brief unter dem Dateinamen „Geschäftsbrief mit Informationsblock und Tabellenfunktion" ab.

Betreff: **Information über Vollkaskoversicherung**
Brieftext:
Sehr geehrter Herr Staubig, vor ca. zwei Wochen erhielten wir von Ihnen eine Informationsbroschüre über Ihr Versicherungspaket. Da wir uns in den nächsten Wochen einen Firmenwagen anschaffen werden, überlegen wir, diesen bei Ihnen versichern zu lassen. Dazu bitten wir Sie, uns neben der Kfz-Haftpflichtversicherung auch Informationen für eine Vollkaskoversicherung zukommen zu lassen. Zudem sind bei uns diesbezüglich noch einige offene Fragen. Für welche Sachschäden kommt die Vollkaskoversicherung auf? Wer versichert den Firmenwagen, der Arbeitgeber oder der Arbeitnehmer? Welchen Schadensfreiheitsrabatt erhält unsere Firma? Wer ist bei einem selbstverschuldeten Unfall mitversichert? Bitte schicken Sie uns die aktuellen Beiträge und beantworten Sie unsere offenen Fragen. Vielen Dank im Voraus. Mit freundlichen Grüßen Heinrich KG

DIN 5008: Aufzählungen in einem Geschäftsbrief
Aufzählungen in einem Brief sind vom übrigen Text durch eine Leerzeile zu trennen. Trennen Sie die einzelnen Aufzählungsglieder durch eine Leerzeile, insbesondere wenn die Aufzählung aus mehreren Zeilen besteht.
Die von Word angebotenen Aufzählungszeichen dürfen verwendet werden. Lassen Sie zwischen Aufzählungszeichen und Text mindestens ein Leerzeichen.
Mehrstufige Aufzählungen stehen in einer eigenen Fluchtlinie untereinander. Möchten Sie die Aufzählung einrücken, beginnen Sie mit der Einrückung 2,5 cm vom linken Rand.

Bei einem **gestalteten Informationsblock** dürfen Leitwörter ergänzt, weggelassen und verändert werden. Sie dürfen den Informationsblock nach Ihren Bedürfnissen gestalten. Die Angaben sollten mit einer Leerzeile gruppiert werden. Die Leitwörter haben eine kleinere Schriftgröße als der übrige Geschäftsbrief. Die Angaben hinter den Leitwörtern haben die gleiche Schriftart und Schriftgröße wie der übrige Geschäftsbrief. Einzelne Angaben, wie z. B. die E-Mail- oder Internetadresse, dürfen in einer kleineren Schriftgröße gesetzt werden. Es sollte aber mindestens eine Schriftgröße von 8 p gewählt werden. Die Angaben hinter den Leitwörtern werden in eine Fluchtlinie untereinander gesetzt. Orientieren Sie sich dabei am längsten Wort.

•		
•	Ihr Sachbearbeiter:	Lutz Bremer
•	Abteilung:	Verkauf
•		•
Heinrich KG – Rahlstedter Str. 144 – 22143 Hamburg	Telefon:	040 67245-0
Zeitschriftenvertrieb	Telefax:	040 67245-87
Meyer & Krause KG	E-Mail:	info@heinrich-kg.de
Postfach 1 58 53	Internet:	www.heinrich-hamburg.de
46373 Bocholt		•
•	Datum:	20..-06-06
•		

Die Leitwörter des Informationsblocks dürfen auch rechtsbündig angeordnet werden. Diese Alternative funktioniert aber nur, wenn Sie die Leitwörter in einer Tabelle gestalten.

•		
•	Ihr Sachbearbeiter:	Lutz Bremer
•	Abteilung:	Verkauf
•		•
Heinrich KG – Rahlstedter Str. 144 – 22143 Hamburg	Telefon:	040 67245-0
Zeitschriftenvertrieb	Telefax:	040 67245-87
Meyer & Krause KG	E-Mail:	info@heinrich-kg.de
Postfach 1 58 53	Internet:	www.heinrich-hamburg.de
46373 Bocholt		•
•	Datum:	20..-06-06
•		

Kompetenztraining:

In diesem Jahr findet in Hamburg die Interorga, die Fachmesse für Büroartikel, vom 10. bis 17. Mai 20.. statt. Der Auszubildende der Heinrich KG, Gill Bates, darf mit dem Abteilungsleiter Einkauf, Herrn Bast, zwei Tage die Interorga besuchen. Dazu brauchen die beiden ein Hotel zum Übernachten. Gill Bates wird am 15. Januar beauftragt, zwei Einzelzimmer zu reservieren. Er recherchiert im Internet nach einem zentralen Hotel und den Zimmerpreisen. Gill findet das Messehotel Holiday, Borsteler Chaussee 27–29 in 20144 Hamburg. Daraufhin schreibt er folgenden Geschäftsbrief, in dem er um die Reservierung der Zimmer bittet.

1. Gestalten Sie für Gill Bates mithilfe der nachfolgenden Informationen einen Geschäftsbrief mit gestaltetem Informationsblock form- und normgerecht.
2. Setzen Sie im Brieftext geeignete Absätze.
3. Rücken Sie den unterstrichenen Textteil auf zwei Zeilen normgerecht ein. Beachten Sie dafür den unten stehenden Hinweis zur DIN 5008.
4. Speichern Sie den Brief unter dem Dateinamen „Geschäftsbrief mit gestaltetem Informationsblock" ab.

Betreff: Zimmerreservierung für den 12. Mai 20..
Brieftext: Sehr geehrte Damen und Herren, vom 10. bis 17. Mai 20.. findet in Hamburg die Interorga, die Fachmesse für Büroartikel, statt. Deshalb bitten wir um eine Reservierung von zwei Einzelzimmern für den 12. Mai 20.. Den Informationen im Internet konnten wir entnehmen, dass es sich um ein 3-Sterne-Hotel der Economy Class handelt. Liegt das Hotel zentral neben den Messehallen? Der Preis für ein Einzelzimmer beläuft sich auf 65,00 € pro Übernachtung mit Frühstück. Falls Sie für diesen Termin ausgebucht sind, teilen Sie uns doch bitte einen möglichen Ersatztermin mit. Bitte bestätigen Sie die Zimmerreservierung bis zum 15. Februar 20.. per Fax. Wir freuen uns von Ihnen zu hören. Mit freundlichen Grüßen Heinrich KG

DIN 5008: Einrückung in einem Geschäftsbrief
Sie wird mit einem linken Einzug von 2,5 cm formatiert.

8.5 Geschäftsbrief mit Teilbetreff

Besteht ein Geschäftsbrief aus unterschiedlichen Abschnitten mit unterschiedlichem Inhalt, können diese Abschnitte im Brieftext übersichtlich dargestellt werden, indem sie an den Anfang des Absatzes gesetzt werden. Bei einem Teilbetreff handelt es sich um eine stichwortartige Zusammenfassung eines Briefabschnitts, die mit einem Punkt beendet wird. Teilbetreff und Punkt werden fett formatiert. Es kann auch eine Farbe gewählt werden. Der Text wird unmittelbar an den Teilbetreff angefügt. Der einleitende und der abschließende Satz des Brieftexts erhalten keinen Teilbetreff.

Übungsaufgaben:

1. Übernehmen Sie den folgenden Brieftext.
2. Überlegen Sie sich passende Teilbetreffe.

Sehr geehrte Frau Meier,

wir zählen Sie zu unseren ältesten und treuesten Kunden, denn Sie beziehen seit vielen Jahren Ihre Artikel für Ihr Büro von uns.

Für die Aufbewahrung Ihrer Ordner bieten wir Ihnen heute eine Ordner-Drehsäule an. Die Säule besticht durch ihr elegantes Design und bietet genügend Möglichkeiten, Ihr Büro übersichtlich zu gestalten. Man kann sie überall gut aufstellen, sodass sie in allen Abteilungen sehr einfach als Ablage verwendet werden kann.

Sie können wählen zwischen ca. 80 cm oder 100 cm Etagendurchmesser. Die Säule ist sehr standfest auf einem stabilen Metalldrehfuß montiert. Zwei eingebaute Kugellager sorgen für leichten und geräuschlosen Lauf. Die große Säule besitzt eine hohe Standfestigkeit von Säule und Ordnern durch eine 6er Teilung der Etagen. Die Ordner-Drehsäule kann in den Farben Buche, Ahorn oder in Silber geliefert werden.

Wir können Ihnen dieses hervorragende Organisationsmittel zu einem Vorzugspreis von 299,00 € netto zuzüglich Umsatzsteuer anbieten. Bei einer Abnahme von drei Drehsäulen erhalten Sie einen Mengenrabatt von 15 %. Die Lieferung erfolgt innerhalb einer Woche nach Auftragserteilung frei Haus. Die Zahlung erbitten wir innerhalb von 10 Tagen nach Rechnungsdatum unter Gewährung von 2 % Skonto oder innerhalb von 30 Tagen ohne Abzug.

In der nächsten Zeit planen wir in unseren Geschäftsräumen eine Ausstellung, in der Sie sich unsere Ordner-Drehsäulen ansehen und ausprobieren dürfen.

Wir freuen uns auf Ihre Bestellung.

Mit freundlicher Empfehlung

i. A. Moni Tor

Kompetenztraining:

Moni Tor möchte dem Möbelhaus Westmoor KG, Deichhausweg 28 in 32825 Blomberg ein neues Produkt vorstellen. Dazu verfasst sie einen Werbebrief. Diesen kann sie später auch als Serienbrief an alle anderen Kunden verschicken.

1. Schreiben Sie für Moni Tor den Werbebrief mit Informationsblock entsprechend der Angaben norm- und formgerecht.
2. Gestalten Sie die Teilbetreffe normgerecht.
3. Speichern Sie die Datei unter dem Namen „Geschäftsbrief mit Teilbetreff“.

Betreff: Designer-Drehstuhl „Champion“
Brieftext: Bei uns können Sie problemlos einkaufen. Natürlich können Sie auch vor Ort Probesitzen und sich von uns fachlich und kompetent beraten lassen. Produktangebot. Unsere Palette reicht vom praktischen Stapelstuhl bis zum exklusiven Chefdrehsessel. Heute bieten wir Ihnen den **Designer-Drehstuhl „Champion“ Art.-Nr. 624631-1 für nur 129,00 €** netto zuzüglich Umsatzsteuer an.

Produktvorstellung. Der Drehstuhl ist auf fünf gebremsten Sicherheitsdoppellaufrollen verschiebbar. Er besitzt eine stufenlose Sitzhöhenverstellung. Er hat einen ergonomisch breiten Muldensitz und eine ergonomisch geformte, höhenverstellbare Rückenlehne. Auch die Sitztiefe ist durch einen Schiebesitz höhenverstellbar. Der Drehstuhl ist in sechs verschiedenen Stofffarben erhältlich. Lieferungsbedingungen. Die Lieferung erfolgt deutschlandweit frei Haus. Zahlungsbedingungen. Bei Kaufpreiszahlung innerhalb von 10 Tagen nach Rechnungsdatum gewähren wir 2 % Skonto. Ab einer Absatzmenge von 10 Stück können wir Ihnen einen Sonderrabatt von 10 % einräumen. Und nun wünschen wir Ihnen viel Spaß beim Shoppen. Mit freundlichem Gruß

8.6 Geschäftsbrief mit Fortsetzungsblatt

Die Seitennummerierung von Schriftstücken ist in der DIN 5008 geregelt und sollte nicht individuell vorgenommen werden. Wenn der Text eines Briefs nicht auf eine Seite passt, sollte eine zweite Seite begonnen werden. Passt der Briefschluss nicht mehr auf die erste Seite, sollten auch mindestens zwei Zeilen Text auf die zweite Seite übernommen werden. Die Rückseite eines Briefblatts wird nicht beschrieben.

Alternative A:

Auf der ersten Seite wird nach dem Text eine Leerzeile gelassen. In der Zeile darunter werden rechtsbündig drei Punkte gesetzt. Danach erfolgt ein Seitenumbruch, den eine gepunktete Linie anzeigt, wenn man auf der Registerkarte Start das Symbol „einblenden" aktiviert hat. Wird ein Fortsetzungsblatt mit einem Briefkopf gewählt, lässt man auf der zweiten Seite zunächst eine Leerzeile. Darunter in der Zeile setzt man zentriert die Seitenzahl - 2 -. Die folgende Zeile bleibt leer und darunter geht der Brieftext weiter. Wird ein Fortsetzungsblatt ohne Briefkopf verwandt, sollen vier Leerzeilen eingefügt werden. In der fünften Zeile wird dann die Seitenzahl - 2 - zentriert gesetzt. Danach folgt wieder eine Leerzeile.

Beispiel:

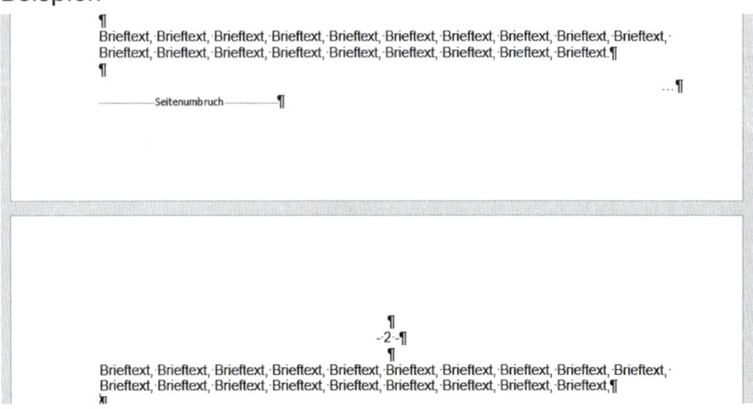
¶
Brieftext, Brieftext, Brieftext, Brieftext, Brieftext, Brieftext, Brieftext, Brieftext, Brieftext, Brieftext,
Brieftext, Brieftext, Brieftext, Brieftext, Brieftext, Brieftext, Brieftext, Brieftext, Brieftext.¶
¶
...¶
Seitenumbruch ¶

¶
- 2 -¶
¶
Brieftext, Brieftext, Brieftext, Brieftext, Brieftext, Brieftext, Brieftext, Brieftext, Brieftext, Brieftext,
Brieftext, Brieftext, Brieftext, Brieftext, Brieftext, Brieftext, Brieftext, Brieftext, Brieftext.¶

Alternative B:

Die Seitennummerierung „Seite x von y" sollte vorzugsweise in der Fußzeile stehen und rechtsbündig formatiert werden. Die Nummerierung sollte sowohl auf der ersten Seite als auch auf allen folgenden Seiten stehen. Davor muss mindestens eine Leerzeile bleiben. Die drei Punkte für die Folgeseiten entfallen ebenso wie der Hinweis oben auf der zweiten Seite. Der Brieftext auf der zweiten Seite beginnt nach einer Leerzeile.

Beispiel:

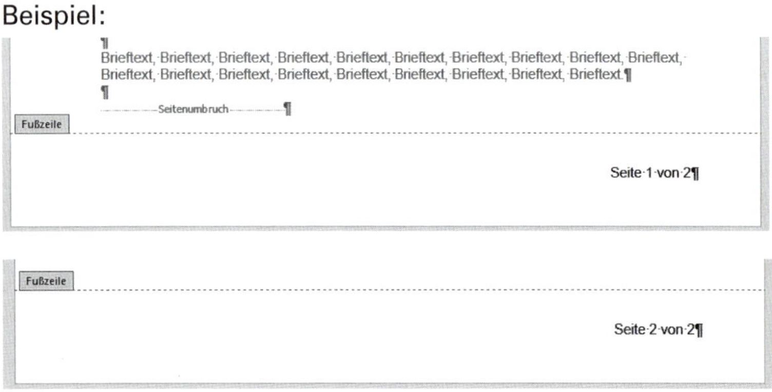
¶
Brieftext, Brieftext, Brieftext, Brieftext, Brieftext, Brieftext, Brieftext, Brieftext, Brieftext, Brieftext,
Brieftext, Brieftext, Brieftext, Brieftext, Brieftext, Brieftext, Brieftext, Brieftext, Brieftext.¶
¶
Seitenumbruch ¶
Fußzeile
Seite 1 von 2¶

Fußzeile
Seite 2 von 2¶

Übungsaufgabe:

Machen Sie aus dem folgenden Textauszug einen Geschäftsbrief mit Fortsetzungsblatt.

...

Die Preise verstehen sich ab Werk Bochum. Gegen einen Aufpreis von 6 % auf den Zieleinkaufspreis liefern wir Ihnen die Ware gern frei Haus. Ab einer Bestellmenge von 1.000 Stück bieten wir Ihnen 2,5 % Rabatt auf den Nettowarenwert.

Unsere Zahlungsbedingungen lauten: 14 Tage ab Rechnungsdatum 2 % Skonto, 30 Tage netto.

Da wir das Holz ständig auf Lager haben, können wir auch kurzfristig liefern.

Über einen Auftrag von Ihnen freuen wir uns.

Mit freundlichen Grüßen

8.7 Falz- und Lochmarken (Heftrand)

Die **Falzmarken** sind Markierungen, um den Brief an den passenden Stellen zu falten, damit er in einen Standardumschlag passt. Jeder Brief enthält zwei Falzmarken.

Die **Lochmarke** dient als Markierung, um den Brief an der entsprechenden Stelle zu lochen. Somit stellen Falz- und Lochmarken eine Arbeitserleichterung dar.

Beide Markierungen werden über die Kopf- und Fußzeile an den entsprechenden Positionen des linken Seitenrands eingefügt.

Erste Falzmarke erstellen:
Nehmen Sie einen fertigen Geschäftsbrief bzw. eine bestehende Dokumentvorlage und öffnen Sie die Kopfzeile zum Bearbeiten. Klicken Sie unter der Registerkarte **Einfügen/Gruppe Illustrationen/Formen** und wählen eine Linie. Zeichnen Sie mit der Maus im linken Seitenrand eine waagerechte Linie von ca. 0,5 cm.

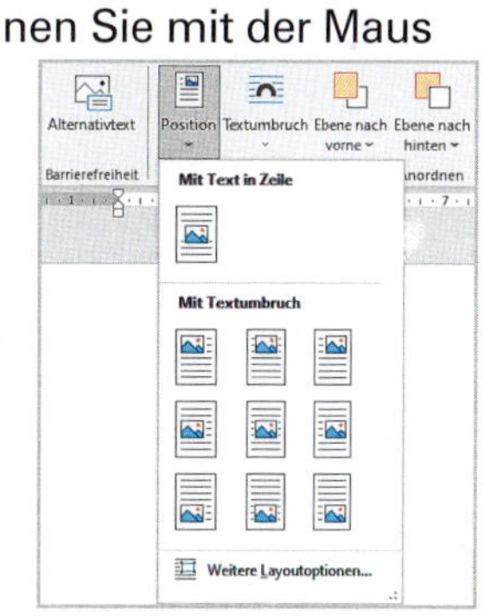

Diese Falzmarke muss nun positioniert werden. Dazu klicken Sie in die eingeblendete Registerkarte **Formformat,** in der **Gruppe Anordnen** auf **Position** und wählen Sie **Weitere Layoutoptionen.** In diesem Fenster nehmen Sie folgende Eingaben vor:

Horizontal: Absolute Position 0,2 cm rechts von Seite
Vertikal: Absolute Position 10,5 cm unterhalb Seite

Unter Optionen darf nur „Verankern" und „Layout in Tabellenzeile" aktiviert sein.

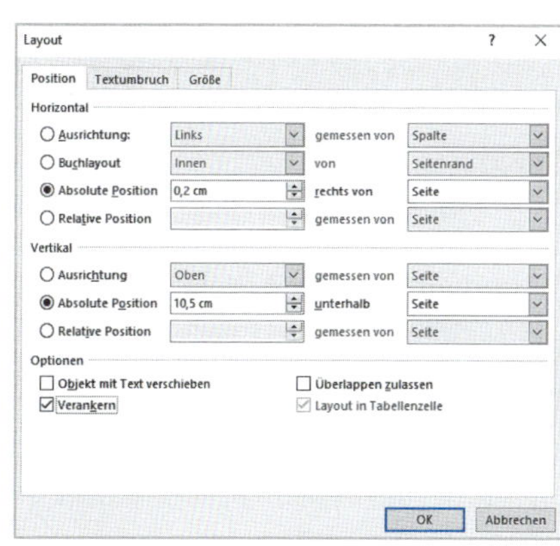

Lochmarke und zweite Falzmarke erstellen:
Kopieren Sie die erstellte Falzmarke und fügen Sie sie zweimal wieder in Ihr Dokument ein. Diese müssen nun wieder über **Weitere Layoutoptionen** an die richtige Stelle platziert werden. Markieren Sie die jeweils neu eingefügte Marke und nehmen Sie nacheinander folgende Einstellungen vor:

Horizontal: Absolute Position 0,2 cm
Vertikal: Absolute Position 14,85 cm für die Lochmarke
und
Horizontal: Absolute Position 0,2 cm
Vertikal: Absolute Position 21 cm für die zweite Falzmarke

Schließen Sie die Kopfzeile und speichern Sie das Dokument bzw. die Dokumentvorlage ab.

Übungsaufgabe:

Versehen Sie den Werbebrief über den Designer-Drehstuhl „Champion", den Sie im Auftrag für Moni Tor an das Möbelhaus Westmoor KG geschrieben haben, mit Falz- und Lochmarken.

8.8 Elektronischer Schriftverkehr (E-Mail)

Häufig werden heutzutage in der geschäftlichen Korrespondenz die Geschäftsbriefe durch E-Mails ersetzt. Zum einen liegt dies am kostengünstigen Versand von E-Mails, zum anderen aber auch an der Schnelligkeit der Übermittlung. Der elektronische Schriftverkehr wird zur Übermittlung von kurzen sachlichen und fachlichen Informationen genutzt und sollte nur eine Thematik beinhalten. Die äußere Form von Geschäftsbriefen lässt sich weitgehend auch auf die Gestaltung der geschäftlichen E-Mail beziehen.

Berücksichtigen Sie die technischen Gegebenheiten des Empfängers. Eine geschäftliche E-Mail können Sie z. B. mit dem Programm Microsoft Outlook erstellen und versenden.

Gehen Sie bei der geschäftlichen E-Mail wie folgt vor:

<u>E-Mail-Kopf:</u>

An: Zunächst geben Sie die E-Mail-Adresse des Empfängers ein. Es besteht auch die Möglichkeit, an mehrere gleichberechtigte Empfänger zu adressieren. Die E-Mail-Adresse enthält nach DIN 5008 den Namen des Empfängers, das @-Zeichen, den Provider und die Länderkennung oder den Namen, das @-Zeichen, den Firmennamen und die Länderkennung.
z. B. jan.meyer@web.de oder b.klein@heinrich-kg.de oder j.meyer@dialgmbh.com

CC: steht für Carbon Copy. Hier werden die E-Mail-Adressen der Empfänger eingetragen, die eine Kopie der E-Mail erhalten sollen. Die Empfänger können Kenntnis nehmen, welche weiteren Personen diese E-Mail erhalten haben.

BCC: steht für Blind Carbon Copy. Hier werden ebenfalls die E-Mail-Adressen der Empfänger eingetragen, die eine Kopie der E-Mail erhalten, jedoch erfahren die Empfänger nicht, an wen eine Kopie versandt wurde.

Betreff: Der Betreff ist zwingend erforderlich. Tragen Sie hier eine aussagekräftige Information für den Inhalt der E-Mail ein. Der Empfänger kann sofort erkennen, worum es in der E-Mail geht.

Zu den Pflichtangaben des E-Mail-Kopfs zählen Anschrift, Verteiler und Betreff.

<u>Anhänge:</u>

Mit jeder E-Mail können Dateianhänge jeder Art, auch Attachments genannt, digital verschickt werden. Sie können also einen DIN-gerechten, ausführlichen Geschäftsbrief oder ein mehrseitiges Dokument als Dateianhang mit einer kurzen E-Mail versehen.

<u>Bezugszeichen:</u>

Bezugszeichenangaben können auch in eine E-Mail gesetzt werden, wenn sie zum schnelleren Verständnis erforderlich sind. Die notwendigen Bezugszeichen sind direkt in der ersten Zeile des Textbereiches zu setzen. Danach werden zwei Leerzeilen gesetzt, bevor die Anrede erfolgt.

<u>Anrede:</u>

Sind keine Bezugszeichen notwendig, beginnen Sie in der ersten Zeile des eigentlichen Textfelds der E-Mail an der Fluchtlinie mit der Anrede. Wählen Sie eine übliche Anrede. Umgangssprachliche oder freundschaftliche Anreden sind unseriös.

<u>E-Mail-Text:</u>

Der Text der E-Mail folgt nach einer Leerzeile. Wählen Sie Schriftart und Schriftgröße entsprechend den Vorgaben und dem Corporate Design Ihres Unternehmens aus. Gliedern Sie den Text in Absätze, die sich aus dem Sinnzusammenhang der E-Mail ergeben. Trennen Sie die Absätze durch je eine Leerzeile voneinander. Wählen Sie einen einzeiligen Zeilenabstand und nehmen Sie keine Worttrennungen vor, da die Zeilenumbrüche beim Empfänger anders angezeigt werden können. Beachten Sie die amtlichen Regeln der deutschen Rechtschreibung und Zeichensetzung. Verzichten Sie beim elektronischen Schriftverkehr auf Emoticons/Emojis. Auch bei Schreiben an bekannte Empfänger sollten Emoticons bzw. Emojis nur selten verwendet werden. Sie sind nicht für alle Personen eindeutig verständlich, ersetzen keine Satzzeichen und sollten deshalb im Geschäftsverkehr vermieden werden.

Abschluss:

Als E-Mail-Abschluss wird ein elektronischer Textbaustein eingefügt, den man Signatur nennt. Vor und nach der Grußformel erfolgt eine Leerzeile. Danach folgt der Firmenname mit einer weiteren Leerzeile. Anschließend schreiben Sie den Namen des Sachbearbeiters.

Nach einer weiteren Leerzeile führen Sie die Kommunikationsverbindungen auf. Dazu zählen Telefon, Telefax, E-Mail-Adresse und Internetadresse.

Aus rechtlichen Gründen müssen nach einer Leerzeile die Postanschrift, Hausanschrift, Sitz der Gesellschaft, Namen des Geschäftsführers, des Vorstands und des Aufsichtsrats, Handelsregisternummer und Steuernummer genannt werden. Für jede Angabe benötigen Sie eine Zeile.

Für die Korrespondenz per E-Mail sollten Sie die sogenannte Nettiquette beachten:

- ☺ kurze und präzise Kommunikation
- ☺ verschicken Sie nur Anhänge ohne viel Speichervolumen
- ☺ verzichten Sie auf besondere Schriften und Dekorationen
- ☺ verwenden Sie wenig Kurzwörter
- ☺ achten Sie auf die Rechtschreibung
- ☺ verwenden Sie keine Großbuchstaben
- ☺ verschicken Sie keine vertraulichen Daten und Informationen

Aufbau einer E-Mail nach DIN 5008:

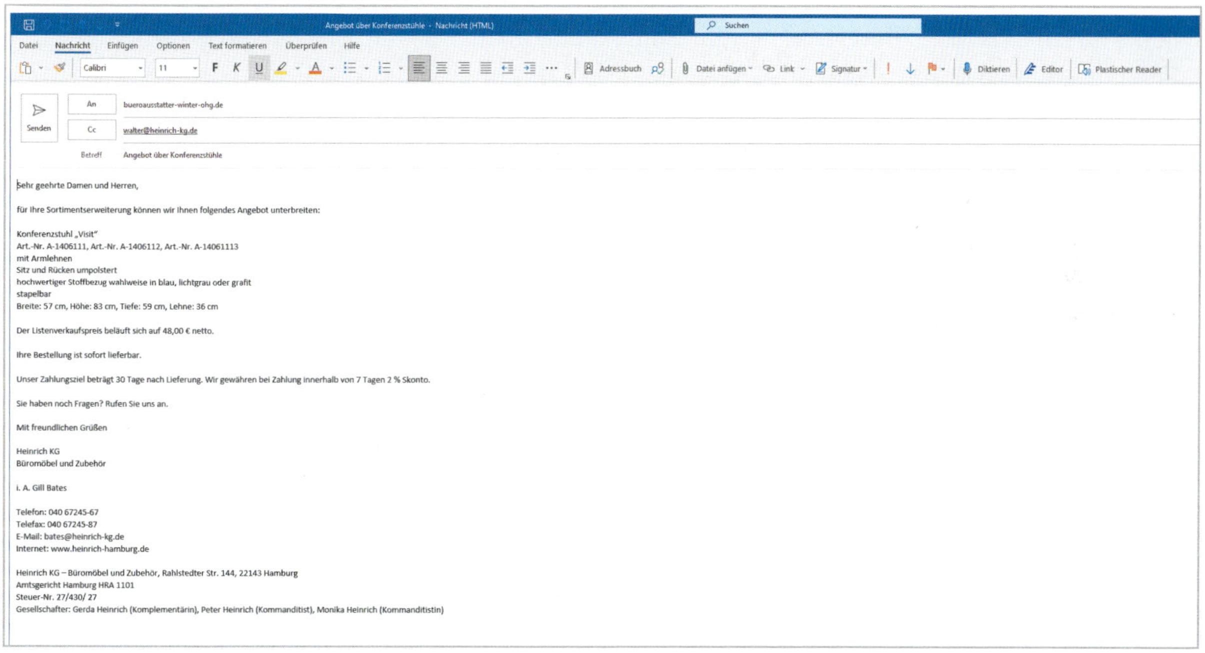
Angebot über Konferenzstühle - Nachricht (HTML)

An: bueroausstatter-winter-ohg.de
Cc: walter@heinrich-kg.de
Betreff: Angebot über Konferenzstühle

Sehr geehrte Damen und Herren,

für Ihre Sortimentserweiterung können wir Ihnen folgendes Angebot unterbreiten:

Konferenzstuhl „Visit“
Art.-Nr. A-1406111, Art.-Nr. A-1406112, Art.-Nr. A-14061113
mit Armlehnen
Sitz und Rücken umpolstert
hochwertiger Stoffbezug wahlweise in blau, lichtgrau oder grafit
stapelbar
Breite: 57 cm, Höhe: 83 cm, Tiefe: 59 cm, Lehne: 36 cm

Der Listenverkaufspreis beläuft sich auf 48,00 € netto.

Ihre Bestellung ist sofort lieferbar.

Unser Zahlungsziel beträgt 30 Tage nach Lieferung. Wir gewähren bei Zahlung innerhalb von 7 Tagen 2 % Skonto.

Sie haben noch Fragen? Rufen Sie uns an.

Mit freundlichen Grüßen

Heinrich KG
Büromöbel und Zubehör

i. A. Gill Bates

Telefon: 040 67245-67
Telefax: 040 67245-87
E-Mail: bates@heinrich-kg.de
Internet: www.heinrich-hamburg.de

Heinrich KG – Büromöbel und Zubehör, Rahlstedter Str. 144, 22143 Hamburg
Amtsgericht Hamburg HRA 1101
Steuer-Nr. 27/430/ 27
Gesellschafter: Gerda Heinrich (Komplementärin), Peter Heinrich (Kommanditist), Monika Heinrich (Kommanditistin)

Übungsaufgabe:

Verfassen Sie unter Verwendung Ihrer Firmendaten eine Anfrage per E-Mail an die Büroorganisation Schönmuth OHG in Kiel. Sie möchten Informationen über die Lieferung eines Farblaserdruckers. Bitten Sie um Zusendung von Prospektmaterialien. Fragen Sie auch nach den Lieferungs- und Zahlungsbedingungen.

Kompetenztraining:

Herr Bremer möchte die Kundin der Heinrich KG, Frau Gertrud Brand vom Möbelhaus Gertrud Brand KG, auf die Kollektion der Bürostühle aufmerksam machen. Das Möbelhaus liegt an der Südstraße 7 in 20083 Hamburg. Sie bezieht als Stammkundin ihre Möbel von der Heinrich KG. Gill Bates bekommt den Brieftext von Herrn Bremer vorgegeben und soll den Geschäftsbrief erstellen.

1. Erstellen Sie mithilfe der folgenden Angaben einen Geschäftsbrief mit Informationsblock form- und normgerecht.
2. Nehmen Sie geeignete Absätze vor.
3. Fügen Sie Falz- und Lochmarken ein.
4. Speichern Sie den Geschäftsbrief unter dem Dateinamen „Geschäftsbrief mit Fortsetzungsblatt" ab.

Betreff: Die richtigen Bürostühle
Brieftext: Noch immer arbeiten sehr viele Berufstätige in Deutschland auf schlechten Bürostühlen. Zu diesem Ergebnis kommt das deutsche Büromöbel-Forum und die Initiative „Neue Qualität der Büroarbeit" in einer aktuellen Untersuchung. Das Wichtigste für den richtigen Büroarbeitsplatz sind die Bürostühle. Immerhin haben bereits 85 % aller Unternehmen und öffentlichen Verwaltungen die durch die Bildschirmverordnung vorgeschriebenen Auflagen für einen idealen Büroarbeitsplatz veranlasst. Das sind 20 % mehr als noch vor 2 Jahren. Warum achten aber nur sehr wenige auf den komfortablen Sitzkomfort für unsere Berufstätigen? Auf folgende Punkte sollten Sie bei Ihrer Büroeinrichtung achten: Richtige Schreibtischhöhe. Um Haltungsschäden und Rückenschmerzen vorzubeugen, sollte sich die Arbeitsfläche des Schreibtischs je nach Körpergröße zwischen 19 cm und 28 cm über der Sitzflächenhöhe befinden. Ausreichend Tischfläche. Damit jeder an seinem Büroarbeitsplatz genug Raum zum Arbeiten und Denken hat, sollte die Tischfläche mindestens 160 x 80 cm groß sein. Bei dieser Größe kann man bequem arbeiten, ohne ständig Gefahr zu laufen, die Unterlagen vom Schreibtisch zu fegen. Tastatur mit Neigungswinkel. Für ergonomisches Arbeiten sollte die Tastatur des Computers maximal 30 mm hoch sein und in einer geringeren Neigung als 15 Grad auf der Arbeitsfläche aufliegen. Beinfreiheit. Laut Bildschirmverordnung sollte die Höhe des Schreibtischs mindestens 65 cm, die Breite 58 cm und die Tiefe 60 cm betragen. Kommen wir nun zu den Bürostühlen! Um am Büroarbeitsplatz richtig zu sitzen, sollte die Lehne des Schreibtischstuhls bis zu den Schulterblättern reichen und der Stuhl flexibles Sitzen zulassen. Diesen Vorzug bieten z. B. unsere Produkte „Smile", „Verdan" und der Bürostuhl „Queen 1". Unsere Besonderheit: Mit dem Bürostuhl „Queen 1" haben wir auch einen Bürostuhl im Programm, der auf die Bedürfnisse von Frauen am Büroarbeitsplatz zugeschnitten ist. Prüfen Sie doch einfach einmal den Sitzkomfort Ihrer Kunden und Angestellten. Denn nur zufriedene und gesunde Mitarbeiter können vernünftige Arbeit leisten! Ein Prospekt über unsere Bürostühle legen wir diesem Schreiben bei.

9 Textformulierungen

Auch wenn es bei einem Geschäftsbrief um geschäftliche Belange geht und nicht um persönliche Dinge, steht der Empfänger im Mittelpunkt des Briefs. Um den Empfänger auch persönlich anzusprechen, gelten einige Grundregeln für den Briefaufbau sowie für die Formulierung.

9.1 Briefaufbau

Den Brief kann man aufteilen in

Briefanfang/ Brieferöffnung	Gestalten Sie den Anfang eines Briefs empfängerfreundlich. Steigen Sie mit positiven Gedanken ein und nehmen Sie die Gedanken Ihres Briefpartners auf. Schreiben Sie höflich und kommen Sie direkt zum Thema.
Briefkern	Gliedern Sie den Briefinhalt in einige Absätze. Pro Absatz ist ein Gedanke ausreichend. Ihre Argumente sollten klar und verständlich formuliert sein.
Briefschluss	Beenden Sie den Brief mit einem Aktionssatz. Man kann seinen Geschäftspartner freundlich zum Handeln auffordern.

Zunächst einmal müssen Sie über den Sachverhalt nachdenken. Erst dann kann Ihnen klar werden **Was** Sie im Brief sagen wollen und **Wie** Sie es am besten formulieren. Der Inhalt des Briefs ist abhängig von der **Absicht des Verfassers** und der **Wirkung**, die erzielt werden soll.

Stellen Sie sich folgende Fragen:
- ‽ An wen schreibe ich den Brief?
- ‽ Aus welchem Grund schreibe ich den Brief?
- ‽ Was muss der Brief mitteilen?
- ‽ Welche Fragen müssen durch den Brief beantwortet werden?
- ‽ Welchen Sachverhalt muss der Brief klären?
- ‽ Welche Informationen müssen dem Empfänger mitgeteilt werden?
- ‽ Welche Lösung bietet der Brief an?

Nach Fertigstellung eines Briefs sollte dieser noch einmal kritisch überarbeitet werden. Lesen Sie sich den Entwurf laut vor und prüfen Sie ihn auf Klang und Wirkung. Prüfen Sie, ob alle Inhalte in der richtigen Reihenfolge vorhanden sind, ob die Länge des Briefs in Ordnung ist oder ob Sie treffender formulieren können. Vor allem prüfen Sie die Rechtschreibung und die Grammatik Ihres Briefs.

Übungsaufgaben:

1. Stellen Sie sich vor, Sie sind der Empfänger des Briefs. Welche Wirkung lösen die folgenden Formulierungen bei Ihnen aus?
2. Unterbreiten Sie Vorschläge, wie Sie diese Formulierungen angemessener formulieren können! Streichen Sie überflüssige Formulierungen bzw. überflüssige Wörter!

Formulierung	Mögliche Wirkung	Verbesserung
1. Mahnung		
... bei Durchsicht unserer Unterlagen konnten wir leider den Eingang der Zahlung für die von uns an Sie gelieferte Ware noch nicht feststellen.		
Nachdem vereinbarungsgemäß die Zahlung der Ware bereits zur 2. Kalenderwoche fällig wurde, bitten wir um Überweisung bis spätestens 20. Januar 20..		
Sie können dazu unser beiliegendes Formular verwenden oder bar in unserem Büro zahlen.		
Sollte ein Irrtum unsererseits vorliegen, bitten wir um telefonische Klärung.		

9.2 Tipps für einen guten Briefstil

In kaufmännischen Briefen gibt es eine Reihe von stilistischen und sprachlichen Mängeln, die sich durch eine erstaunliche Langlebigkeit auszeichnen.

Deshalb hier einige sprachliche Grundregeln:

Der Sie-Stil

Reden Sie Ihren Geschäftspartner mit dem „Sie“-Stil an. So stellt man den Geschäftspartner in den Vordergrund und geht persönlich auf seine Wünsche ein. Man entwickelt leichter ein Gefühl dafür, was der Kunde braucht. Der Sie-Stil wirkt persönlich und kundenorientiert.

schlecht	Verbesserungen
Wir übersenden Ihnen ...	Sie erhalten ...
Wir bieten Ihnen an ...	Sie interessieren sich für ...

Höflichkeitsfloskeln

In Geschäftsbriefen findet man häufig Wendungen, wie z. B: „Ich erlaube mir ..." oder „Wir möchten Sie darauf hinweisen, dass ...". Diese Floskeln sind anstrengend und aufgrund ihres formelhaften Gebrauchs klingen sie auch nicht höflich und bescheiden. Zudem sind sie für den Briefinhalt überflüssig. Auf solche umständlichen Floskeln sollte verzichtet werden. Auch das Wort „möchte" sollte nur in seiner eigentlichen Bedeutung, bei einem Wunsch verwendet werden.

schlecht	Verbesserungen
Wir möchten Sie darauf hinweisen, dass ...	Wir weisen Sie darauf hin ...
Ich erlaube mir ...	Wir/Ich bitte/n Sie ...
Hinsichtlich Ihre Angebots würden wir vorschlagen ...	Zu Ihrem Angebot machen wir folgenden Vorschlag ...
Leider müssen wir Ihnen zu unserem Bedauern mitteilen, dass ...	Wir teilen Ihnen mit, dass ...

Füllwörter

In der Umgangssprache stören Füllwörter kaum, im kaufmännischen Schriftverkehr sollten Sie vermieden werden. Solche Füllwörter sind: dann, natürlich, ja, auch, gewissermaßen, aber, so, nun, denn, doch, natürlich, selbstverständlich, jedoch, eben, sozusagen, eigentlich, wirklich, übrigens. Dazu zählen auch „Unseres Erachtens" oder „Unter Umständen".

schlecht	Verbesserungen
Wir bitten Sie außerdem, uns ein Zahlungsziel von 8 Wochen einzuräumen.	Wir bitten Sie, uns ein Zahlungsziel von 8 Wochen einzuräumen.
Zum Schluss sei übrigens noch daran erinnert, dass wir die von Ihnen zugesagten Prospekte leider immer noch nicht erhalten haben.	Zum Schluss erinnern wir Sie daran, dass wir die Prospekte noch nicht erhalten haben.

Positiv schreiben

Auch Unerfreuliches kann man positiv formulieren. Bei aller sachlichen Kürze: freundliche Worte oder Bitten, die Bereitschaft der Zusammenarbeit nimmt jeden Leser für sich ein. Freundlichkeit und Offenheit fördern das Geschäftsklima.

schlecht	Verbesserungen
Sie haben noch nicht bezahlt!	Sicher haben Sie unsere Rechnung vergessen. Bitte zahlen Sie bis zum ...
Leider müssen wir Ihre Bewerbung ablehnen.	Vielen Dank für Ihre Bewerbung. Wir haben einem anderen Bewerber den Vorzug gegeben.

Keine Doppelungen

Vermeiden Sie Doppelausdrücke. Unnötige Adjektive zur Charakterisierung blähen den Brief unnötig auf. Beispiele hierfür sind: „runder Kreis", „erstes Vorgespräch", „alter Greis", „weißer Schimmel", „rotes Blut", „falsche Fehler", „wegrationalisieren", „zusammen addieren".

schlecht	Verbesserungen
Wir erwarten Ihre Rückantwort.	Wir erwarten Ihre Antwort.
Wir haben unsere Bottroper Verkaufsräume neu renoviert.	Wir haben unsere Bottroper Verkaufsräume renoviert.
Die Preise wurden um 2 % herabgemindert.	Die Preise wurden um 2 % gemindert.

Verstaubte Wörter und Floskeln

Bei einigen Wörtern handelt es sich um veraltete Floskeln, die überflüssig sind. Sie sollten deshalb nicht verwendet werden. Dazu gehören die Wörter: „anlässlich“, „diesbezüglich“, „gemäß“, „hinsichtlich“, „in Anbetracht“ „zwecks“ etc.

Schreiben Sie Ihren Brief nicht in Beamtendeutsch!

schlecht	Verbesserungen
Vonseiten des Herstellers ist ...	Von den Herstellern ...
Zu Ihrem Angebot machen wir folgenden Vorschlag ...	Wir schlagen Ihnen vor ...
Ihrerseits ist beanstandet worden ...	Sie haben beanstandet ...

Verben benutzen

Verben prägen den Briefstil. Verben wirken lebendig, anschaulich und verständlich. Ausdrucksweisen wie z. B. „Zum Verbleib“ oder „Notwendigkeit“ sind unpersönlich. Besser klingen die Verben wie z. B. „verbleiben“ oder „notwendig“.

schlecht	Verbesserungen
... in Rechnung stellen ...	... berechnen ...
Im Falle der Nichtbezahlung ...	Falls Sie nicht zahlen ...

Substantive und Substantivierungen vermeiden

Ebenfalls sollen Substantive mit den Endungen „-ung“, -„ion“, „-ismus“, „-heit“, „-keit“, „-schaft“ oder „-nahme“ vermieden werden. Der Brief wirkt lebendiger!

schlecht	Verbesserungen
Wir sind zu der Erkenntnis gekommen, dass ...	Wir haben erkannt, dass ...
In Beantwortung Ihres oben genannten Schreibens.	Wir beantworten Ihr Schreiben.
Diese Angelegenheit fällt nicht in unseren Zuständigkeitsbereich.	Wir sind nicht zuständig.
Wir haben Preissenkungen vorgenommen.	Wir haben die Preise gesenkt.

Satzbau

Je länger der Satz ist, desto komplizierter ist er zu lesen. Deshalb sollten lange, umständliche Sätze vermieden werden. Ein Satz mit ca. 20 Wörtern gilt dabei als schwer verständlich. Dies gilt auch für die sogenannten Schachtelsätze. Sie entstehen, wenn noch weitere Nebensätze hinzugefügt werden. Der Inhalt wird dadurch unverständlich. Schreiben Sie lieber zwei kurze Sätze.

schlecht	Verbesserungen
Unser Fachgeschäft, das hier schon lange gefehlt hat, weil es hier an Räumlichkeiten mangelte, die aber nun zur Verfügung stehen, wird am 1. April eröffnen.	Unser Fachgeschäft hat hier vor Ort schon lange gefehlt. Bisher mangelte es an den Räumlichkeiten, die jetzt verfügbar sind. Wir eröffnen am 1. April.
Eine Entschädigung für den an Ihrem Pkw entstandenen Schaden ist von unserer Versicherungsseite nicht vorgesehen.	Ihr Pkw ist beschädigt worden. Unsere Versicherung entschädigt Sie dafür nicht.

Indikativ (Gegenwartsform/Wirklichkeitsform) kein Konjunktiv (Möglichkeitsform)

Der Konjunktiv führt zu umständlichen Formulierungen. Deshalb sollten Sie den Konjunktiv vermeiden.

schlecht	Verbesserungen
Die Lieferung dürfe nicht so lange dauern.	Die Lieferung darf nicht so lange dauern.
Wir würden die neue Filiale gerne um 10:00 Uhr eröffnen.	Wir eröffnen die neue Filiale um 10:00 Uhr.

Aktivsätze statt Passivsätze

Das Aktiv wirkt anschaulich und lebendig. Zudem ist das Aktiv die gebräuchlichste Ausdrucksform im täglichen Leben. Das Passiv wirkt unpersönlich und ist häufig umständlich.

schlecht	Verbesserungen
Der Betrag wird von uns überwiesen.	Wir überweisen den Betrag.
Es wird Ihnen von uns garantiert, dass ...	Wir garantieren Ihnen, dass ...
Bei Zahlung innerhalb von 10 Tagen nach Rechnungsdatum wird 3 % Skonto eingeräumt.	Wir räumen bei Zahlung innerhalb von 10 Tagen 3 % Skonto ein.
Es wird gebeten, ...	Bitte ...

Fremdwörter und Abkürzungen

Man sollte Fremdwörter grundsätzlich nur anwenden, wenn man auch die Bedeutung kennt. Häufig kann man mit dem deutschen Begriff das Gleiche ausdrücken. Vermeiden Sie Fremdwörter, wenn Sie annehmen, dass der Empfänger sie nicht versteht. Verwenden Sie nicht zu viele Fremdwörter! Es sollten auch nur die Fach- und Fremdwörter benutzt werden, die in der jeweiligen Branche üblich sind, damit jeder versteht, was gemeint ist.

schlecht	Verbesserungen
Für unsere Akquise ...	Für unsere Kundenneuwerbung ...
Aufgrund des Outsourcings unserer Datenverarbeitung ...	Aufgrund der Auslagerung unserer Datenverarbeitung ...

Umgangssprache

Da Sie im Auftrag des Unternehmens schreiben und nicht für sich privat, sollen Sie sich auch dem Stil des Unternehmens anpassen. Benutzen Sie keine Ausdrücke und Modewörter, die Sie auch privat nutzen würden.

schlecht	Verbesserungen
Unser Unternehmen findet es voll geil, wenn Sie ...	Unser Unternehmen findet es sehr nett, wenn Sie ...
Wir bieten Ihnen ein cooles Produkt an.	Wir bieten Ihnen ein attraktives Produkt an.

Direkte Fragetechnik

Die indirekte Fragetechnik verlangt häufig den Konjunktiv. Da Sie diesen vermeiden sollen, wenden Sie die direkte Fragetechnik an.

schlecht	Verbesserungen
Unser Kundenberater fragt, wann sie liefern könnten?	Unser Kundenberater fragt: „Wann können Sie liefern?“
Es wäre interessant zu wissen, wann die Lieferung in Bottrop eintrifft.	Wann trifft die Lieferung in Bottrop ein?

Ich und Wir

„Ich-Sätze“ wirken auf den Kunden sehr persönlich und vertraulich. Der Kunde fühlt sich verstanden und man kümmert sich persönlich um ihn. Wenn im Brief das Unternehmen oder die Abteilung repräsentiert wird, fühlt sich der Kunde beim „Wir-Satz“ persönlich gut aufgehoben.

schlecht	Verbesserungen
Man garantiert Ihnen ...	Wir garantieren Ihnen ...
Man wird Ihnen versichern, dass die Ware bis Ende des Monats geliefert wird.	Ich versichere Ihnen, dass die Ware bis Ende des Monats geliefert wird.

Übungsaufgabe:

Formulieren Sie besser.

	Formulierung	Verbesserung
1.	Eine Übereinstimmung der an beiden Maschinen festgestellten Beschädigungen ist nicht gegeben.	
2.	Es wird gebeten, uns die fehlenden Unterlagen zuzusenden.	
3.	Die Lieferung können wir erst in 3 Wochen durchführen.	
4.	Dann würde uns keine andere Wahl bleiben, als auf den Auftrag zu verzichten.	
5.	Die Leitung der Frankfurter Filiale haben wir Frau Weber übertragen. Sie hat eine Nutzfläche von 280 m^2.	
6.	Ich weise Sie ausdrücklich darauf hin, dass unsere bisherigen Preislisten am 30. d. M. ihre Gültigkeit verlieren.	
7.	Wir unterbreiten Ihnen den Vorschlag, dass diese Entwürfe auch dem Außendienst übermittelt werden.	
8.	Natürlich können Sie die Unterlagen erforderlichenfalls auch einsehen.	
9.	Der Kunde hat bereits schon früher häufig reklamiert.	
10.	In Bezug auf Ihre Reklamation haben wir festgestellt, dass die Kritik berechtigt ist.	
11.	Anbei erhalten Sie unsere neuen Lieferungs- und Zahlungsbedingungen.	
12.	Aufgrund der Änderung der Öffnungszeiten ...	
13.	Sind Sie in der Lage zu bestellen?	
14.	Wann werden Sie unsere Bestellung in Auslieferung bringen?	
15.	Wir bestätigen dankend den Erhalt Ihres Schreibens.	
16.	Die Waren konnten von uns nicht abgeschickt werden.	
17.	Ihrer baldigen Antwort entgegensehend verbleiben wir ...	
18.	Sie werden Ihren Betrag zurückerstattet bekommen.	
19.	Leider haben wir ... übersehen und bitten um Entschuldigung.	

9.3 Tipps für den Briefanfang und den Briefschluss

Versuchen Sie die Einleitungs- und Schlusssätze in Dialogform zu gestalten. Einleitungssätze beginnen mit der Information und Schlusssätze dienen als Steuerungsinstrument für die Schlussinformation. Sie sollen nicht kompliziert, aber anspruchsvoll sein.

Briefanfang

Diese Einleitungssätze sollten Sie **vermeiden**:

☹ bezugnehmend auf Ihr o. g. Schreiben ...
☹ mit diesem Schreiben teilen wir Ihnen mit, dass ...
☹ in Beantwortung Ihres o. g. Schreibens ...
☹ wir bestätigen dankend den Eingang Ihres Schreibens ...
☹ anbei senden wir Ihnen ...
☹ beigefügt überreichen wir Ihnen ...
☹ mit Bezug auf Ihr Schreiben ...
☹ Sie wollen bitte Kenntnis nehmen, dass ...
☹ leider müssen wir Ihnen zu unserem Bedauern mitteilen, dass ...

Diese Formulierungen sind weder zeitgemäß noch kundenorientiert. Sie verschenken den guten Eindruck, den Sie zu Beginn des Briefs machen könnten und „schläfern" den Empfänger ein!

Vorschläge für **gelungene** Einleitungssätze:
- ☺ vielen Dank für Ihre Anfrage vom 10. Januar 20.. ...
- ☺ haben Sie vielen Dank für Ihren Brief vom ...
- ☺ Sie erhalten heute Informationsmaterial ...
- ☺ Sie hatten um schnelle Antwort gebeten – kein Problem!
- ☺ Sie haben Recht – die Rechnung war schon beglichen ...
- ☺ Versprochen ist versprochen ... Sie erhalten heute ...
- ☺ für Ihr Interesse an unseren Produkten bedanken wir uns und senden Ihnen ...

Briefschluss

Diese Schlusssätze sollten Sie **vermeiden**:
- ☹ In der Hoffnung, Ihnen mit diesen Ausführungen gedient zu haben ...
- ☹ Bedauerlicherweise können wir Ihnen keine andere Nachricht geben ...
- ☹ Hiermit bitten wir um Kenntnisnahme ...
- ☹ Für heute verbleiben wir ...
- ☹ Ihrer baldigen Antwort entgegensehend verbleiben wir ...
- ☹ Wir hoffen auf Ihr Verständnis und verbleiben ...
- ☹ Ihrem geschätzten Auftrag entgegensehend ...
- ☹ Wann dürfen wir mit einer Antwort von Ihnen rechnen?
- ☹ Wir bedauern, Ihnen keinen besseren Bescheid geben zu können ...

Diese Formulierungen sind veraltet und aussagelos! Würden Sie sich von solchen Floskeln angesprochen fühlen?

Vorschläge für **gelungene** Schlusssätze:
- ☺ Wünschen Sie noch weitere Informationen? Dann rufen Sie uns einfach an.
- ☺ Ich freue mich auf Ihren Anruf.
- ☺ Schon heute danken wir für Ihre Unterstützung.
- ☺ Falls Sie noch weitere Unterlagen benötigen, rufen Sie uns bitte an.
- ☺ Haben Ihnen diese Angaben weitergeholfen? Dann freuen wir uns.
- ☺ Sie haben noch Fragen? Rufen Sie uns an! Ihre Kundenberaterin, Frau Petra Schneider, berät Sie gerne.
- ☺ Haben wir Ihr Interesse geweckt?
- ☺ Sind Sie mit diesem Vorschlag einverstanden? Bitte rufen Sie uns an.

9.4 Die Anfrage

Die Anfrage **bahnt** zunächst die Geschäftsverbindung **an**. Sie soll den Lieferer auffordern ein Angebot abzugeben.

Die Anfrage ist **rechtlich unverbindlich**.

Man unterscheidet:
bestimmte Anfrage: Wenn ein Kunde konkrete Angaben über bestimmte Waren und Konditionen haben möchte, wie z. B. Preis, Lieferzeit, Qualität, Lieferungs- und Zahlungsbedingungen, handelt es sich um eine bestimmte Anfrage.

unbestimmte/allgemeine Anfrage: Möchte ein Kunde lediglich einen Katalog oder eine Preisliste zugeschickt bekommen oder bittet er um einen Vertreterbesuch, spricht man von einer allgemeinen Anfrage.

Eine Anfrage ist **formfrei**. Sie kann schriftlich, mündlich oder auch telefonisch erfolgen.

Aufbau und Inhalt einer allgemeinen Anfrage:
- Sie geben den Hinweis, wie Sie an die Anschrift gekommen sind.
- Sie nennen den Grund für Ihre Anfrage.
- Sie bitten um einen Katalog bzw. eine Preisliste.
- Sie verweisen auf eine etwaige längere Geschäftsverbindung.
- Sie geben Selbstauskunft und stellen Ihr Unternehmen kurz vor.
- Sie geben Referenzen (Empfehlungen) an.

Aufbau und Inhalt einer bestimmten Anfrage:
- Sie nennen den Grund für Ihre Anfrage.
- Sie geben so genau wie möglich den Gegenstand der Anfrage an, z. B. Sorte, Farbe, Menge, Qualität.
- Sie fragen nach Lieferungs- und Zahlungsbedingungen.
- Sie fragen nach Rabatten.
- Sie erfragen die Lieferzeit und nennen den gewünschten Liefertermin.

Schnellbausteine für eine Anfrage

Brieferöffnung:
- Auf der diesjährigen Messe in Berlin sind wir auf Sie aufmerksam geworden.
- Durch einen Geschäftsfreund haben wir Ihre Anschrift erfahren.
- In der Fachzeitschrift … haben wir Ihre Anzeige gelesen.
- Ihre Anzeige in der Fachzeitschrift … machte uns auf Sie aufmerksam.

- Wir sind ein bekanntes Familienunternehmen für Bürobedarf mit Sitz in Berlin.
- Unser Unternehmen aus Berlin vertreibt seit Jahren Artikel für Bürobedarf.

Briefkern:
- Wir möchten unser Sortiment erweitern und bitten um ein Angebot ...
- Wir beabsichtigen ein neues Produkt einzuführen ...
- Wir benötigen für unsere Produktion ...
- Aufgrund der großen Nachfrage unserer Kunden benötigen wir dringend ...
- Bitte unterbreiten Sie uns ein Angebot über ...
- Bitte senden Sie uns ein ausführliches Angebot mit Angabe der kürzesten Lieferfrist über ...

Briefschluss:
- Bitte senden Sie uns Ihren Katalog und Ihre Preisliste.
- Ich bitte um die Zusendung von Mustern.

- Wann können Sie liefern?
- Wie schnell können wir mit der Lieferung rechnen?
- Wie lauten Ihre Lieferungs- und Zahlungsbedingungen?
- Können wir mit Mengenrabatten rechnen?
- Bitte teilen Sie uns Ihre Verkaufsbedingungen mit.

- Wenn das Angebot unserer Vorstellung entspricht, werden wir Sie um einen Beratungstermin bitten.
- Wenn Ihr Angebot unseren Vorstellungen entspricht, werden wir Sie in die engere Wahl ziehen.
- Sie können sich über unser Unternehmen bei der Firma ... erkundigen.
- Für weitere Fragen steht Ihnen unser Mitarbeiter Herr Schmidt gerne zur Verfügung.
- Wir bitten um eine schnelle Antwort.
- Für eine schnelle Antwort sind wir dankbar.
- Bitte senden Sie uns umgehend ein Angebot.

Kompetenztraining:

In das Sortiment der Heinrich KG sollen demnächst für die Schreibtischlampe „Luna" verschiedene energiesparende Leuchtmittel aufgenommen werden. Herr Krämer beauftragt die Auszubildenden Moni Tor und Gill Bates bei den Lieferanten

Lampengroßhandel Müller OHG, Kanalstr. 66, 46117 Oberhausen
Lampenfabrik Lenz KG, Industriestr. 19, 90441 Nürnberg

entsprechende Angebote einzuholen. Die Lampengroßhandlung Müller OHG ist der Heinrich KG unbekannt. Von der Lenz KG wird sie schon seit längerer Zeit beliefert.

Verfassen Sie für die beiden Auszubildenden je eine Anfrage an die beiden Lieferanten nach DIN 5008.

9.5 Das Angebot

Das Angebot ist eine **Willenserklärung des Verkäufers**. Er erklärt sich bereit, bestimmte Waren oder Dienstleistungen zu bestimmten Bedingungen zu liefern. Das Angebot zielt auf eine Bestellung des Empfängers.

Das Angebot kann, z. B. aufgrund einer Anfrage, **verlangt** sein oder, z. B. als Werbebrief, **unverlangt** sein.

Das Angebot ist **rechtlich verbindlich**, wenn es an eine bestimmte Person gerichtet ist. **Unverbindlich** ist ein Angebot, wenn es an die Allgemeinheit gerichtet ist oder Freizeichnungsklauseln enthält.

Ein Angebot enthält **Informationen** über Art, Güte, Beschaffenheit, Menge, Preis, Lieferungs- und Zahlungsbedingungen, Erfüllungsort, Gerichtsstand und Gewährleistungen.

Das Angebot kann **schriftlich** aber auch **mündlich** bzw. fernmündlich erfolgen.

Aufbau und Inhalt eines Angebots:

- Sie beziehen sich bei einem verlangten Angebot auf die Anfrage.
- Bei einem unverlangten Angebot wecken Sie Interesse und verweisen auf einen günstigen Einkauf.
- Sie beschreiben sehr genau die Art der Ware.
- Sie nennen und beschreiben die Angebotsbedingungen, wie z. B. Menge, Preis, Versand- und Verpackungskosten, Zahlungsbedingungen, Erfüllungsort und Gerichtsstand etc.
- Sie erwähnen die Anlagen.
- Sie weisen auf Besonderheiten oder Zusatzangebote hin.
- Sie bitten um den Auftrag/die Bestellung und bedanken sich dafür.
- Sie sichern die sorgfältige Ausführung der Bestellung zu.

Schnellbausteine für ein Angebot

Brieferöffnung:

- Wir freuen uns, dass Sie mit uns in Geschäftsverbindung treten wollen.
- Gerne unterbreiten wir Ihnen ein Angebot.
- Wir freuen uns über Ihr Interesse an unserem Sortiment.
- Wir bedanken uns für Ihre Anfrage und können Ihnen folgendes Produkt anbieten.
- Vielen Dank für Ihre Anfrage. Sie erhalten von uns das gewünschte Angebot.
- Wunschgemäß senden wir Ihnen ein unverbindliches Angebot über: ...
- Wir bieten Ihnen freibleibend an ...

Briefkern:

- Als Anlage senden wir Ihnen unseren Katalog mit der Preisliste.
- Wir schicken Ihnen unsere Preisliste, damit Sie sich von der Reichhaltigkeit unseres Angebots überzeugen können.

- Sie erhalten die Ware per Lkw frei Haus.
- Unsere Preise gelten ab Werk.
- Wir liefern innerhalb von 10 Tagen nach Eingang der Bestellung.
- Verpackung und Fracht sind im Preis enthalten.
- Versandkosten werden nicht in Rechnung gestellt.
- Das Angebot ist unverbindlich.
- Auf den obigen Preis gewähren wir Ihnen 10 % Rabatt.
- Unser Angebot ist gültig bis zum ...
- Die Zahlung hat innerhalb von 14 Tagen zu erfolgen. Bei vorzeitiger Zahlung innerhalb von 7 Tagen räumen wir Ihnen 3 % Skonto ein.
- Wir gewähren Ihnen ein Zahlungsziel von 21 Tagen oder 2 % Skonto bei Zahlung innerhalb von 10 Tagen.

- Aus einem besonders günstigen Einkauf kann ich Ihnen den folgenden Artikel sehr vorteilhaft anbieten: ...
- Sehr empfehlen kann ich Ihnen den folgenden Artikel: ...
- Besonders hinweisen dürfen wir Sie auf unser Aktionsangebot: ...
- Für unser Aktionsangebot gelten dieselben Lieferungs- und Zahlungsbedingungen wie für unsere anderen Produkte. Das Aktionsangebot ist befristet bis zum ...

Briefschluss:

- Wir freuen uns auf Ihren Auftrag.
- Wir versprechen Ihnen, dass wir Ihren Auftrag sicher und zügig abwickeln.
- Ihren Auftrag werden wir sorgfältig erledigen.
- Für weitere Fragen steht Ihnen unsere Mitarbeiterin Frau Berninger zur Verfügung.
- Ich freue mich darauf, bald eine Bestellung von Ihnen zu erhalten.
- Bitte erteilen Sie uns den Auftrag.
- Wir freuen uns, bald von Ihnen zu hören.
- Wir hoffen, Ihnen ein attraktives Angebot unterbreitet zu haben, und bitten um Ihren Auftrag.
- Wir empfehlen Ihnen sehr bald zu bestellen, da wir nur noch wenige Mengen auf Lager haben.
- Überzeugen Sie sich selber von unserer Leistungsfähigkeit.

Kompetenztraining:

Der Büroausstatter Winter OHG möchte von der Heinrich KG ein Angebot über 20 Aktenvernichter „Intimus“ unterbreitet bekommen. Die Inhaberin Frau Lisa Winter ist eine langjährige Kundin der Heinrich KG.

Das Unternehmen von Frau Winter ist in 80637 München, Unter den Linden 8, ansässig.

Da sich Herr Bremer auf einer Fortbildung befindet, reicht er diese Aufgabe an Gill Bates weiter.

Verfassen Sie für Gill Bates das Angebot nach DIN 5008.

9.6 Die Bestellung

Die Bestellung bezieht sich entweder auf ein Angebot oder eine frühere Bestellung. Es ist eine empfangsbedürftige **Willenserklärung des Käufers**, eine Ware oder Dienstleistung zu angegebenen Bedingungen zu kaufen.

Die Bestellung erfolgt, wenn man ein Angebot erhalten hat und dessen **Bedingungen akzeptiert**.

Wird die Bestellung erteilt, haben beide Vertragsparteien einen **Kaufvertrag** abgeschlossen. Dieser Vertrag kann nicht einseitig gelöst werden.

Die Bestellung sollte noch einmal **kurz alle Bedingungen wiederholen**, die der Geschäftspartner in seinem Angebot angegeben hat. Gab es nur ein unverbindliches Angebot, muss detailliert aufgelistet werden, was man bestellt. Dazu gehören Art, Güte und Beschaffenheit der Ware, Menge, Preis, Verpackung, Rabatt, Skonto, Lieferungs- und Zahlungsbedingungen, Lieferzeit, Zahlungsart, Erfüllungsort, Gerichtsstand etc.

Die Bestellung kann schriftlich, mündlich oder fernmündlich erfolgen. Sie ist aber an **keine gesetzliche Form** und **keinen gesetzlichen Inhalt** gebunden. Um Irrtümer zu vermeiden, sollte eine Bestellung jedoch schriftlich erfolgen.

Aufbau und Inhalt einer Bestellung:

- Sie bedanken sich für das Angebot.
- Sie bedanken sich für den Katalog bzw. die Preisliste.
- Sie bestellen das Produkt.
- Sie beschreiben genau die Art, Güte, Menge und den Preis der Ware, indem Sie Farbe, Bestellnummer, Bezeichnung, Größe, Gewicht, Verpackungseinheit etc. angeben.
- Sie legen die Lieferzeit und die Art des Versands fest.
- Sie geben die vereinbarten Zahlungsbestimmungen an.
- Sie erwähnen Sondervereinbarungen, wie z. B. Umtauschrecht, Verpackung, Rücksendungsrecht.
- Sie verlangen ggf. eine Auftragsbestätigung.

Schnellbausteine für eine Bestellung

Brieferöffnung:

- Wir bedanken uns für Ihr Angebot und bestellen ...
- Vielen Dank für Ihr Angebot, das uns gut gefällt. Wir sind mit den Preisen einverstanden und bestellen ...
- Danke für Ihr ausführliches Angebot. Es entspricht unseren Vorstellungen. Wir nehmen das Angebot an und beauftragen Sie mit ...

- Aufgrund Ihrer Preisliste bestellen wir ...
- Wir haben Ihre Muster erhalten und bestellen ...
- Ihre Anzeige in der Zeitung hat uns überzeugt. Deshalb bestellen wir ...

Briefkern:

- 15 Karton Briefpapier A2, beige, zum Preis von ...
- 100 Kugelschreiber „Tukan", Best.-Nr. 123, schwarz, zum Preis von 0,49 €/Stück

- Wir sind mit den Konditionen einverstanden.
- Bitte gewähren Sie uns 3 Monate Zahlungsziel.
- Liefern Sie bitte innerhalb von 4 Wochen frei Haus.
- Ihre Lieferung muss spätestens bis zum ... eintreffen, sonst verweigern wir die Annahme.
- Wir holen die Ware am ... mit unserem Lkw ab.
- Sobald wir die Lieferung erhalten haben, werden wir den Rechnungsbetrag abzüglich 2 % Skonto überweisen.

- Sollte uns die Qualität nicht zusagen, senden wir die Ware innerhalb von 14 Tagen zurück.
- Ein Umtausch ist innerhalb von 8 Tagen möglich.
- Bitte sorgen Sie für eine ordnungsgemäße und neutrale Verpackung.

Briefschluss:
- Wir freuen uns auf eine gute Zusammenarbeit.
- Bitte schicken Sie uns eine schriftliche Auftragsbestätigung.
- Bitte schicken Sie uns eine Auftrags- und Lieferzeitbestätigung.

Kompetenztraining:

Moni Tor hat auf ihre Anfrage nach Energiesparleuchten zwei Angebote bekommen und diese zusammen mit Gill Bates miteinander verglichen. Beide kommen zu dem Schluss, dass die Lampengroßhandlung Müller OHG aus Oberhausen beim quantitativen Preisvergleich die günstigsten Konditionen bietet. Auch beim qualitativen Vergleich schneidet die Müller OHG am Besten ab. Deshalb entschließen sich beide Auszubildende die Energiesparleuchten bei der Müller OHG zu bestellen.

Formulieren Sie für die beiden Auszubildenden eine Bestellung nach DIN 5008.

9.7 Die Auftragsbestätigung

Die Auftragsbestätigung ist **rechtlich nicht erforderlich**, wenn die Bestellung sofort ausgeführt wird und nicht vom Angebot abweicht.

Eine Auftragsbestätigung ist **rechtlich erforderlich**, wenn kein festes Angebot vorliegt oder wenn das Angebot unverbindlich gewesen ist. Dann muss die Bestellung angenommen werden, damit ein gültiger Kaufvertrag entsteht.

Üblich ist eine Auftragsbestätigung bei **mündlichen oder fernmündlichen Gesprächen**, bei neuen Kunden, bei größeren Bestellungen oder auf ausdrücklichen Wunsch des Kunden.

Auftragsbestätigungen werden geschrieben, um getroffene **Vereinbarungen zu bestätigen** und Missverständnisse auszuschließen.

In der Auftragsbestätigung wird **endgültig und verbindlich** festgelegt, was und zu welchen Konditionen ver- oder gekauft wird.

Die Auftragsbestätigung kann **schriftlich** durch einen Brief, ein Telefax oder eine E-Mail erfolgen.

Aufbau und Inhalt einer Auftragsbestätigung:
- Bedanken Sie sich für die Bestellung.
- Bei neuen Kunden freuen Sie sich über die neue Geschäftsverbindung.
- Sie wiederholen die Bestellung und die Bedingungen.
- Sie bezeichnen die bestellte Ware so genau wie möglich. Sie nennen Name, Artikelnummer, Preis, Menge, Größe etc.
- Irrtümer bzw. Abweichungen vom Angebot werden berichtigt.
- Sie nennen den Versandtermin und das Transportmittel.
- Sie sagen eine gewissenhafte und pünktliche Lieferung zu.
- Sie erhoffen sich eine lange Zusammenarbeit und weitere Bestellungen.

Schnellbausteine für eine Auftragsbestätigung

Brieferöffnung:

- Wir danken Ihnen für Ihre Bestellung.
- Ich danke Ihnen für Ihren Auftrag.
- Über Ihre Bestellung haben wir uns sehr gefreut und bedanken uns für Ihren Auftrag. In den nächsten Tagen liefern wir ...
- Wir freuen uns, dass Ihnen unser Angebot gefallen hat und bestätigen Ihre Bestellung.
- Wie gewünscht bestätigen wir Ihre Bestellung vom ...

- Seit Jahren sind wir ein führendes Unternehmen für Büroartikel.
- Unsere Stammkunden loben unsere günstigen Preise und unsere Zuverlässigkeit.
- Wir freuen uns, Sie zu unseren neuen Kunden zu zählen.

Briefkern:

- Art. Nr. 8846, Bezeichnung Schreibtischstuhl „Impulse", 10 Stück, Farbe Schwarz, Preis 99,95 €/Stück.

- Diese Preise verstehen sich zzgl. der gesetzlichen Umsatzsteuer.
- Die Preise gelten ab Fabrik.
- Bei Bezahlung innerhalb von 14 Tagen nach Rechnungserteilung erhalten Sie 3 % Skonto.
- Die Lieferung erfolgt am 15. Juni 20.. frei Haus.
- Wir liefern Mitte Mai.
- Wir bemühen uns Ihre Bestellung möglichst bald auszuführen.

- Wir müssen Sie leider berichtigen: ...
- Beachten Sie bitte, dass wir keine Mengenrabatte gewähren können.
- Leider haben wir zurzeit nur 10 Stück auf Lager. Teilen Sie uns bitte mit ...

Briefschluss:

- Vielen Dank für Ihr Vertrauen.
- Wir versichern Ihnen, dass wir Ihren Auftrag sorgfältig und gewissenhaft ausführen.
- Wir erhoffen uns auch in Zukunft eine gute Zusammenarbeit.
- Schon heute freuen wir uns auf Ihren nächsten Auftrag.
- Wir hoffen auf eine lange Zusammenarbeit und weitere Bestellungen.

Kompetenztraining:

Kaum haben Moni Tor und Gill Bates die Bestellung an die Müller OHG verfasst, kommt schon das nächste Problem auf die beiden Auszubildenden zu. Frau Lisa Winter vom Büroausstatter Winter OHG hat das Angebot über die 20 Aktenvernichter „Intimus" angenommen und verlangt nun eine Auftragsbestätigung.
„Was ist denn eine Auftragsbestätigung?" fragt Moni.
„Das ist die Annahme der Bestellung." antwortet Gill, „Das kriegen wir schon hin, mal keine Panik."

Verfassen Sie für die beiden Auszubildenden eine Auftragsbestätigung nach DIN 5008.

9.8 Die Rechnung

Eine Rechnung ist die **übersichtlich gegliederte Mitteilung** vom Verkäufer an den Käufer über eine Forderung. Sie bestätigt den ordnungsgemäßen Ablauf eines Kaufvertrags.

Alle Angaben auf der Rechnung **wiederholen** die Vertragsbedingungen.

Ist die Ware dem Kunden ordnungsgemäß geliefert worden und hat der Käufer sie ohne Beanstandung angenommen, ist der **Auftrag ordnungsgemäß ausgeführt worden**. Erst dann kann dem Kunden die Rechnung zugesandt werden. Bis zur vollständigen Bezahlung bleibt die Ware Eigentum des Verkäufers.

In der Rechnung werden Menge, Art der Ware, genaue Bezeichnung der Ware, Verpackungsart, Versandart, Bruttopreis, Nettopreis sowie die gesetzliche Mehrwertsteuer aufgeführt. Die **Rechnung enthält** die Zahlungsbedingungen, Fristen für Beanstandungen, Verpackungs- und Beförderungskosten, Eigentumsvorbehalt, Erfüllungsort und Gerichtsstand.

Häufig werden Rechnungen auf einem **Vordruck** ausgefüllt. Dieser Vordruck ist nach DIN 4991 genormt.

Aufbau und Inhalt einer Rechnung:

- Sie nennen den Tag der Bestellung.
- Sie nennen die Nummer der Bestellung.
- Sie nennen den Liefertag und den Zeitpunkt des Versands.
- Sie nennen den Versandweg bzw. die Versendungsart.
- Sie geben eine genaue Bezeichnung der Ware und der Warenmenge an.
- Sie geben Hinweise auf die Zahlung.
- Sie verweisen auf besondere Angaben, wie z. B. Teillieferung, Bestellungsabweichungen etc.
- Sie empfehlen weitere Geschäftsabschlüsse bei Ihrem Unternehmen.

Schnellbausteine für eine Rechnung

Brieferöffnung:

- Wir haben Ihre Bestellung vom ... ausgeführt.
- Wir fügen unserem Schreiben die Rechnung über ... bei.
- Ihre Bestellung vom ...

Briefkern:

- Rechnungsnummer/Lieferscheinnummer
- Tag und Nummer der Bestellung
- Zeitpunkt des Versands und Versandart
- Produkt, Artikelnummer, Menge
- Stückpreis und Gesamtpreis
- Nettorechnungsbetrag sowie die Umsatzsteuer
- Rechnungsbetrag/Gesamtbetrag
- Zahlungsziel

Briefschluss:

- Bitte überweisen Sie den Rechnungsbetrag auf unser Konto ...
- Wir freuen uns auf weitere Aufträge.

Kompetenztraining:

Am 3. April soll die Lieferung der Aktenvernichter „Intimus" für die Winter OHG erfolgen. Gill Bates soll nun die Rechnung erstellen. Die Mitarbeiter der Heinrich KG wissen, dass sie sich auf die beiden Auszubildenden verlassen können.

Deshalb wird Gill von Frau Sommer aus dem Rechnungswesen beauftragt, die Rechnung zu erstellen. Moni möchte ihm helfen.

Schreiben Sie die Rechnung über die Aktenvernichter nach DIN 5008.

10 Schnellbausteine und AutoText

Ein Schnellbaustein (auch „Textbaustein" genannt) eignet sich für häufig wiederkehrende Formulierungen im Schriftverkehr. Vor allem, wenn Sie öfter dieselben Textpassagen (z. B. Anschriften, Briefabschlüsse, Standardklauseln bei Verträgen, ein bestimmtes Layout, ein Firmenlogo) verwenden möchten, ist die Schnellbaustein-Funktion vorteilhaft und zeitsparend. Sie vermeiden dadurch, dass Sie den Text immer wieder neu schreiben müssen.

Standard-Schnellbaustein-Eintrag einfügen

MS Word stellt mehrere bereits definierte Schnellbaustein-Einträge zur Verfügung, die Sie bei Bedarf mithilfe von Tastenkombinationen oder aus dem **Organizer für Bausteine** schnell an die aktuelle Cursorposition in Ihr Dokument einfügen können.

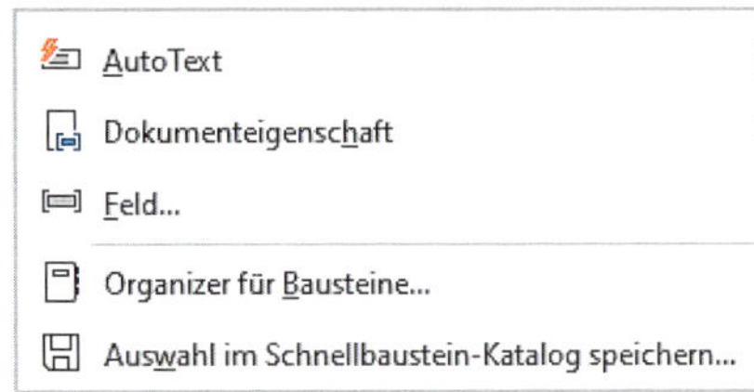

Aktivieren Sie die Registerkarte **Einfügen/Gruppe Text/Auswahlpfeil Schnellbausteine/Organizer für Bausteine**.

Hier steht ein Katalog mit Schnellbausteinen für Deckblätter, Formeln, Fuß- und Kopfzeilen, Wasserzeichen usw. zur Verfügung.

Suchen Sie den Eintrag durch Anklicken mit der Maus aus und bestätigen Sie mit „Einfügen".
Der gewählte Schnellbaustein erscheint im Dokument an der Cursorposition.

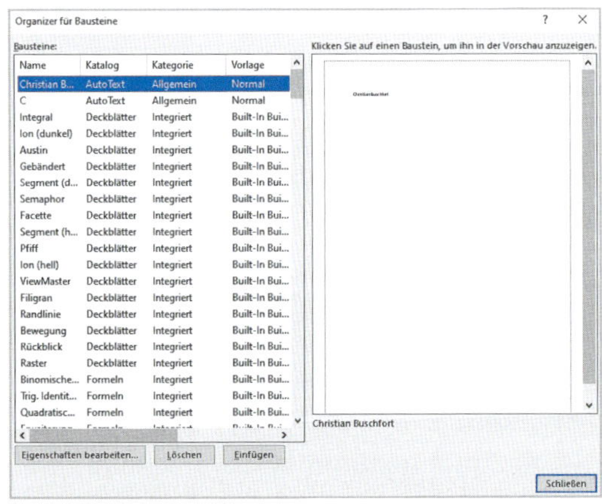

> Sie können aber auch einige bzw. alle Built-In Building Blocks löschen, damit Sie für Ihr eigenes Handbuch einen besseren Überblick erhalten.

Alternativ können Sie die Schnellbausteine über die Tastatur einfügen. Setzen Sie dafür den Cursor an die Stelle im Text, an der der Schnellbaustein eingefügt werden soll. Geben Sie den Bausteinnamen ein und drücken Sie die Taste F3. Der Baustein erscheint in Ihrem Dokument.

Schnellbaustein-Eintrag erstellen und speichern

Wenn Sie eigene Schnellbaustein-Einträge erstellen möchten, müssen diese zunächst erfasst und nach Sachgebieten geordnet gespeichert werden, damit Sie sie später beliebig oft abrufen können.

Markieren Sie den Text, der als Schnellbaustein erzeugt werden soll. Wählen Sie in der Registerkarte **Einfügen/Gruppe Text/Schnellbausteine/Auswahl im Schnellbaustein-Katalog speichern**.

Schneller definieren Sie markierten Text als Schnellbaustein, indem Sie den Text markieren und die Tastenkombination Alt + F3 drücken.

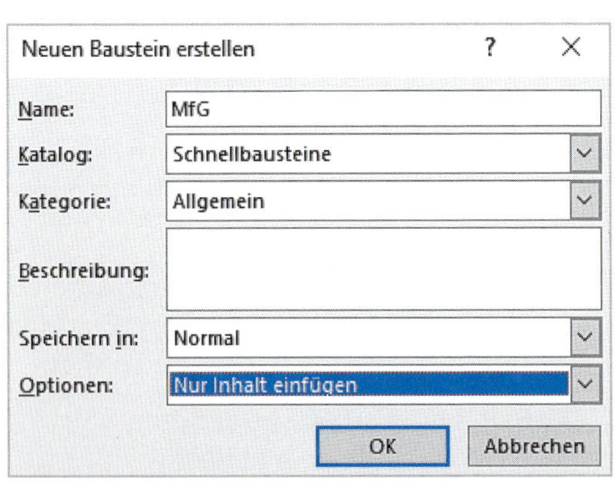

Es öffnet sich das Fenster **Neuen Baustein erstellen**.
Im Feld **Name** schlägt MS Word einen Namen vor, den Sie jedoch mit einem eigenen einprägsamen Kürzel überschreiben sollten.

Gleichfalls können Sie einen eigenen **Katalog** und eine **Kategorie** anlegen. Sie können auch eine **Beschreibung** des Bausteins hinzufügen. So behalten Sie bei einer größeren Anzahl von Schnellbausteinen den Überblick.

Dann legen Sie den Speicherort des Eintrags fest, z. B. Normal oder eine andere Vorlage. Mit OK beenden Sie die Definition.

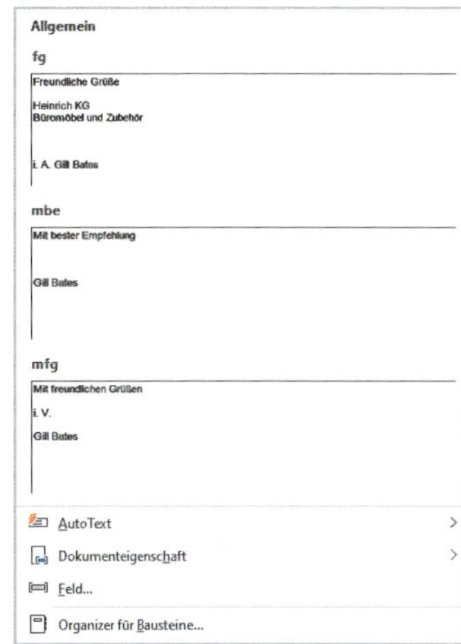

Nun ist der Schnellbaustein-Eintrag erstellt und kann jederzeit bei Bedarf, wie oben beschrieben, aus dem **Organizer** abgerufen werden. Wird keine spezielle Vorlage bestimmt, speichert MS Word die Einträge in der Vorlage „Building Blocks". Um die eigenen Bausteine schneller wiederzufinden, empfiehlt es sich, bei Speichern in: „Normal" auszuwählen, damit man beim Einfügen der Bausteine den Überblick behält.

Übungsaufgaben:

1. Schreiben Sie den ersten Briefabschluss normgerecht und erstellen Sie einen Schnellbaustein-Eintrag.
2. Verfahren Sie ebenso mit den anderen drei Briefabschlüssen.

Briefabschluss	Name	Kategorie	Speichern in
Freundliche Grüße Heinrich KG Büromöbel und Zubehör i. A. Manuela Sommerland	fg	Briefabschlüsse	Normal
Mit bester Empfehlung Sonja Sommer	mbe	Briefabschlüsse	Normal
Mit freundlichen Grüßen i. V. Gill Bates	mfg	Briefabschlüsse	Normal
Mit freundlichen Grüßen Heinrich KG Büromöbel und Zubehör i. A. Moni Tor Anlage 1 Preisliste	mfg1	Briefabschlüsse	Normal

Schnellbaustein-Eintrag ändern

Sie können einen Schnellbaustein-Eintrag auch umbenennen oder seinen Inhalt ändern.

Öffnen Sie die Registerkarte **Einfügen/Gruppe Text/Schnellbausteine/Organizer für Bausteine/Eigenschaften bearbeiten** und markieren den zu ändernden Baustein. Wählen Sie **Eigenschaften bearbeiten.** Es öffnet sich das Fenster **Baustein ändern**. Nehmen Sie die Änderung vor. Es erscheint ein Dialogfenster, das Sie fragt, ob Sie den Eintrag neu definieren möchten.

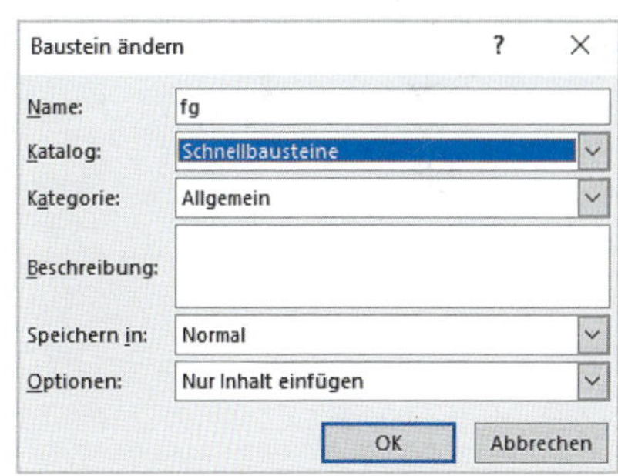

Bestätigen Sie mit OK und mit „Ja", um den alten Text zu überschreiben. Wählen Sie anschließend die Schaltfläche „Schließen".

Schnellbaustein-Eintrag löschen

Schnellbausteine, die Sie nicht mehr benötigen, können Sie löschen.

Aktivieren Sie die Registerkarte **Einfügen/Gruppe Text/Schnellbausteine/Organizer für Bausteine.** Markieren Sie den Namen des Schnellbausteins, den Sie löschen möchten. Entfernen Sie den Baustein mit der Schaltfläche „Löschen". Es erscheint ein Fenster mit der Frage: **„Möchten Sie den ausgewählten Baustein wirklich löschen?"** Bei **„Ja"** wird der Baustein aus dem Verzeichnis gelöscht. Wählen Sie anschließend die Schaltfläche „Schließen".

Übungsaufgaben:

1. Ändern Sie den 2. Briefschluss aus Übung 1. Fügen Sie die Firmenwiederholung und die Branche hinzu.
2. Löschen Sie den 3. Briefschluss, da Bill Gates keine Briefe mehr unterzeichnet.

In der Regel wird für die Verwendung der Schnellbausteine ein Briefvordruck benutzt, der als Dokumentvorlage angelegt wird.

AutoText

AutoTexte sind individuelle Textpassagen, die häufig gebraucht werden und sich selten ändern. Sie lassen sich einfach in ein Dokument einfügen und können dann schnell benutzt werden. Der AutoText bietet sich z. B. für den Briefschluss an, damit dieser nicht ständig neu eingeben werden muss.

Um einen Autotext anzulegen, erstellen Sie zunächst die gewünschte Textpassage. Diese markieren Sie und gehen auf die Registerkarte **Einfügen/Gruppe Text/Auswahlpfeil Schnellbausteine/AutoText/Auswahl in AutoText-Katalog speichern**. Wählen Sie in dem Fenster einen kurzen, aussagekräftigen Namen, den Katalog AutoText, eine Kategorie, ggf. eine Beschreibung und entscheiden Sie, wo Sie den Baustein speichern möchten. Bestätigen Sie mit OK. Zur Überprüfung gehen Sie nochmals auf die oben beschriebene Schaltfläche AutoText. Ihr erstellter Text wird angezeigt. Möchten Sie ihn einfügen, müssen Sie ihn lediglich anklicken.

Um den Text zu ändern, erstellen Sie ihn erneut und speichern ihn unter dem „alten" Namen ab.

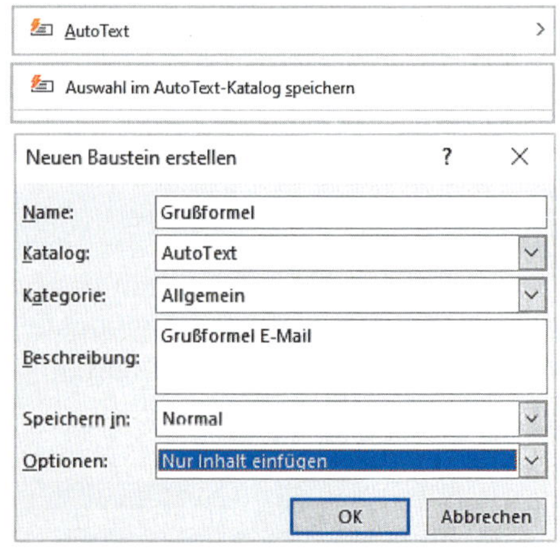

Möchten Sie den AutoText löschen, klicken Sie unter der **Registerkarte Einfügen/Gruppe Text/Auswahlpfeil Schnellbausteine/Organizer für Bausteine** und suchen Sie unter „Name" im Katalog AutoText den betreffenden AutoText-Baustein. Bestätigen Sie Ihre Auswahl mit „Löschen".

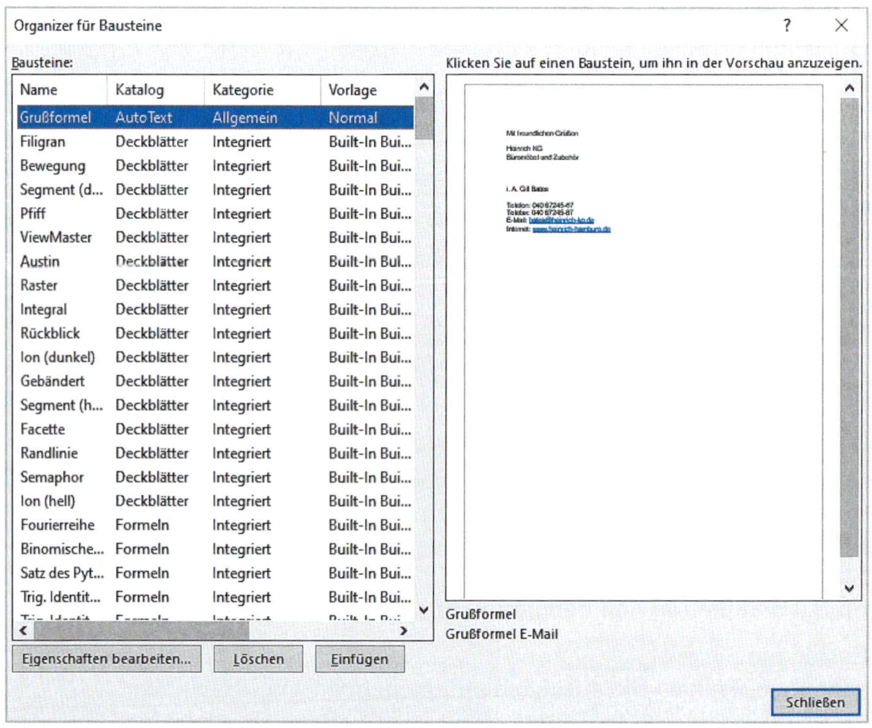

Übungsaufgabe:

Erfassen Sie den folgenden Briefabschluss und erstellen Sie den AutoText-Eintrag.

Mit freundlichen Grüßen

Heinrich KG
Büromöbel und Zubehör

i. A. Gill Bates

Telefon: 040 67245-67
Telefax: 040 67245-87
E-Mail: bates@heinrich-kg.de
Internet: www.heinrich-hamburg.de

Übungsaufgaben:

1. Erfassen Sie die folgenden Schnellbaustein-Einträge.
2. Speichern Sie diese unter
   Name: siehe folgende Tabelle — Kategorie: Anfrage
   Beschreibung: siehe folgende Tabelle — Speichern in: Normal

Schnellbausteine	Name	Beschreibung
Anfrage	anfr10	
Anfrage nach Büro-Drehstühlen	anfr11	Betreff
Bitte um ein Angebot über ...	anfr12	
Sehr geehrte Damen und Herren,	anfr13	Anrede
Sehr geehrte ...,	anfr14	variable Anrede
durch eine Anzeige in der Zeitschrift „Das moderne Büro" sind wir auf Ihr Unternehmen aufmerksam geworden.	anfr15	Anschrift aus Zeitschrift
Ein Kollege hat mir Ihr Unternehmen empfohlen.	anfr16	Empfehlung Kollege
Unser bisheriger Lieferant hat die Produktion eingestellt.	anfr17	
Daher bitten wir um ein Angebot.	anfr18	
Wir bitten Sie um ein Angebot folgender Erzeugnisse: ...	anfr19	Bitte um ein Angebot
Wir möchten unser Sortiment ergänzen, darum bitten wir um ein günstiges Angebot von ...	anfr20	
Bitte übersenden Sie uns Ihre neueste Preisliste. Fügen Sie auch einige Prospekte bei.	anfr21	Bitte um Preisliste
Senden Sie uns bitte Ihren Katalog sowie eine aktuelle Preisliste.	anfr22	
Wir bitten um ein Angebot mit Angabe der Preise sowie der Lieferungs- und Zahlungsbedingungen.	anfr23	
Senden Sie uns bitte ein ausführliches Angebot über Büro-Drehstühle mit Katalog und Preisliste zu.	anfr24	Lieferungs- und Zahlungsbedingungen
Ihr Angebot sollte außerdem ausführliche Informationen über Lieferungs- und Zahlungsbedingungen enthalten.	anfr25	
Wir benötigen die Drehstühle dringend, da unser bisheriger Lieferant die Produktion eingestellt hat.	anfr26	dringend
Gewünschter Liefertermin ist der 16. Juni 20..	anfr27	
Können Sie innerhalb von 6 Wochen liefern?	anfr28	Liefertermin
Teilen Sie uns mit, ob Sie bis zum ... liefern können.	anfr29	
Wie viel Rabatt gewähren Sie, wenn wir sofort bezahlen?	anfr30	Rabatt gewähren
Wir freuen uns auf Ihr Angebot und bitten Sie auch um einige Informationen zu Ihrem Unternehmen.	anfr31	Auskunft über Unternehmen
Wenn Ihr Angebot wunschgemäß ausfällt, können Sie mit einer größeren Bestellung rechnen.	anfr32	größere Bestellung
Gern sind wir bereit, Ihren Vertreter bei uns zu empfangen.	anfr33	Vertreterbesuch
Sollten Sie noch Fragen haben, stehe ich Ihnen unter der Tel.-Nr. 040 67245-67 gerne zur Verfügung.	anfr34	Fragen zum Angebot
Für Ihre Mühe danken wir Ihnen bereits heute.	anfr35	Dank für Mühe

Mit freundlichen Grüßen Heinrich KG Büromöbel und Zubehör i. V. Gill Bates	anfr36	Gruß
Freundliche Grüße Heinrich KG Büromöbel und Zubehör Julia Schulze	anfr37	

Übungsaufgaben:

1. Fertigen Sie mit den gespeicherten Schnellbausteinen einen Geschäftsbrief für die Anfrage an.
2. Führen Sie den folgenden Schreibauftrag aus, indem Sie die gespeicherten Schnellbausteine aus dem Organizer einfügen.

Anschrift:	*Informationsblock:*
   Büromöbelfabrik Seifert & Korn Postfach 23 57 44148 Dortmund	Ihr Zeichen: Ihre Nachricht vom: Unser Zeichen: sch-bat Unsere Nachricht vom: Name: Gill Bates Telefon: 040 67245-67 Telefax: 040 67245-87 E-Mail: info@heinrich-kg.de Datum: (heute)
Dateiname: anfr12 anfr13 anfr15, anfr17 anfr24, anfr25 anfr29 anfr34, anfr35 anfr37	***Angabe der Variablen:*** Büro-Drehstühle 30. August 20..

Kompetenztraining:

Der Abteilungsleiter der Einkaufsabteilung, Herr Bast, beauftragt seinen Auszubildenden Gill Bates eine Anfrage an die Firma TOP-Bürodesign Helmut Hartmann, Hanauer Landstraße 334, 60314 Frankfurt zu schreiben. Dazu soll er Schnellbausteine und AutoText verwenden. Außerdem soll er einen Katalog und eine Preisliste anfordern. Fertigen Sie für Gill Bates eine Anfrage an.

Übungsaufgaben:

1. Erfassen Sie die folgenden Schnellbaustein-Einträge.
2. Speichern Sie diese unter
   Name: siehe folgende Tabelle
   Kategorie: Angebot
   Beschreibung: siehe folgende Tabelle
   Speichern in: Normal
3. Fertigen Sie mit den gespeicherten Schnellbausteinen einen Geschäftsbrief für das Angebot an.

Schnellbausteine	Name	Beschreibung
Angebot über Büro-Drehstühle	ang40	Betreff
Angebot **Ihre Anfrage vom**	ang41	
Sehr geehrte Damen und Herren,	ang42	Anrede
Sehr geehrter Herr ...,	ang43	variable Anrede
vielen Dank für Ihre Anfrage nach Büro-Drehstühlen.	ang44	
Vielen Dank für Ihre Anfrage. Ihr Interesse gilt unseren Büro-Drehstühlen.	ang45	Dank für Anfrage
Wir freuen uns, dass Sie sich für unsere Produkte entschieden haben.	ang46	
Der beiliegende Katalog mit Preisliste zeigt Ihnen, wie vielseitig unser Angebot ist.	ang47	Katalog und Preisliste
Den gewünschten Katalog und unsere aktuelle Preisliste fügen wir diesem Angebot bei.	ang48	
Wir bieten ausschließlich Luxusmodelle zu günstigen Preisen an.	ang49	
Wir bieten Ihnen als Sonderangebot unser Modell „Werner", schwarz zum Sensationspreis von 220,00 € netto an.	ang50	Modelle und Preise
Wir bieten Ihnen zu unseren Verkaufs- und Lieferbedingungen an: Modell „Rita", anthrazit zum Preis von 399,00 € netto Modell „Gisela", hellbraun zum Preis von 290,00 € netto	ang51	
Weitere geeignete Büro-Drehstühle finden Sie in unserem Katalog ab Seite 36.	ang52	
Schauen Sie sich unseren umfangreichen Katalog genau an. Hierin finden Sie weitere verschiedene Preisklassen und eine genaue Übersicht der Ausstattung.	ang53	
Unsere Preise verstehen sich ab Werk einschließlich Verpackung und Umsatzsteuer.	ang54	Preise und Zahlung
Bei Zahlung innerhalb 14 Tagen nach Rechnungserstellung gewähren wir Ihnen 3 % Skonto. Danach ist bis zum Zahlungsziel von 30 Tagen ohne Abzug zu zahlen.	ang55	
Wenn Ihre Bestellung bis zum ... bei uns eingeht, können wir bis zu Ihrem gewünschten Termin ausliefern.	ang56	Lieferungsbedingungen
Beachten Sie, dass Sie unbedingt schnell bestellen, da das Angebot nur gilt, solange der Vorrat reicht.	ang57	Schnelle Bestellung
Wir freuen uns auf Ihren Auftrag.	ang58	erwarten Auftrag
Sie werden in uns einen zuverlässigen Partner finden.	ang59	zuverlässiger Partner
Bei Abnahme von größeren Stückzahlen räumen wir Ihnen zusätzlich einen Mengenrabatt von 15 % ein.	ang60	Mengenrabatt
Wir hoffen, dass Ihnen unser Angebot zusagt und erwarten Ihren Auftrag.	ang61	hoffen, dass Angebot zusagt

Mit bester Empfehlung TOP-Bürodesign Helmut Hartmann i. A. ...	ang62	Gruß
Anlagen 1 Katalog 1 Preisliste	ang63	Anlagen
2 Anlagen	ang64	

Kompetenztraining:

Sie sind Sachbearbeiter(in) der Büromöbelfabrik Seifert & Korn und beantworten die Anfrage der Heinrich KG, indem Sie ihr das Sonderangebot „Werner“ unterbreiten. Erstellen Sie ein Angebot mit den gespeicherten Schnellbausteinen und AutoTexten.

Kompetenzen und Lernziele

Die Schülerinnen und Schüler besitzen die Kompetenz, Fragebogen zu entwickeln, zu gestalten und anzupassen. Dazu nutzen sie die Formulargestaltung des Textverarbeitungsprogramms und können Fragebogen mit unterschiedlichen Eigenschaften versehen.

Eine wesentliche Kompetenz ist die normgerechte Gestaltung von Serienbriefen. Die Schülerinnen und Schüler entwerfen ein Hauptdokument, verknüpfen es mit einer Datenquelle und fügen die Seriendruckfelder ein. Für diese Aufgaben können sie die grafischen Funktionen zur Text- und Bildbearbeitung nutzen.

11 Arbeiten mit Vorlagen

11.1 Dokumentvorlage

Um in der Textverarbeitung die ständig wiederkehrenden Arbeiten zu erleichtern, wird eine **Dokumentvorlage** erstellt. Sie ist die Vorlage für ein Dokument, in der Einstellungen, feststehende Texte usw. gespeichert werden. Ein Dokument kann als fertiger Vordruck geöffnet werden, damit die Einstellungen, das Logo und eventuelle Texte nicht immer erneut eingegeben werden müssen.

Geschäftsbriefe lassen sich mit Dokumentvorlagen rationell erstellen. Aber auch Berichte, Protokolle, Briefe, Faxe oder Lebensläufe können durch eine Dokumentvorlage mit geringem Arbeitsaufwand auf die eigenen Bedürfnisse angepasst werden.

MS Word verfügt über eine breite Palette von vorgefertigten Dokumentvorlagen. Wenn keine dieser Vorlagen Ihren Ansprüchen gerecht wird, erstellen Sie Ihre eigene Dokumentvorlage.

Erstellen und speichern einer Dokumentvorlage

Öffnen Sie zuerst ein neues Dokument, indem Sie auf die Registerkarte **Datei/Neu/ Leeres Dokument** klicken.

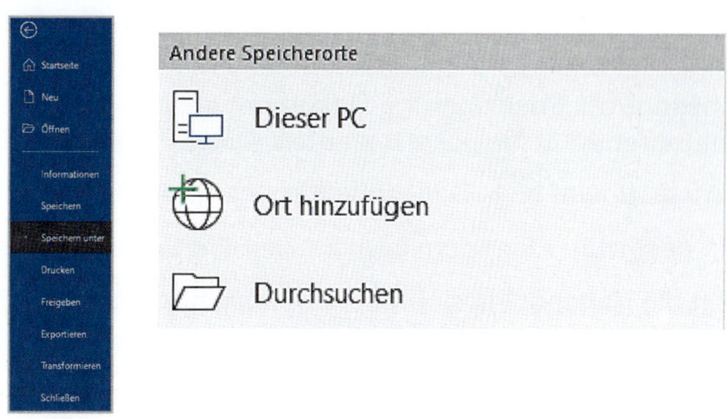

Gestalten Sie Ihre Dokumentvorlage nach eigenen Wünschen. Legen Sie das Format, die Schriftart und die Schriftgröße fest, stellen Sie die Seitenränder ein und fügen Sie evtl. ein Logo für den Briefkopf hinzu.

Wählen Sie unter der Registerkarte **Datei/ Speichern unter/Durchsuchen** einen aussagekräftigen Dateinamen. Unter Dateityp wählen Sie „Word-Vorlage" aus. Bestätigen Sie mit „Speichern".

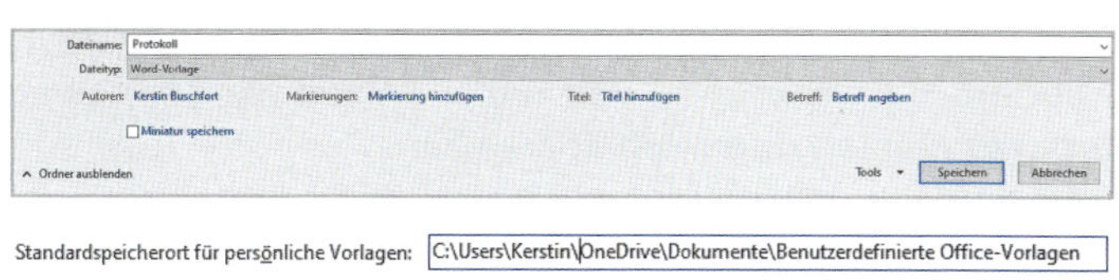

Die Vorlage wird auf Ihrem PC in „Dokumente" unter Benutzerdefinierte Office-Vorlagen gespeichert. Den genauen Speicherort entnehmen Sie den Word-Optionen/Speichern: Standardspeicherort für persönliche Vorlagen.

Öffnen und Arbeiten in einer Dokumentvorlage

Öffnen Sie ein Word-Dokument und wählen Sie unter der Registerkarte **Datei/Öffnen/Durchsuchen** im Ordner „Benutzerdefinierte Office-Vorlagen" das gewünschte Formular aus.

Nun können Sie Ihre Vorlage nutzen und Ihr Dokument erstellen.

Speichern Sie die ausgefüllte Vorlage unter einem neuen Dateinamen in einem beliebigen Ordner ab.

Übungsaufgabe:

Erstellen Sie für die Heinrich KG die Dokumentvorlage für einen Geschäftsbrief mit Informationsblock. Setzen Sie in die Vorlage auch Falz- und Lochmarken. Speichern Sie die Vorlage unter dem Dateinamen „Geschäftsbrief Infoblock".

11.2 Feldfunktionen

Feldfunktionen (oder auch Haltepunkte, Feldmarken genannt) sind Lesezeichen, die im Text gesetzt werden, um bei der Bearbeitung des Dokuments die entsprechenden Textstellen schneller zu finden und Einfügungen vornehmen zu können. Die Felder dienen als Platzhalter für Daten, die sich im Dokument ändern.

Um bestimmte Positionen im Dokument anspringen zu können, müssen die Haltepunkte zunächst an die betreffende Stelle gesetzt werden. Dieses geschieht mit dem Shortcut: Strg + F9. Auf dem Bildschirm erscheint { }. Danach verlässt man die Klammern mit der Ende-Taste, um weiterzuschreiben.

In die gesetzten Klammern können als Hilfe Orientierungswörter geschrieben werden.

Sollen die Haltepunkte sichtbar bzw. unsichtbar gemacht werden, muss die folgende Tastenkombination gedrückt werden: Alt + F9. Sie sind nicht gelöscht, sondern nur unsichtbar!

Liegt ein Dokument mit Haltepunkten vor, kann man die einzelnen Punkte anspringen, indem man den Cursor an den Dokumentanfang setzt und F11 drückt. Der Cursor springt immer den nächsten Haltepunkt an. Falls man zum vorherigen Haltepunkt zurück möchte, kann man Shift + F11 drücken.

Mit dem Hinspringen zu den Haltepunkten werden Sie automatisch markiert. Nun können Sie den Haltepunkt einfach durch Inhalt ersetzen.

Diese Funktion wird allerdings auch unter den Entwicklertools durch Inhaltssteuerelemente bereitgestellt (siehe Kapitel 10).

Übungsaufgaben:

Die Auszubildende der Heinrich KG Moni Tor soll bei einer Besprechung zur Planung des Firmenjubiläums ein Ergebnisprotokoll schreiben.

Moni nimmt sich die DIN 5008 zu Hilfe, in der Informationen zur Gestaltung eines Protokolls zu finden sind:

- Das Protokoll dient der Information und Dokumentation sowie als Arbeitsgrundlage, Beweismittel und Urkunde.
- Es werden alle wesentlichen Inhalte dokumentiert.
- Geführt werden Protokolle bei Besprechungen, Meetings, Sitzungen, Konferenzen, Vorträgen und Gesprächen.
- Man kann zwischen wörtlichen Protokollen, Verlaufsprotokollen (ausführlichen Protokollen), Kurzprotokollen und Ergebnisprotokollen (Beschlussprotokollen) unterscheiden.
- Ein Protokoll wird im Präsens, also der Gegenwartsform geschrieben. Aussagen der Teilnehmer werden im Konjunktiv I, in der Möglichkeitsform geschrieben.
- Eingebrachte Informations- und Entscheidungsvorlagen, wie z. B. Präsentationen, werden dem Protokoll als Anlagen beigefügt. Man nennt diese Anlagen „Tischvorlagen“.
- Ein Protokoll gliedert sich in drei Teile:

  Protokollkopf
  Mindestens folgende Informationen sollten enthalten sein: Name des Unternehmens, Art des Protokolls, Anlass der Sitzung, Datum, Beginn und Ende, Namen der Anwesenden, Name der Sitzungsleitung und des Protokollführers und die Tagesordnung.

  Protokollkern
  Enthalten sind die Tagesordnungspunkte sowie Inhalte, Beschlüsse und Verantwortlichkeiten. Die Tagesordnungspunkte werden mit einer Überschrift versehen.

  Protokollschluss/Protokollfuß
  Er enthält mindestens folgende Angaben: Datum der Ausfertigung, Name und Unterschrift des Sitzungsleiters und des Protokollführers, Verteiler, Anlagen und den Termin für die nächste Sitzung.

1. Erstellen Sie für die Heinrich KG einen Protokollkopf mit Feldfunktionen nach folgendem Muster, den Sie als Dokumentvorlage abspeichern.

Thema:	{ }
Ort:	{ }
Datum:	{ }
Uhrzeit:	{ }
Vorsitzende/-r:	{ }
Protokollführer/-in:	{ }
Teilnehmer/-innen:	{ }
Tagesordnung:	{ }

Besprechungspunkte:

TOP 1: { }
{ }

2. Füllen Sie anschließend mithilfe des folgenden Protokolls die Dokumentvorlage aus.

Heinrich KG
Büromöbel und Zubehör

Ergebnisprotokoll

Thema:	Planung des Firmenjubiläums
Ort:	Tagungsraum 3
Datum:	20..-09-05
Uhrzeit:	10:45 Uhr bis 11:35 Uhr
Vorsitzende:	Carla Marx
Protokollführerin:	Moni Tor
Teilnehmer:	Gerda Heinrich, Ernst Wichmann, Gill Bates
Tagesordnung:	1. Ablauf 2. Zuständigkeiten 3. Kosten

Besprechungspunkte:

TOP 1: Ablauf
Die Jubiläumsfeier findet am 11. März 20.. statt. Bis 10:45 Uhr läuft der normale Geschäftsbetrieb, ab 11:00 Uhr versammeln sich alle Mitarbeiter im großen Versammlungsraum. Dort soll zunächst ein Festvortrag gehalten werden. Anschließend lädt das Festkomitee zu einem Sektempfang ein. Gegen 13:00 Uhr erwartet die Mitarbeiter ein Spezialitätenbuffet. Das Ende der Feier ist offen.

TOP 2: Zuständigkeiten
Zwecks Vorbereitung der Feierlichkeiten übernimmt Frau Carla Marx die Gestaltung und Verteilung der Einladungskarten sowie die Bearbeitung der Rückmeldungen der Mitarbeiter und die Führung der Anwesenheitsliste.
Herr Gill Bates ist für den Einkauf und Ausschank sämtlicher Getränke verantwortlich.
Frau Carla Marx organisiert die Dekoration und die Gestaltung des großen Versammlungsraumes sowie der Eingangshalle.
Herr Ernst Wichmann übernimmt die Organisation des Buffets.
Frau Gerda Heinrich plant das sonstige Rahmenprogramm und kümmert sich um die Festredner.

TOP 3: Kosten
Alle Organisatoren werden gebeten, eine Kostenaufstellung einzureichen und diese mit Frau Heinrich abzustimmen.
Herr Wichmann hat bereits zwei Kostenvoranschläge für das Spezialitätenbuffet vorliegen und wird diese mit Frau Heinrich besprechen.

Die nächste Sitzung des Festkomitees findet am 22. November statt. Dann kann über die bisherigen Ergebnisse berichtet werden und ggf. können weitere Aufgaben verteilt werden.

Hamburg, 6. September 20..

Carla Marx (Vorsitzende)	Moni Tor (Protokollführerin)

Anlagen
Kostenvoranschläge Spezialitätenbuffet

Verteiler
Vorstand

Kompetenztraining:

Während ihrer Ausbildungszeit in der Personalabteilung wird bei der Heinrich KG eine Stelle zum/zur Sachbearbeiter/in für die Lohn- und Gehaltsbuchhaltung ausgeschrieben. Moni Tor wird von der Bereichsleiterin Frau Gehrke beauftragt einen Personalfragebogen zu entwerfen, um die zukünftigen Bewerber/innen mit allen notwendigen Daten schneller aufnehmen zu können.

1. Entwerfen Sie einen Personalfragebogen mit den wichtigsten Inhalten.
2. Nutzen Sie dafür Feldfunktionen und Formularfelder/Steuerelemente.
3. Speichern Sie das Dokument als Dokumentvorlage.
4. Füllen Sie anschließend die Dokumentvorlage für einen neuen Bewerber aus.

12 Seriendruck

In MS Word gibt es die Möglichkeit den gleichen Text an verschiedene Adressaten zu verschicken. Ein **Serienbrief** ist also ein Dokument, in dem bestimmte Textteile immer identisch sind, andere Elemente sich jedoch stets ändern.

Um den Serienbrief zu erstellen, benötigt man ein sogenanntes **Hauptdokument.** Dieses enthält den Text für den Serienbrief. Zudem benötigt man eine Steuerdatei, die man auch **Datenquelle** nennt. Die Datenquelle enthält die Daten (z. B. Adressenliste), die in die Serienbriefe eingefügt werden sollen. Sie kann als Word-Dokument oder auch als Excel-Tabelle erstellt werden. An den Stellen im Hauptdokument, an denen beim Ausdruck unterschiedliche Daten erscheinen sollen, werden Seriendruckfelder als Platzhalter eingefügt. Durch die Seriendruckfunktion wird Word angewiesen, die Platzhalter durch die individuellen Informationen der Datenquelle zu ersetzen.

Die Arbeitsschritte im Überblick

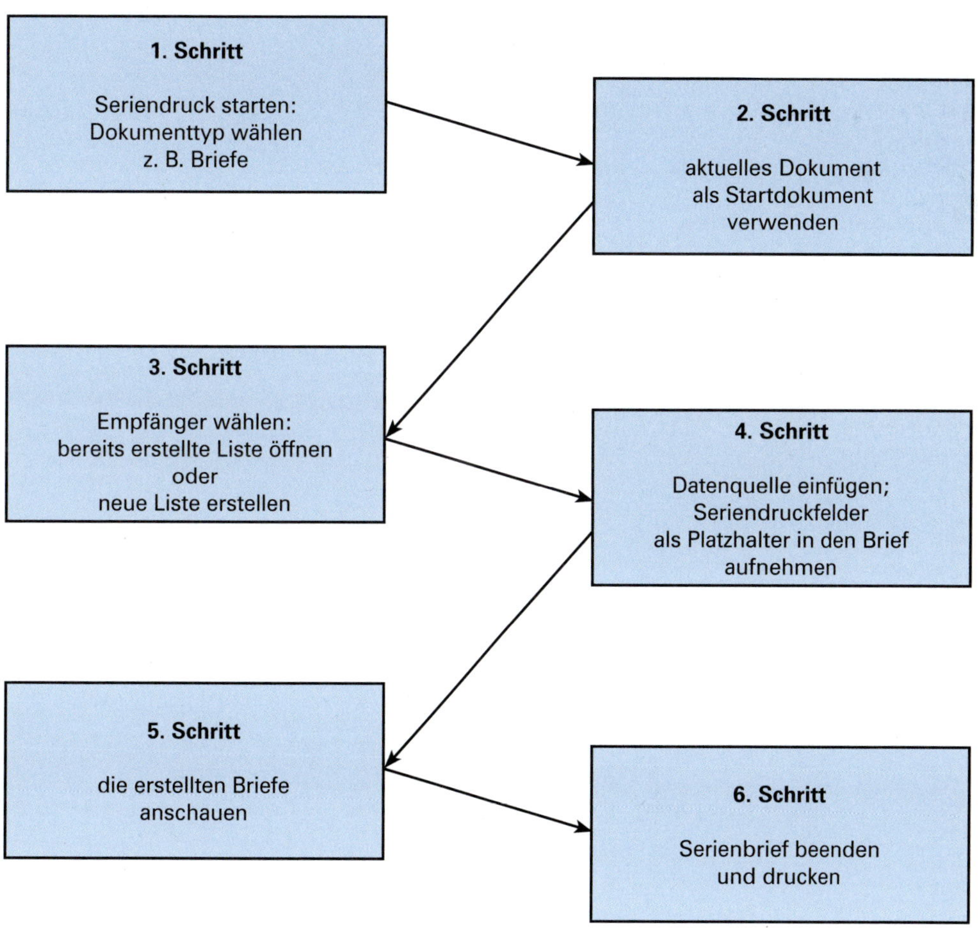

Das Prinzip des Seriendrucks ist, dass Sie diese zwei Dokumente (Hauptdokument und Datenquelle) mit unterschiedlichem Inhalt zu einem Dokument (Serienbrief) verbinden.

Hauptdokument:

Ihr Zeichen:
Ihre Nachricht vom:
Unser Zeichen: wi-bat
Unsere Nachricht vom:

Name: Gill Bates
Telefon: 040 67245-67
Telefax: 040 67245-87
E-Mail: info@heinrich-kg.de

Datum: 20..-05-02

Ihr Messebesuch

Sehr geehrt,

vielen Dank für Ihren Besuch an unserem Messestand in Düsseldorf. Sie haben Interesse an unserem Produktionsprogramm gezeigt und um nähere Informationen gebeten.

Ihr Terminvorschlag sagt uns zu. Wir erwarten Sie in unserem Hause am

Montag, 15. Mai 20.. um 09:30 Uhr,

damit wir Ihnen unsere Produkte und deren Anwendungsmöglichkeiten demonstrieren können.

Unser Mitarbeiter, Herr Lutz Bremer, steht Ihnen für weitere Fragen jederzeit zur Verfügung.

Wir freuen uns auf Ihren Besuch.

Mit bester Empfehlung

Hauptdokument mit Platzhaltern:

Heinrich KG – Rahlstedter Str. 144 – 22143 Hamburg
<<Anrede Anschrift>>
<<Vorname>> <<Nachname>>
<<Straße>>
<<PLZ>> <<Ort>>

Ihr Zeichen:
Ihre Nachricht vom:
Unser Zeichen: wi-bat
Unsere Nachricht vom:

Name: Gill Bates
Telefon: 040 67245-67
Telefax: 040 67245-87
E-Mail: info@heinrich-kg.de

Datum: 20..-05-02

Ihr Messebesuch

Sehr geehrt<<Anrede Text>>,

vielen Dank für Ihren Besuch an unserem Messestand in Düsseldorf. Sie haben Interesse an unserem Produktionsprogramm gezeigt und um nähere Informationen gebeten.

Ihr Terminvorschlag sagt uns zu. Wir erwarten Sie in unserem Hause am

Montag, 15. Mai 20.. um 09:30 Uhr,

damit wir Ihnen unsere Produkte und deren Anwendungsmöglichkeiten demonstrieren können.

Unser Mitarbeiter, Herr Lutz Bremer, steht Ihnen für weitere Fragen jederzeit zur Verfügung.

Wir freuen uns auf Ihren Besuch.

Mit bester Empfehlung

Serienbrief:

Heinrich KG – Rahlstedter Str. 144 – 22143 Hamburg
Herrn
Erich Meister
Hochstr. 11
46236 Bottrop

Ihr Zeichen:
Ihre Nachricht vom:
Unser Zeichen: wi-bat
Unsere Nachricht vom:

Name: Gill Bates
Telefon: 040 67245-67
Telefax: 040 67245-87
E-Mail: info@heinrich-kg.de

Datum: 20..-05-02

Ihr Messebesuch

Sehr geehrter Herr Meister,

vielen Dank für Ihren Besuch an unserem Messestand in Düsseldorf. Sie haben Interesse an unserem Produktionsprogramm gezeigt und um nähere Informationen gebeten.

Ihr Terminvorschlag sagt uns zu. Wir erwarten Sie in unserem Hause am

Montag, 15. Mai 20.. um 09:30 Uhr,

damit wir Ihnen unsere Produkte und deren Anwendungsmöglichkeiten demonstrieren können.

Unser Mitarbeiter, Herr Lutz Bremer, steht Ihnen für weitere Fragen jederzeit zur Verfügung.

Wir freuen uns auf Ihren Besuch.

Mit bester Empfehlung

Übungsaufgaben:

1. Gestalten Sie das oben abgebildete Hauptdokument.
2. Nutzen Sie anschließend diesen Briefvordruck, um die folgenden Schritte zur Erstellung des Serienbriefs durchzuführen.

12.1 Serienbrief erstellen

Mithilfe des Aufgabenbereichs **Seriendruck** lassen sich nicht nur Serienbriefe, sondern auch Adressetiketten, Briefumschläge, Verzeichnisse etc. leicht erstellen. Sie werden im Aufgabenbereich durch **sechs Schritte** des Seriendruck-Assistenten mit detaillierten Erklärungen geführt.

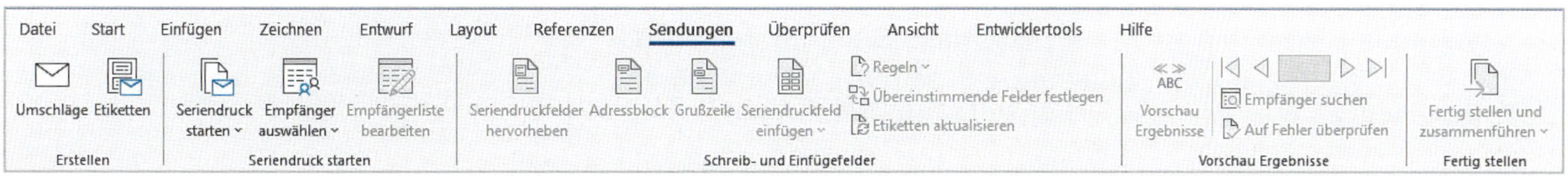

Klicken Sie auf der Registerkarte **Sendungen/Seriendruck starten/Seriendruck-Assistent mit Schritt-für-Schritt-Anweisungen**.

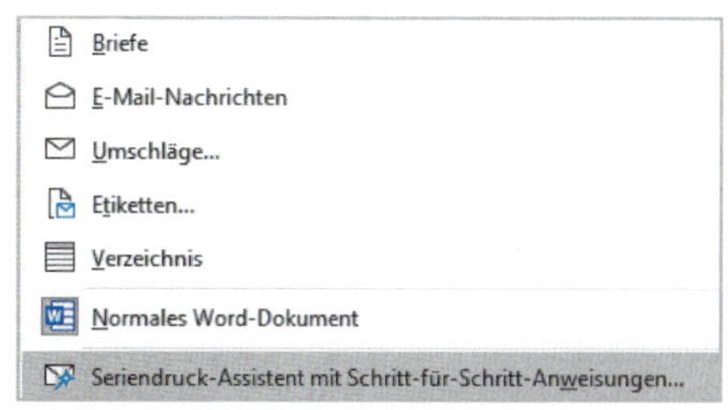

Im Aufgabenbereich wird im Bildschirm rechts der Seriendruck-Assistent eingeblendet.

Schritt 1 von 6: Wählen Sie einen Dokumenttyp

Wenn Sie an eine Gruppe von Personen Briefe senden wollen, entscheiden Sie sich für den Dokumenttyp **Briefe**.

Klicken Sie bei **Welche Art von Dokument möchten Sie erstellen?** auf Briefe. Gehen Sie dann unten im Seriendruck-Assistenten auf **Weiter: Dokument wird gestartet**.

Sie haben auch die Möglichkeit, E-Mails, Briefumschläge, Adressetiketten oder Verzeichnisse als Seriendruck zu wählen. Aktivieren Sie hier die entsprechende Option.

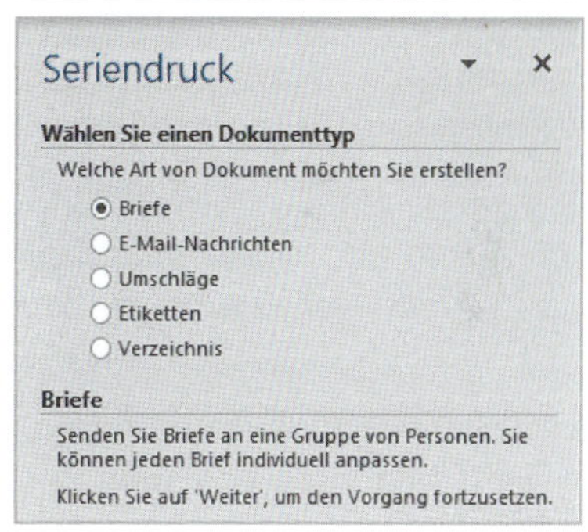

Schritt 2 von 6: Startdokument wählen

Entweder haben Sie eine bereits bestehende Vorlage schon geöffnet oder Sie erstellen jetzt das entsprechende Dokument.

Wenn das Hauptdokument bereits geöffnet ist, erscheint die Option **Aktuelles Dokument verwenden**.

Klicken Sie unten im Seriendruck-Assistenten auf **Weiter: Empfänger wählen**.

Sie können jederzeit auf **Zurück** klicken, um zum vorherigen Schritt zurückzukehren und die Auswahl ändern.

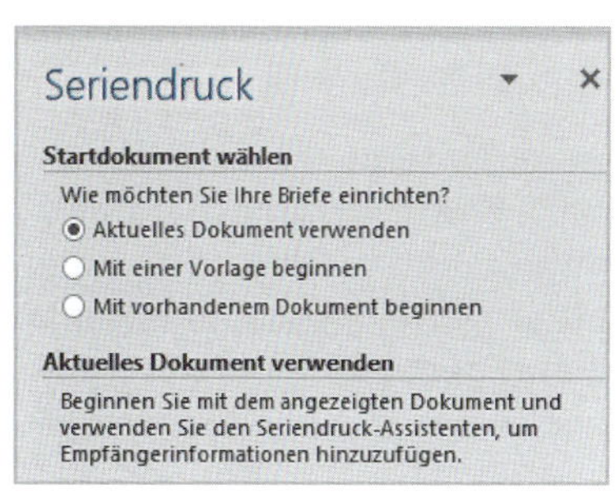

Schritt 3 von 6: Empfänger wählen

Bei diesem Schritt geht es um die Datenquelle, aus der Informationen eingefügt werden sollen. Im Seriendruck-Assistenten **Empfänger wählen** können Sie entweder eine neue Liste eingeben oder eine bereits vorhandene Liste verwenden.

Haben Sie bereits eine Adressliste angelegt und gespeichert, wählen Sie den Befehl **Vorhandene Liste verwenden**. Klicken Sie dann auf **Durchsuchen**. Es öffnet sich das Fenster **Datenquelle** auswählen. Hier wählen Sie aus Ihrem Verzeichnis die entsprechende Datei aus.

Die Anschriften können aus einer bereits bestehenden Word-Tabelle, einer Excel-Tabelle, einer Access-Datenbank oder dem Adressbuch von Outlook entnommen werden.

Verfügen Sie noch über keine Liste, rufen Sie im Seriendruck-Assistenten **Neue Liste eingeben** auf. Danach klicken Sie auf **Erstellen**. Es erscheint das Dialogfeld **Neue Adressliste**.

Anrede_Anschrift	Vorname	Nachname	Straße	PLZ	Ort	Anrede_Text
Herrn	Erich	Meister	Hochstraße 11	46236	Bottrop	er Herr Meister
Frau	Eva	Kornfeld	Richterstraße 83	45239	Essen	e Frau Kornfeld
Fotostudio	Yvonne	Löns	Marderweg 1	46282	Dorsten	e Damen und Herren

Zur Erstellung der oben abgebildeten Datenquelle sind folgende Schritte notwendig:

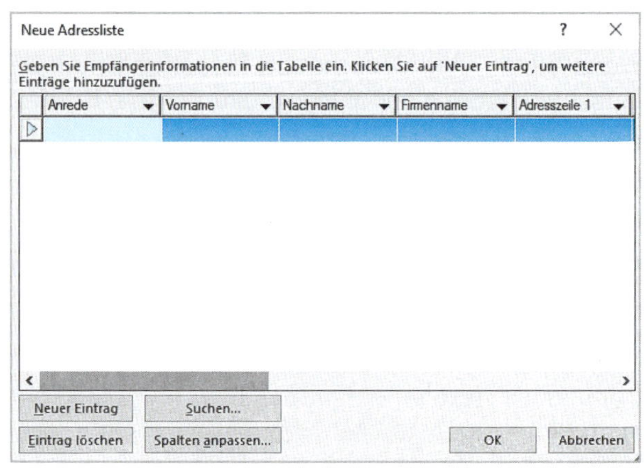

1. Klicken Sie zuerst auf **Spalten anpassen**, um überflüssige Feldnamen zu löschen, fehlende hinzuzufügen, andere umzubenennen oder zu verschieben, also die Adressliste anzupassen.

   MS Word schlägt mehrere Feldnamen vor. Ihre benötigten Informationen sind die Spaltenüberschriften der Tabelle für die Datenquelle.

2. Entfernen Sie diejenigen Namen, die Sie nicht benötigen. Markieren Sie diese und klicken Sie auf die Schaltfläche **Löschen**. Bestätigen Sie mit OK. Löschen Sie: Titel, Firmenname, Adresszeile 1, Adresszeile 2, Bundesland/Kanton, Land/Region, Telefon privat, Telefon geschäftlich, E-Mail-Adresse.

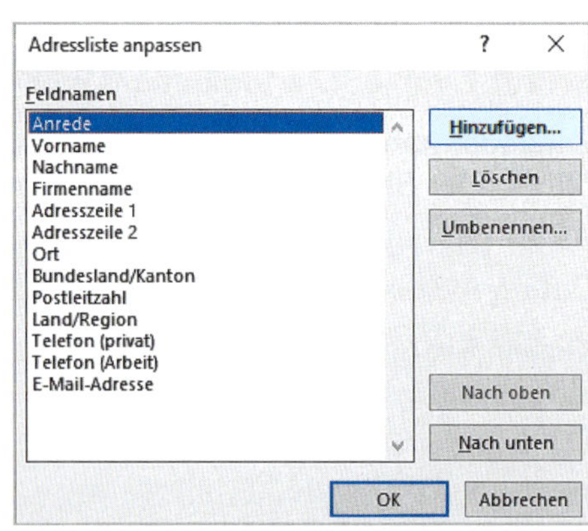

3. Fügen Sie fehlende Feldnamen hinzu. Klicken Sie im Fenster **Adressliste anpassen** auf **Hinzufügen** und prüfen Sie, welche Feldnamen fehlen. Geben Sie einen Namen für Ihr Feld ein und bestätigen Sie mit OK. Fügen Sie hinzu: Anrede, Straße, Anrede1.

4. Wenn Sie **Umbenennen** wählen, ändern Sie den Feldnamen. Bestätigen Sie mit OK. Feld umbenennen: von: Postleitzahl zu: PLZ.

5. Es ist zur besseren Orientierung zweckmäßig, die Reihenfolge mit den Schaltflächen **Nach oben** und **Nach unten** zu sortieren. Markieren Sie dazu den Feldnamen in der Liste und klicken Sie auf die Schaltfläche **Nach oben** oder **Nach unten** bis zur gewünschten Position. Wiederholen Sie diesen Vorgang für alle Feldnamen, bis sie in der richtigen Reihenfolge stehen.

6. Um Informationen für weitere Personen einzugeben, klicken Sie auf **Neuer Eintrag**.
7. Um die Liste zu **sortieren**, klicken Sie auf die Spaltenüberschrift, nach der Sie die Liste sortieren wollen. Das Häkchen neben einem Namen gibt an, dass MS Word einen Brief für diese Person erstellt. Schließen Sie mit [OK].
8. Nachdem Sie Ihre Änderungen mit [OK] bestätigt haben, beenden Sie über die Schaltfläche **Schließen**. Sie werden automatisch zum **Speichern** der Datenquelle aufgerufen. Vergeben Sie einen aussagekräftigen Dateinamen für Ihre Adressliste und bestätigen Sie mit **Speichern**.

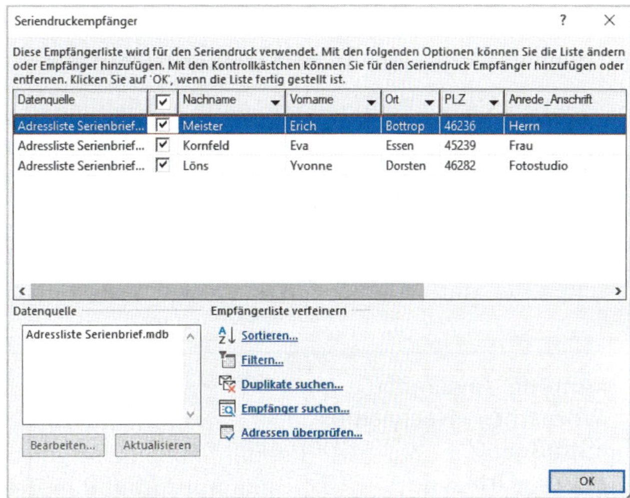

Die Adressliste wird standardmäßig im Programm Access in dem Ordner **Eigene Datenquellen** mit der Endung .mdb abgelegt und steht für weitere Serienbriefe zur Verfügung.

Nach dem Speichern erscheint das Fenster **Seriendruckempfänger**. Prüfen Sie nochmals alle Angaben. Klicken Sie auf [OK], wenn die Liste fertiggestellt ist.

Klicken Sie dann im Seriendruck-Assistenten unten auf die Schaltfläche **Weiter: Schreiben Sie Ihren Brief**.

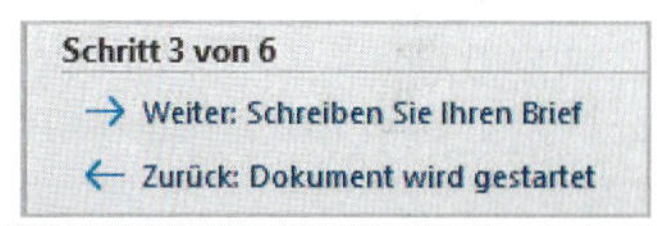

Schritt 4 von 6: Schreiben Sie Ihren Brief

Wenn Sie es nicht bereits erledigt haben, erstellen Sie jetzt Ihren Brief. Das aktive Dokument wird zum Hauptdokument.

1. Um Ihrem Brief **Empfängerinformationen** hinzuzufügen, setzen Sie den Cursor an die entsprechende Einfügestelle in Ihrem Brief.
2. Wählen Sie dann im Seriendruck-Assistenten **Weitere Elemente**.
3. Es öffnet sich das Fenster **Seriendruckfeld einfügen**. Hier sind alle Feldnamen aus der Datenquelle aufgeführt.

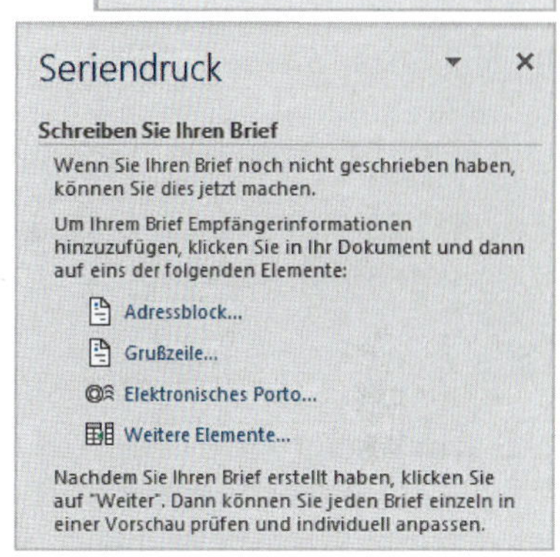

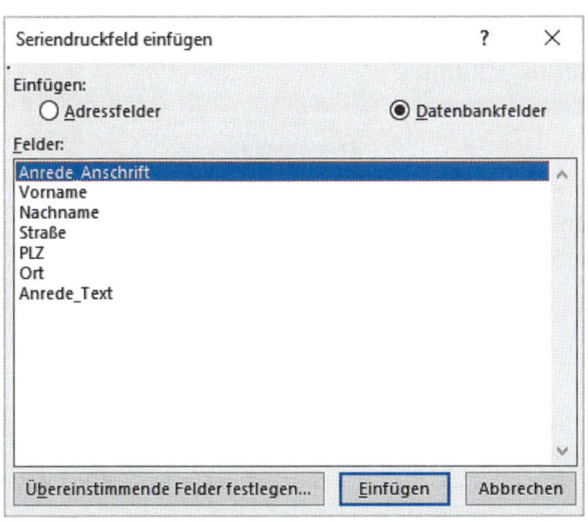

Es müssen **nicht** alle Seriendruckfelder in das Hauptdokument übernommen werden. Ein Seriendruckfeld kann mehrfach genutzt werden. Die Reihenfolge spielt keine Rolle.

Wenn Sie die Feldfunktion in Ihrem Hauptdokument anzeigen möchten, drücken Sie [Alt] + [F9]. Bei erneutem Drücken dieser Tastenkombination werden wieder die Feldergebnisse angezeigt.

4. Setzen Sie den Cursor an die Stelle im Brief, an der das Seriendruckfeld erscheinen soll.
5. Wählen Sie das benötigte **Seriendruckfeld** aus.
6. Klicken Sie auf **Einfügen** und dann auf **Schließen**. Die Seriendruckfelder werden in spitze Klammern gesetzt.
7. Wiederholen Sie diesen Vorgang bis sämtliche Feldnamen an der richtigen Stelle eingefügt sind.

Sind Leerschritte zwischen den Feldern nötig, z. B. zwischen Vorname und Nachname oder zwischen PLZ und Ort, müssen diese auch zwischen den Seriendruckfeldern eingegeben werden.

«Anrede_Anschrift»
«Vorname» «Nachname»
«Straße»
«PLZ» «Ort»

Messebesuch

Sehr geehrt«Anrede Text»,

vielen Dank für Ihren Besuch an unserem Messestand in Düsseldorf. Sie haben Interesse an unserer Hängeregistratur gezeigt und um eine nähere Erklärung in unserem Unternehmen gebeten.

8. Nachdem Sie alle Seriendruckfelder eingefügt und das Hauptdokument vervollständigt haben, klicken Sie auf **Speichern unter.** Geben Sie dem Dokument einen Namen.
9. Um das Resultat zu begutachten, klicken Sie auf **Weiter: Vorschau auf Ihre Briefe**.

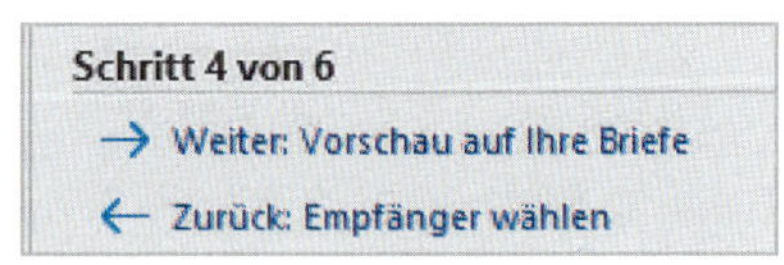

Schritt 5 von 6: Vorschau auf Ihre Briefe

MS Word zeigt eine Vorschau des Serienbriefs und ersetzt dabei die Seriendruckfelder durch die Angaben aus der Datenquelle. Es ist empfehlenswert, mithilfe dieser Vorschau vor dem Druck zu überprüfen, ob die Datensätze richtig eingefügt werden.

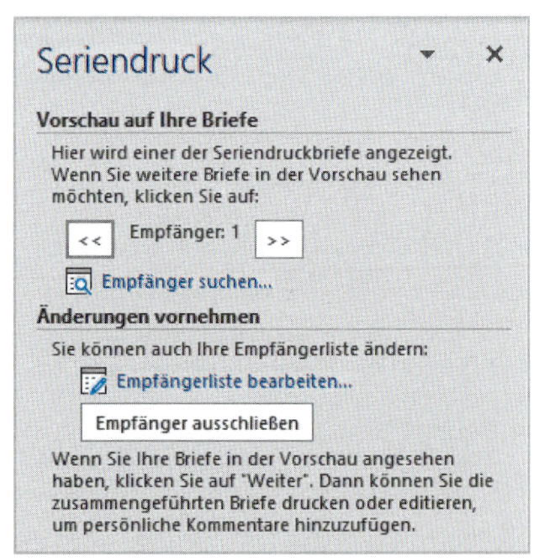

Mithilfe der Pfeilschaltflächen im Seriendruck-Assistenten können Sie problemlos durch alle Serienbriefe blättern und diese kontrollieren.

Um einen bestimmten Brief in der Vorschau anzuzeigen, klicken Sie im Seriendruck-Assistenten auf **Empfänger suchen**. Geben Sie dann die Suchkriterien im Dialogfeld **Eintrag suchen** an.

Klicken Sie auf die Schaltfläche **Empfänger ausschließen**, wenn bestimmte Empfänger keinen Brief erhalten sollen. Vorsicht, der Empfänger wird dann gelöscht!

Zum Ändern der Empfängerliste klicken Sie auf **Empfängerliste bearbeiten**. Nehmen Sie im Dialogfeld Seriendruckempfänger die erforderlichen Änderungen vor.

Klicken Sie danach im Seriendruck-Assistenten auf **Weiter: Seriendruck beenden**.

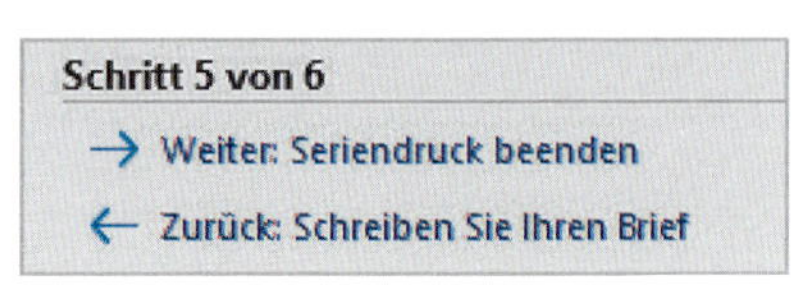

Schritt 6 von 6: Seriendruck beenden

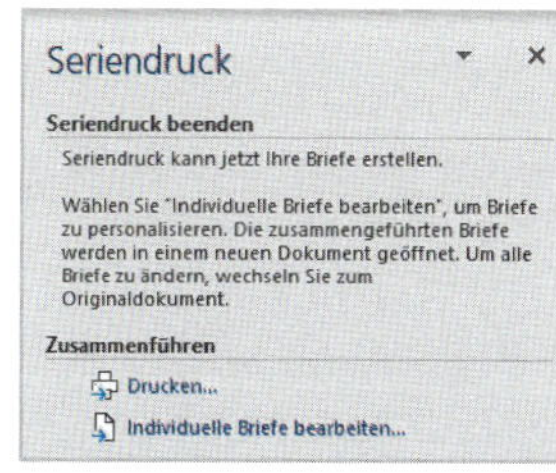

Sobald Sie den Seriendruck beenden, sind Briefe und Adressen miteinander verknüpft.

Für die Ausgabe des Seriendrucks gibt es zwei Möglichkeiten: **Drucken** oder **Individuelle Briefe bearbeiten**.

Wenn Sie beim Seriendruck-Assistenten auf **Drucken** klicken, erscheint das Fenster: **Seriendruck an Drucker**.

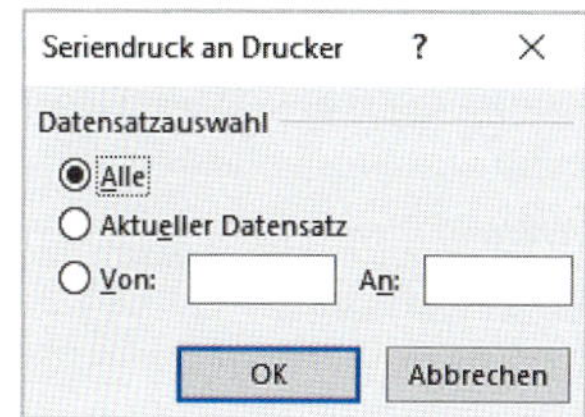

Um alle Dokumente einzubeziehen, klicken Sie auf **Alle** und auf OK. Ein Brief nach dem anderen wird an den Drucker geschickt. Wenn Sie nur den Brief ausdrucken wollen, der gerade aufgerufen ist, klicken Sie auf **Aktueller Datensatz** und auf OK.

Um einen Bereich von Datensätzen auszudrucken, geben Sie in den Feldern **Von:** ... **Bis:** ... die Briefe ein, die Sie drucken möchten. Klicken Sie auf OK.

Bitte denken Sie daran, Ihre Serienbriefe abzuspeichern!!!

Übungsaufgaben:

1. Gestalten Sie eine Bescheinigung als Seriendruck nach folgenden Angaben.
2. Nutzen Sie die Dokumentvorlage Heinrich KG.
3. Erstellen Sie dazu die folgende Datenquelle.

Anrede	Vorname	Nachname	Straße	PLZ	Ort	Tage
Frau	Elke	Sommer	Kornpfad 4 a	22359	Hamburg	20
Herr	Jens	Weiser	Lausitzer Weg 33	22455	Hamburg	18
Frau	Nina	Kluge	Rathausmarkt 17	20095	Hamburg	21
Frau	Dana	Reimann	Schiffertorstraße 9	21682	Stade	12
Frau	Melanie	Maaßen	Scheidtstraße 50	45149	Essen	21
Herr	Jan	Ammer	Durchdeichstr. 6 // W 2	21037	Hamburg	15

Bescheinigung

Sehr geehrte Damen und Herren,

wir bescheinigen Ihnen, dass «Anrede» «Vorname» «Nachname», «Straße», «PLZ» «Ort» in der Zeit vom 4. Februar bis 27. Februar 20..*) in unserem Unternehmen ein Schulpraktikum absolviert hat. Von 21 Tagen war «Anrede» «Nachname» «Tage» Tage anwesend.

Mit freundlichen Grüßen

Heinrich KG
Büromöbel und Zubehör

*) Der unterstrichene Textteil ist einzurücken.

12.2 Seriendruck-Symbolleiste

Wenn Sie mit dem Ablauf des Seriendrucks bereits vertraut sind oder bei Ihrer Arbeit auf den Seriendruck-Assistenten verzichten möchten, können Sie die einzelnen Schaltflächen für den Seriendruck in der Symbolleiste verwenden. Sie stehen Ihnen auch zur Verfügung, wenn Sie den Serienbrief bereits fertiggestellt haben. Klicken Sie dazu auf die Registerkarte **Sendungen**.

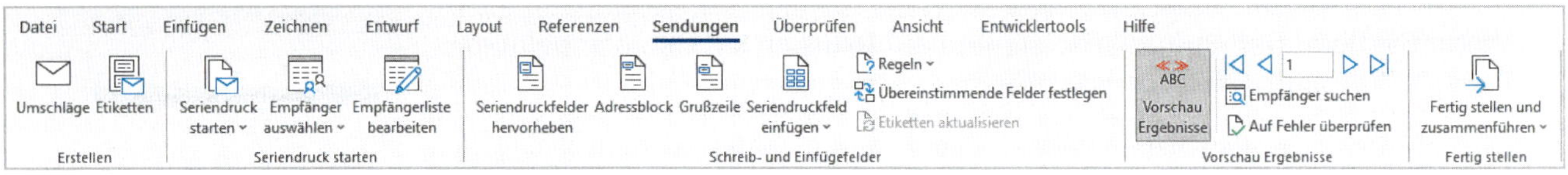

Unter dem Fenster **Erstellen** können Sie die Icons **Umschläge** und **Etiketten** anklicken. Sie können für Ihre Briefe die Adressen formatieren und elektronisches Porto hinzufügen. Verschiedene Etiketten-Formate und Sonderformate ermöglichen den Etikettendruck.

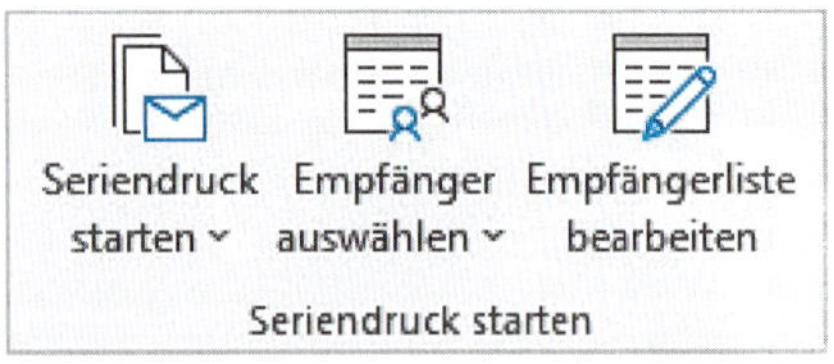

Unter **Seriendruck starten** beginnen Sie den Seriendruck und können sich mithilfe des Seriendruck-Assistenten durch die sechs Arbeitsschritte führen lassen.

Bei **Empfänger auswählen** lässt sich die Datenquelle auswählen. Entweder geben Sie eine neue Datenquelle ein oder Sie öffnen eine bereits vorhandene Liste.

Unter **Empfängerliste bearbeiten** kann man wählen, welcher Empfänger den Brief bekommen soll.

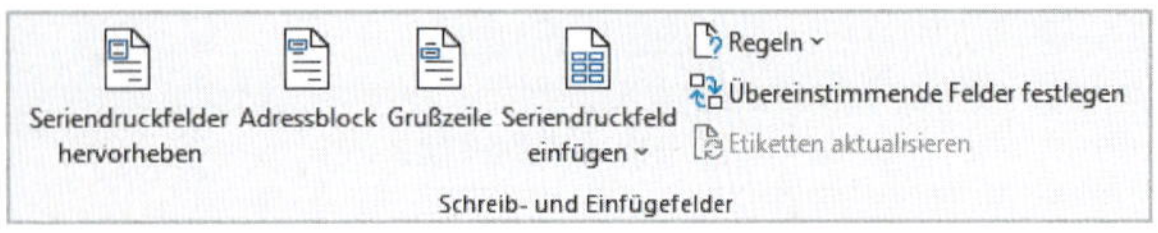

Seriendruckfelder hervorheben. Es können die Felder, die Sie eingefügt haben, schattiert werden. Auf diese Weise kann man erkennen, welcher Teil des Serienbriefs durch Informationen aus der Empfängerliste ersetzt wird.

Im **Adressblock** können Sie die Formatierung und den Speicherort angeben, den MS Word durch tatsächliche Adressen aus der Empfängerliste ersetzt, wenn der Seriendruck fertiggestellt ist.

Sie können Ihrem Brief unterschiedlich formatierte **Grußzeilen** zuweisen.

Es lassen sich unter **Seriendruckfeld einfügen** diese in Ihr Dokument setzen.

Unter den **Regeln** finden Sie Entscheidungshilfen für den Serienbrief. Sie können den unterschiedlichen Empfängern verschiedene Brieftexte zukommen lassen.

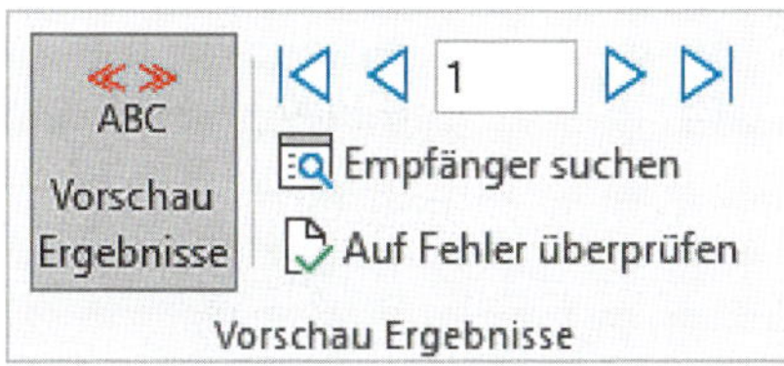	Unter **Vorschau Ergebnisse** ist es möglich, sich bereits vor dem Drucken die Serienbriefe anzuschauen und ggf. noch Änderungen vorzunehmen. Mit den Pfeiltasten können Sie die einzelnen Briefe durchgehen. Sie haben ebenfalls die Möglichkeit, nach bestimmten Empfängern zu suchen.
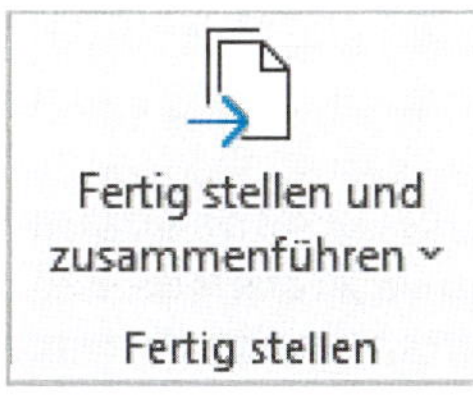	Das Icon **Fertig stellen und zusammenführen** beendet Ihren Serienbrief. Sie können die Briefe drucken oder per E-Mail verschicken.

12.3 Regeln einfügen

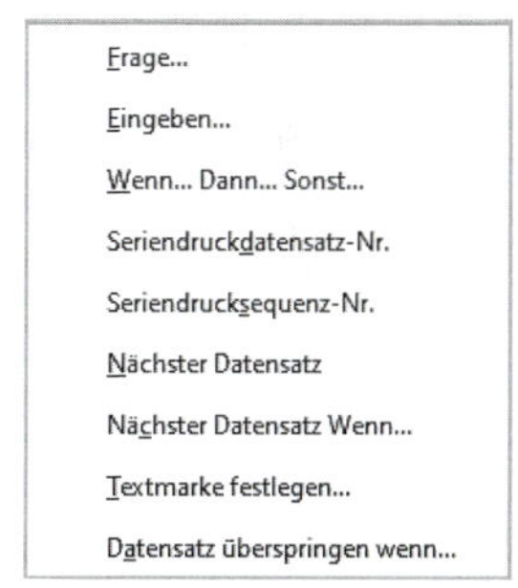

Regeln oder Bedingungen sind Codes, die MS Word anweisen, **unterschiedliche** Informationen in ein Seriendruckfeld einzufügen.

1. Setzen Sie im Hauptdokument den Cursor an die Stelle, an der Sie die Regel bzw. Bedingung einfügen möchten.
2. Klicken Sie in der Serienbrief-Symbolleiste auf die **Gruppe Schreib- und Einfügefelder/Regeln.**
3. Wählen Sie das Feld aus der Drop-down-Liste, das Sie einfügen wollen.

Soll in Ihrem Brief die persönliche Anrede **Sehr geehrte** (sowohl für Damen als auch für Herren) über die Regel festgelegt werden, so gehen Sie wie folgt vor:

1. Entscheiden Sie sich für die Option **Wenn... Dann... Sonst...**, damit die Werte miteinander verglichen werden.
2. Geben Sie einen Feldnamen ein.
3. Geben Sie einen Vergleichsoperator an.
4. Geben Sie den Vergleichswert an.
5. Geben Sie den Text ein, der gedruckt werden soll, wenn die Bedingung erfüllt ist
   oder
   geben Sie den Text ein, der gedruckt werden soll, wenn die Bedingung **nicht** erfüllt ist.

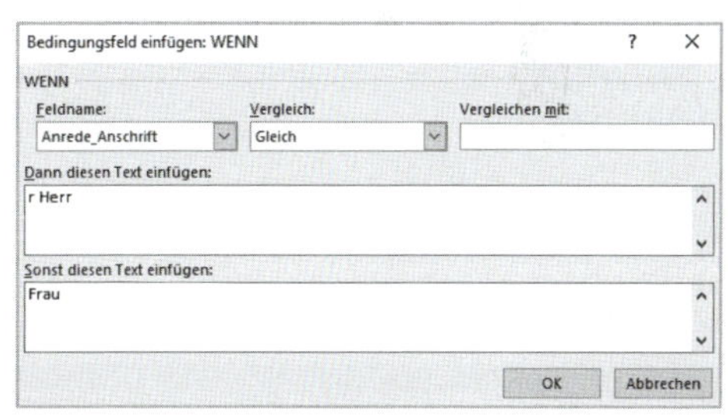

   Beispiel:

   (**Wenn** Anrede **Gleich** Herrn **Dann** r Herr **Sonst** • Frau)

vor Frau einen Leerschritt lassen!

6. Füllen Sie das Fenster wie beschrieben aus.
7. Schließen Sie Ihre Eintragungen mit OK ab.
8. In der **Vorschau Ergebnisse** können Sie Ihre Eingaben überprüfen. Das Feld wird nur dann richtig ausgedruckt, wenn die Bedingungen erfüllt sind.

Alle Feldnamen der Datenquelle können miteinander verglichen werden. So können Sie z. B. auch Zahlen bzw. Mengen mit Regeln für den Brief versehen, wenn in Ihrer Datenquelle die Spaltenüberschrift „Menge" eingegeben wurde.

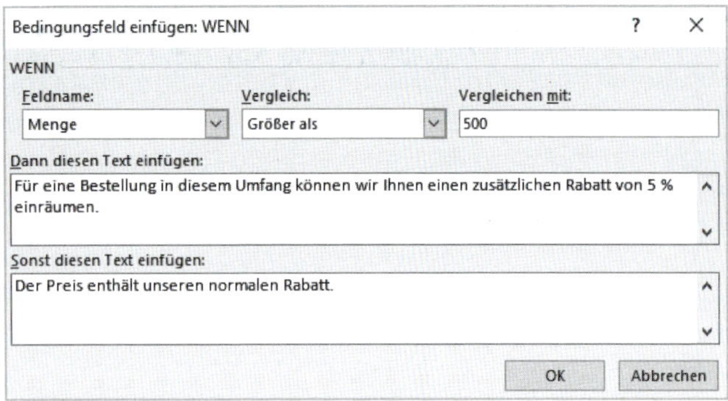

Dieser Text wird gedruckt, wenn das Datenfeld **Menge** eine Zahl enthält, die **größer als** 500 ist.

Dieser Text wird gedruckt, wenn das Datenfeld **Menge** die Zahl 500 oder eine kleinere Zahl enthält.

Lassen Sie das Feld **leer**, wenn Sie keinen Alternativtext drucken möchten.

Erklärung der einzelnen Bedingungsfelder

Frage...	MS Word fügt Informationen ein, die nicht aus der Datenquelle stammen, sondern vom Benutzer bei jedem Aufruf des Seriendrucks eingegeben werden können.
Eingeben...	Fordert Benutzer auf, Text einzugeben, der an der Position des Felds eingefügt wird.
Wenn... Dann... Sonst...	Zwei Werte werden verglichen und je nach Ergebnis wird der entsprechende Text eingefügt.
Datensatz zusammenführen	Zeigt die Nummer des aktuellen Datensatzes an.
Sequenz zusammenführen	Nummeriert aufeinanderfolgende Seriendruckdokumente.
Nächster Datensatz	Verbindet den nächsten Datensatz mit dem gleichen Seriendruckdokument, nicht mit einem neuen.
Nächster Datensatz Wenn...	Entscheidet anhand des Vergleichs zweier Ausdrücke, ob der nächste Datensatz mit dem aktiven oder einem neuen Seriendruckdokument verbunden wird.
Textmarke festlegen...	Legt den Text für die angegebene Textmarke fest.
Datensatz überspringen, wenn...	Überspringt einen Datensatz anhand des Vergleichs zweier Werte.

Übungsaufgaben:

1. Gestalten Sie folgenden Brief auf der Basis der Dokumentvorlage Heinrich KG.
2. Verwenden Sie die unten stehende Empfängerliste als Datenquelle.
3. Erstellen Sie eine entsprechende **Bedingung** für die persönliche Anrede im Brief.
4. Drucken Sie die Briefe an Herrn Bäumer und Frau Stadtmann aus.

Premiere für zwei neue Büromöbelsysteme

Sehr geehrte,

heute feiern wir gleich mit zwei neuen Büromöbelsystemen Premiere: **„Rom"** ist das neue, besonders preisgünstige Schreibtisch-Programm für das Büro von heute. Dieses vorzüglich durchdachte Konzept ermöglicht es Ihnen, formschöne und stabile Büromöbel ganz nach Ihren Wünschen zusammenzustellen. „Rom" können Sie im Handumdrehen durch Elemente in Ihrem Lieblingsholz ergänzen. Beachten Sie auch den einfachen Zugang zum Kabelkanal. Er ist mit einem Steckdosenelement ausgestattet. **„Athen"** ist ein modernes Schrank-Büromöbelsystem, das Ihrem Unternehmen ein professionelles Erscheinungsbild gibt. Aber auch in der Funktion und Ergonomie ist „Athen" richtungsweisend. Es erfüllt alle EU-Richtlinien. Im Büromöbelsystem „Athen" wurden nur langlebige Materialien verwendet. Mehr sagen Ihnen die beiden Prospekte, die diesem Brief beiliegen. Noch besser informiert Sie unsere Abteilung. Wir freuen uns auf Ihren Besuch. Mit freundlichen Grüßen Heinrich KG Carla Marx **Anlagen** 2 Prospekte

Nachname	Vorname	Anre...	Ort	PLZ	Branche	Straße
Sommer	Wolfgang	Herrn	Hannover	30163	Heiztechnik	Karlstraße 7
Bäumer	Manfred	Herrn	Mannheim	68239	Elektrogroßhandel	Rosenweg 82
Schöber	Reinhard	Herrn	Düsseldorf	40221	Druck und Schrift KG	Königsallee 99
Stadtmann	Erika	Frau	Friedrichshafen	88046	Friseurfachgeschäft	Max-Planck-Straße 33 b

12.4 Empfänger sortieren und filtern

Sie haben die Möglichkeit, unter dem Icon **Bearbeiten** ... die Datenquelle zu verändern. Unter **Empfängerliste verfeinern** besteht die Auswahl, die Datenquelle zu sortieren und zu filtern.

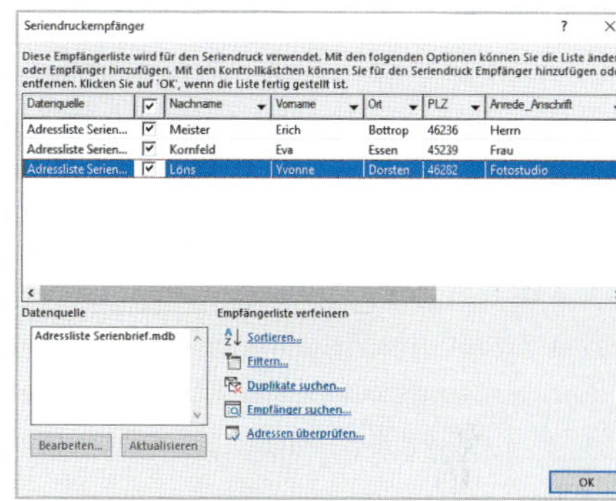

Sortieren

Klicken Sie auf die Spaltenüberschrift des Elements, nach dem Sie die Sortierung vornehmen möchten, wird die Liste in aufsteigender alphabetischer Reihenfolge (A bis Z) sortiert. Klicken Sie erneut auf die Spaltenüberschrift, wird in absteigender alphabetischer Reihenfolge sortiert.

Für eine komplexere Sortierung verwenden Sie Sortieren...

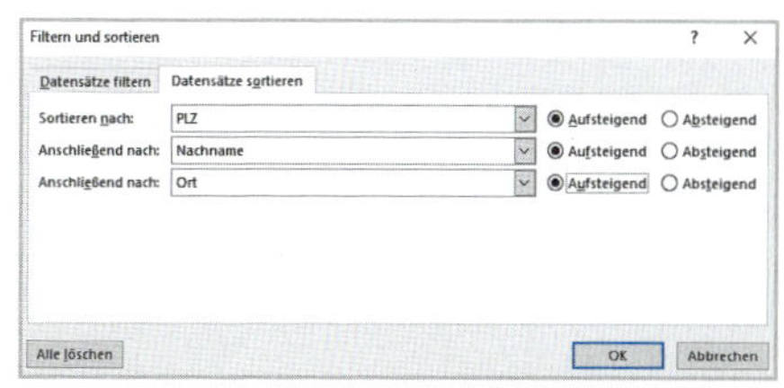

1. Wählen Sie einen **Sortierschlüssel** Ihrer Datenquelle aus.
2. Entscheiden Sie sich für **Aufsteigend** oder **Absteigend**.
3. Unter **Dann nach** können Sie noch zwei weitere Sortierschlüssel eingeben.
4. Bestätigen Sie das Sortieren mit OK.

Mit diesem Sortierungstyp können Sie z. B. Empfängeradressen innerhalb der einzelnen Postleitzahlenbereiche alphabetisch nach Nachnamen sortieren, die Postleitzahlen in numerischer Reihenfolge auflisten und die Orte in alphabetischer Reihenfolge sortieren.

Filtern

Durch das Filtern erreichen Sie, dass nur diejenigen Datensätze der Datenquelle in den Seriendruckvorgang einbezogen werden, welche die eingegebenen Bedingungen erfüllen. Die gefilterten Datensätze sind dann im Seriendruck nicht vorhanden.

Ein Häkchen vor dem Datensatz in der Empfängerliste bedeutet, dass dieser Datensatz verwendet wird. Soll ein Empfänger den Serienbrief nicht erhalten, deaktivieren Sie das Kontrollfeld, indem Sie das Häkchen löschen. Diese Methode ist nur bei kurzen Adresslisten sinnvoll.

Eine weitere Möglichkeit, Datensätze zu filtern, finden Sie unter Filtern... .

1. Unter **Feld**: wählen Sie das Seriendruckfeld aus, das Sie zur Selektion heranziehen möchten.
2. Unter **Vergleich**: tragen Sie den Wert ein, der Ihre Bedingung erfüllt. Verschiedene Möglichkeiten stehen zur Verfügung.

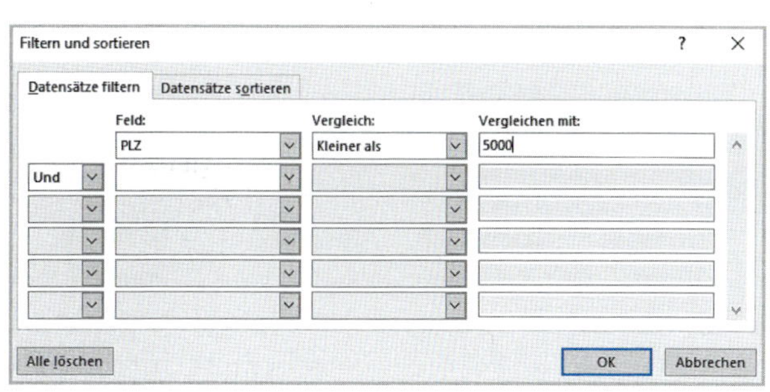

3. Anschließend geben Sie ein, womit Sie vergleichen möchten. Bei dem abgebildeten Beispiel werden nur die Kunden angeschrieben, deren PLZ kleiner als 50000 ist.
4. Unter **Und** können Sie noch weitere Filterkriterien eingeben.
5. Wenn Sie mit OK bestätigen, werden nur diese Datensätze im Fenster Seriendruckempfänger angezeigt (gefiltert).
6. Unter Alle löschen können die Filterkriterien wieder rückgängig gemacht werden.

Übungsaufgaben:

1. Geben Sie das Filterkriterium an, wenn in der Übung von Kapitel 12.3 nur die Herren Sommer und Schöber angeschrieben werden sollen.
2. Welche Angaben machen Sie, wenn nur Kunden aus Friedrichshafen ausgewählt werden sollen?
3. Es sollen alle Kunden angeschrieben werden, außer die, die Schöber heißen.
4. Es sollen nur Kunden angeschrieben werden, deren Nachname im Alphabet vor M stehen.

Erstellen Sie eine entsprechende Regel:

5. Kunden, die einen Umsatz von 100.000 € und mehr erzielt haben, sollen bei der nächsten Bestellung einen Sonderrabatt von 5 % erhalten. Kunden mit weniger Umsatz erhalten 3 %.
6. Ein Einladungsschreiben soll an alle Teilnehmer verschickt werden. Teilnehmer aus den Postleitzahlgebieten < 40000 sollen nach Düsseldorf, die übrigen nach Frankfurt eingeladen werden.

Kompetenztraining:

Sie sind Sachbearbeiter(in) der Heinrich KG. Ihr Unternehmen blickt auf 25-jährige Tätigkeit zurück. Die Heinrich KG dankt allen Außendienstmitarbeitern für die erfolgreiche Zusammenarbeit.

1. Nutzen Sie die Vorlage Heinrich KG.
2. Erstellen Sie die nachfolgende Datenquelle.
3. Für Außendienstmitarbeiter, deren Umsatz **über** 800.000 € liegt, verwenden Sie **Text 1.**
   Liegt der Umsatz **unter** 800.000 € fügen Sie **Text 2** ein.
4. Filtern Sie Brief 1 + 2 und drucken Sie beide aus.
5. Füllen Sie den Infoblock und das Datum selbstständig aus.

Brieftext:

Sehr geehrter Herr , am 1. Juni 20.. blicken wir auf 25 Jahre erfolgreiche Tätigkeit zurück. Sie haben zu einem großen Teil unseres Erfolgs beigetragen. Daher danken wir Ihnen als unserem Außendienstmitarbeiter für die angenehme Zusammenarbeit.
(Bedingungsfeld einfügen für Text 1 oder Text 2)
Mit freundlichen Grüßen Heinrich KG, Büromöbel und Zubehör, i. A. eigener Name

Text 1:

Sie haben Ihr Budget von 800.000 € weit übertroffen. Zu diesem Erfolg, auf den Sie stolz sein können, gratulieren wir Ihnen. In Anerkennung dieser besonderen Leistung erhalten Sie einen Scheck über 5.000 €. Diesen Betrag vergüten wir mit Ihren Provisionen.

Text 2:

Leider haben Sie trotz großer Anstrengungen den Budget-Umsatz von 800.000 € in diesem Jahr nicht erreicht. Gemeinsam mit Ihnen wollen wir im kommenden Jahr alles unternehmen, den Umsatz in Ihrem Bezirk zu erhöhen. Unsere neu ausgearbeiteten Marketingstrategien helfen uns dabei.

Wir schlagen Ihnen vor, dass Sie sich Anfang Juli dieses Jahres mit uns in Verbindung setzen, um einen Termin mit Herrn Walter zu vereinbaren. Er wird Ihnen die Vorteile unseres Marketingkonzepts individuell auf Ihren Bezirk bezogen aufzeigen.

Datenquelle:

Anrede	Vorname	Nachname	Straße	PLZ	Ort	Umsatz
Herrn	Ewald	Volk	Winkelstraße 6	48607	Ochtrup	920.000 €
Herrn	Paul	Thiele	Amtstraße 9	45276	Essen	700.000 €
Herrn	Michael	Völler	Marktstraße 17 // 2. Stock	89073	Ulm	680.000 €
Herrn	Manfred	Lechte	Domplatz 10	20095	Hamburg	950.000 €

13 Grafische Objekte II

13.1 Textfeld

Das **Textfeld** dient als Werkzeug, um Texte und Grafiken nach Belieben auf einer Seite zu positionieren. Ein Textfeld ist wie ein Kasten, der seinen Inhalt umgibt. Auf einer Seite können beliebig viele Textfelder angeordnet werden.

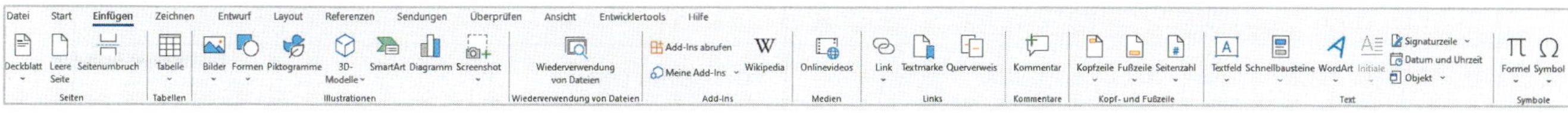

So fügen Sie ein vorgefertigtes Textfeld ein:

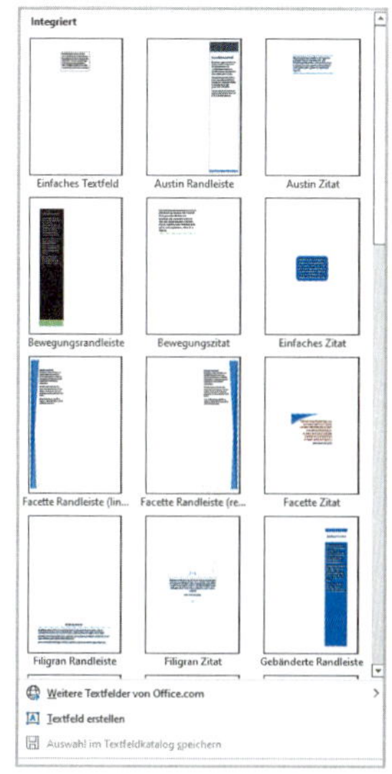

Klicken Sie auf der Registerkarte **Einfügen/Gruppe Text/Textfeld** und wählen Sie im Katalog ein bereits gestaltetes Textfeld aus. Im Beispieltext geben Sie Ihren Text ein. Klicken Sie mit der Maus auf die äußere Begrenzung des Textfelds und ziehen Sie es an die vorgesehene Position Ihres Dokuments. An den Eckpunkten können Sie die Größe variieren.

Bevor das Textfeld eingegeben wird, sollte mehrmals auf Return gedrückt werden, damit genügend Platz für das Textfeld existiert. Dann klicken Sie auf die Registerkarte **Einfügen/Textfeld/Textfeld erstellen**.

Es erscheint der Mauszeiger als Fadenkreuz (+). Ziehen Sie einen Rahmen mit gedrückter linker Maustaste in der gewünschten Größe auf. Die Maustaste wird erst losgelassen, wenn das Textfeld die Größe erreicht hat. Es erscheint ein Rechteck, das durch eine Umrandung dargestellt wird.

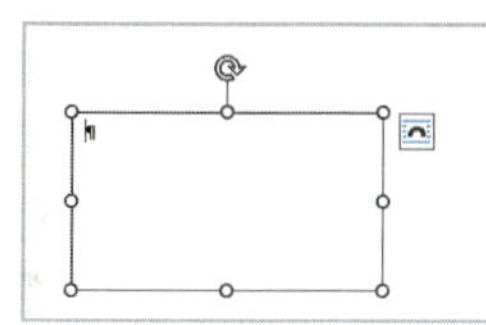

Halten Sie beim Zeichnen mit dem Fadenkreuz die Shift-Taste gedrückt, weiß MS Word, dass es ein Quadrat zeichnen soll.

Das Textfeld kann jederzeit angeklickt werden, um es an den 8 Haltepunkten/ Eckpunkten zu vergrößern oder zu verkleinern. Wenn Sie auf den Rahmen klicken und die linke Maustaste gedrückt halten, erscheint ein Fadenkreuz und das Textfeld kann an eine andere Position geschoben werden.

Wenn Sie in das Textfeld klicken, blinkt in der linken oberen Ecke des Textfelds die Einfügemarke vor der Absatzmarke. An dieser Stelle kann der Text oder ein Objekt eingegeben werden. Der Text lässt sich mit den bekannten Werkzeugen der Registerkarte **Start** formatieren.

Wenn Sie in das Textfeld klicken, blendet sich die Registerkarte „**Formformat**" ein:

Hier sind folgende Möglichkeiten zu finden, um das Textfeld zu formatieren:

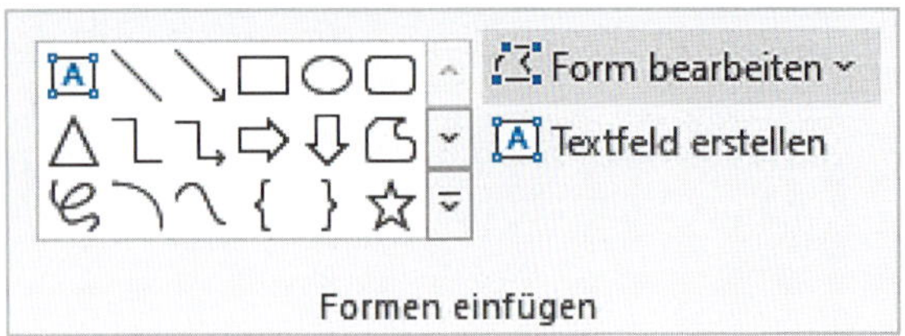

Formen einfügen

In das Textfeld lassen sich Formen einfügen und bearbeiten. Der Umgang mit Formen wird ausführlich im nächsten Kapitel erklärt.

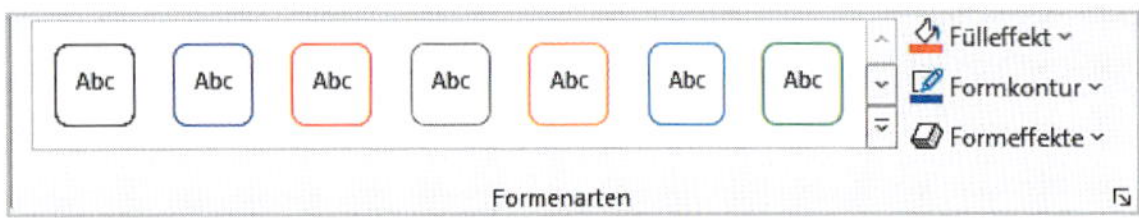

Formenarten

Sie haben die Möglichkeit, Ihr Textfeld hinsichtlich Farben und Linien zu formatieren. MS WORD stellt Ihnen verschiedene Vorlagen zur Verfügung.

Der Hintergrund des Textfelds kann mit Füllfarbe in Farbverlauf, Struktur und Muster unter Fülleffekt gestaltet werden.

Unter Formkontur kann der Rahmen des Textfelds durch unterschiedliche Linienarten und Linienfarben versehen werden.

Es lassen sich auch Effekte wie z. B. Spiegelungen, Schatten, Leuchteffekte etc. einfügen.

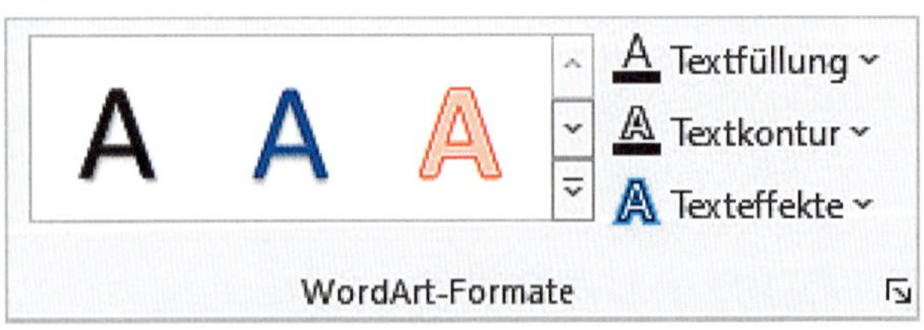

WordArt-Formate

Durch vordefinierte Textformate kann der Text in den Textfeldern künstlerisch verändert werden. Mit Füllfarben, Konturen und Effekten lässt sich der Text bearbeiten.

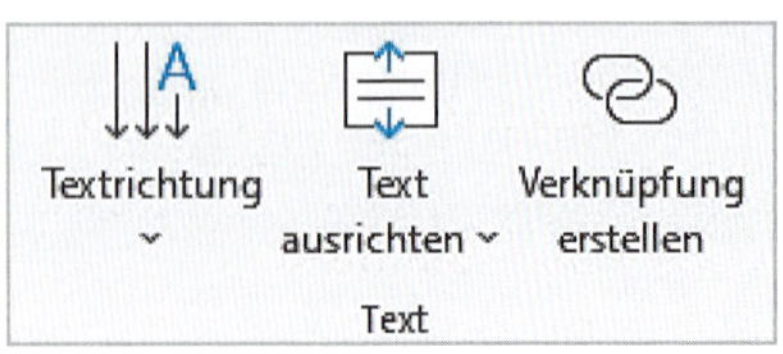

Text

Mit einem Klick auf Textrichtung lässt sich die Richtung des Textfelds ändern. So können Sie das Feld um 90° bzw. 270° drehen. Unter der Textausrichtung besteht die Möglichkeit, den Text im Textfeld oben, unten bzw. mittig auszurichten.

Barrierefreiheit

Es lässt sich ein Text eingeben, der beschreibt, wie sich jemand das Objekt mit dem Kontext vorstellen kann, der nicht sieht bzw. sehbehindert ist.

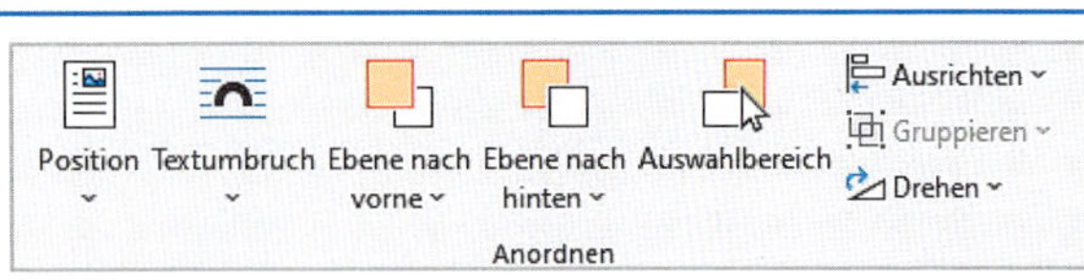

Anordnen

Hier kann die Position des Textfelds auf der Seite gewählt werden. Ebenso kann der Zeilenumbruch verändert werden. Sie können entscheiden, ob Sie das Textfeld im Vorder- oder Hintergrund haben möchten oder welche Ausrichtung Sie ihm zuweisen möchten. Auch können einige Textfelder gedreht oder gespiegelt werden.

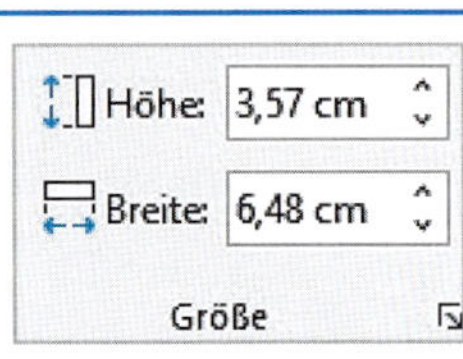

Größe

Unter Höhe und Breite können zentimetergenaue Eingaben gemacht werden.

Bei einigen Textfeldern wird – neben den Haltepunkten/Eckpunkten – auch ein Kreis eingeblendet. Mit dem Kreis kann die Form gedreht werden.

Klicken Sie das Textfeld an und betätigen die Entf -Taste, um das Textfeld zu löschen.

Der Textumbruch oder Textfluss spielt bei allen Objekten eine entscheidende Rolle, weil damit die Verbindung zwischen dem Objekt und der Schrift gestaltet werden kann.

Klicken Sie mit der rechten Maustaste in das Textfeld oder auf die Registerkarte **Textfeldtools Formformat/Textumbruch**.

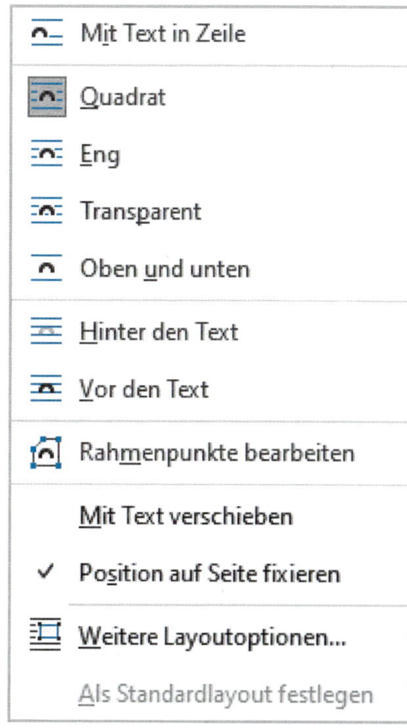

	Mit Text in Zeile Der Text wird mit dem grafischen Objekt in einer Zeile geschrieben. Der Text verschiebt sich für das Objekt.
	Quadrat Der Text wird wie ein Quadrat um das Objekt angeordnet.
	Eng Der Text fließt relativ eng um die Ränder der Grafik. Der Objektrahmen der Grafik wird dabei nicht berücksichtigt.
	Transparent Der Text läuft durch das Objekt
	Oben und unten Der Text legt sich nur über und unter das Objekt. Der rechte und linke Rand des Objekts bleibt textfrei.
	Hinter den Text Der Text legt sich über die Grafik
	Vor den Text Der Text wird von der Grafik verdeckt.
Weitere Layoutoptionen...	Wenn Sie unter „Weitere Layoutoptionen“ die Registerkarte „Textumbruch“ öffnen, stehen weitere Vorschläge zur Verfügung.

Zur Wiederverwendung speichern Sie das Textfeld auf der Registerkarte **Einfügen/Textfeld/Auswahl im Textfeldkatalog speichern**.

Füllen Sie dazu die restlichen Felder im Fenster „Neuen Baustein erstellen“ aus.

Übungsaufgaben:

1. Erfassen Sie den Infotext zum Textfeld.
2. Fügen Sie anschließend mehrere Textfelder ein und formatieren Sie diese unterschiedlich.

Die grafischen Objekte, man kann auch sagen Bilder aller Art, lockern den Text auf und bilden einen Blickfang. Wenn Sie einen Text als Fließtext erfassen, beachten Sie die grafischen Objekte in der Vorlage zunächst nicht, weil diese erst später eingebaut werden. Danach erstellen und fügen Sie die Objekte an die Stellen im Dokument ein, wie es aus der Vorlage ersichtlich wird. Beginnen Sie mit dem jeweiligen Objekt. Die Position und die Größe richten sich nach Ihrem Augenmaß. Die Art des Textflusses um das Objekt können Sie aus der Vorlage erkennen.

13.2 Formen

Unter **Formen** versteht man Zeichnungsobjekte. Es handelt sich um vorgefertigte Objekte, die man in ein Dokument einfügen und dort bearbeiten kann. MS Word hat hierfür ein reichhaltiges Angebot.

Klicken Sie auf der Registerkarte **Einfügen/Gruppe Illustrationen/Formen** und wählen Sie in diesem Katalog eine vorgegebene Form durch Doppelklick aus. Wenn Sie einfach auf die Form klicken, erscheint ein Fadenkreuz und Sie können die Form mit gedrückter linker Maustaste im Dokument aufziehen.

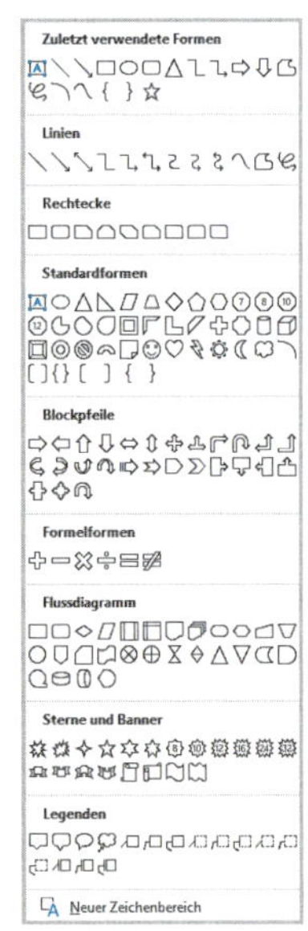

Sie können die Textmarke in der Form anklicken, um Ihren Text hinzuzufügen. Wird die Form mit der rechten Maustaste angeklickt, kann in diesem Fenster der Befehl „Text bearbeiten" gewählt werden. Die Form kann nun beschriftet werden. Die Beschriftung kann mit den bekannten Zeichen- und Absatzformatierungen versehen werden.

Genauso wie die Textfelder können auch die Formen bei Aktivierung formatiert werden. Wenn Sie die Form einfügen oder später in die Form klicken, blendet sich die Registerkarte **Formformat** ein:

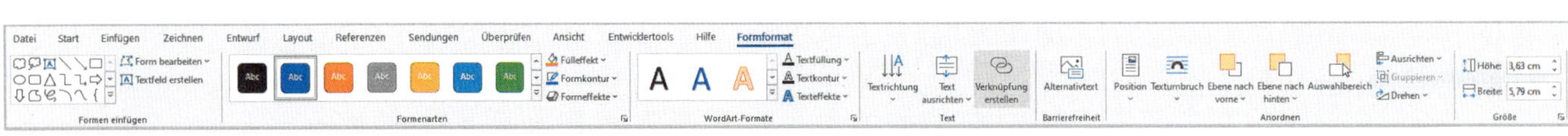

Hier sind mehrere **Möglichkeiten** zu finden, um die Form zu formatieren:
Diese entsprechen den Tools zur Formatierung der Textfelder. Dazu gehören Formarten, Fülleffekte, Formkonturen, Schatteneffekte, 3-D-Effekte, Anordnungen und Größe.

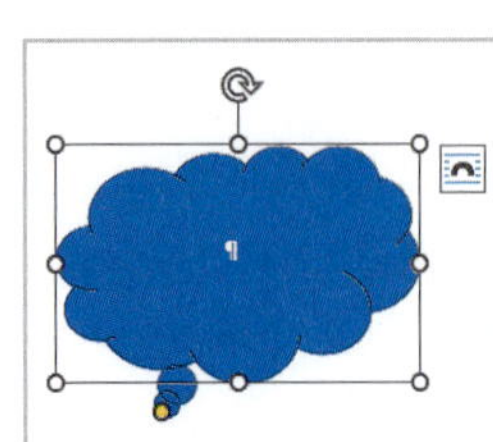

Bei den Formen werden – neben den Haltepunkten/Eckpunkten – auch grüne Kreise und gelbe Rauten eingeblendet.

Mit den grünen Kreisen kann die Form gedreht werden.
Mit den gelben Rauten kann das Aussehen der Form geändert werden.

Klicken Sie die Form an und betätigen die Entf-Taste, um die Form zu löschen.

Auch bei den Formen kann der Textumbruch berücksichtigt werden. Siehe Textumbruch bei Textfeldern.

Übungsaufgaben:

1. Erfassen Sie den Infotext zu den Formen.
2. Fügen Sie anschließend die Form ein und formatieren Sie diese.

Formen sind Textfelder mit einer eigenen Form. Wichtige Formen sind in der Symbolleiste Zeichnen mit eigenen Symbolen aufgeführt: Linien, Verbindungen, Pfeile, Diagramme, Sterne und Banner jeglicher Art und Größe können hier eingefügt werden. Über die Schaltfläche Formen stehen noch mehr Kategorien zur Verfügung. Unter jeder Kategorie verbergen sich viele unterschiedliche Einzelformen. Hat das Objekt einen Korrektur-Ziehpunkt, lässt sich die Form ändern. In die meisten Formen kann man Text eingeben. Sowohl der Text als auch die Form selber lassen sich bearbeiten und formatieren.

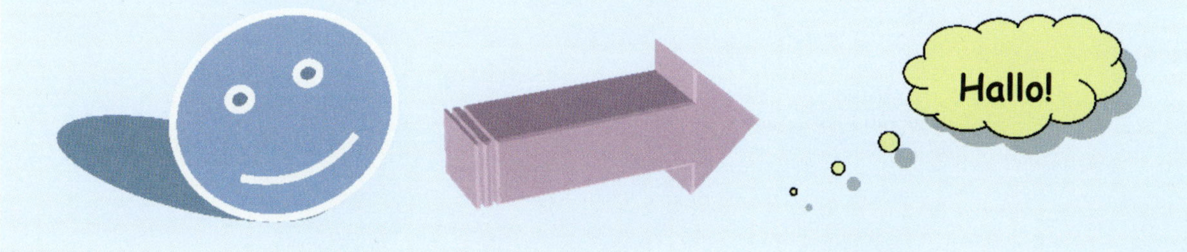

13.3 SmartArt

SmartArts sind Grafiken, durch die Informationen und Ideen grafisch veranschaulicht dargestellt werden können. Aus einer Vielzahl von Layouts kann man eine visuelle Darstellungsart auswählen. Für die Illustrationen wird wenig Zeitaufwand benötigt und trotzdem können sie in professioneller Qualität erstellt werden. Probieren Sie verschiedene Layouts aus, um Ihre Botschaft sinnvoll darzustellen. Berücksichtigen Sie hierzu auch die Textmenge und beschränken sich auf die Kernpunkte, denn große Textmengen lenken von der visuellen Vermittlung ab.

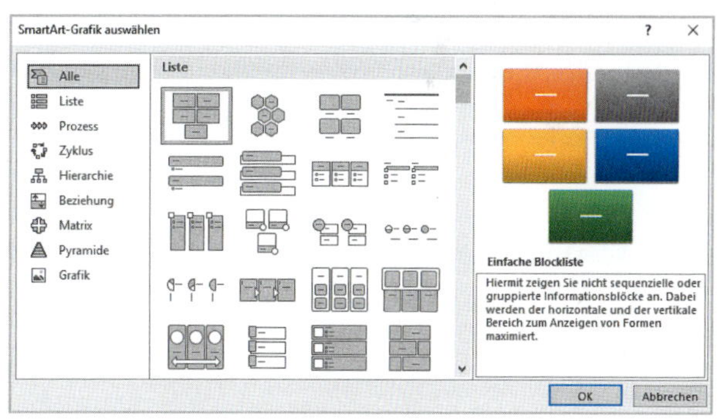

Klicken Sie auf der Registerkarte **Einfügen/Gruppe Illustrationen/SmartArt** und wählen Sie aus den verschiedenen Layouts eine Grafik aus. Bestätigen Sie Ihre Auswahl mit OK.

Das SmartArt erscheint im Dokument. Klicken Sie in die Form, die Sie beschriften möchten und geben Sie Ihren Text ein.

Genauso wie die Textfelder kann auch das SmartArt formatiert werden. Es blenden sich die Registerkarten **SmartArt-Design** und **Format** ein. Auch hier stehen mehrere Formatierungsmöglichkeiten zu Verfügung:

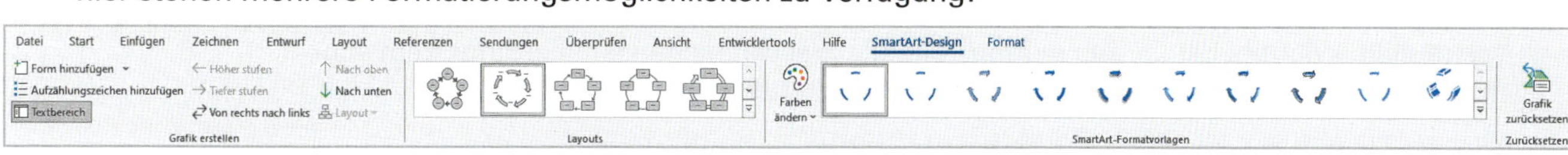

Unter der Registerkarte **SmartArt-Design** finden sich Formatierungen zur Grafik, zu den Layouts und Farben sowie zu den Formatvorlagen. Sie können das SmartArt um weitere Formen ergänzen, die einzelnen Textfelder verschieben, mit den Farben spielen oder die Formatvorlage abändern.

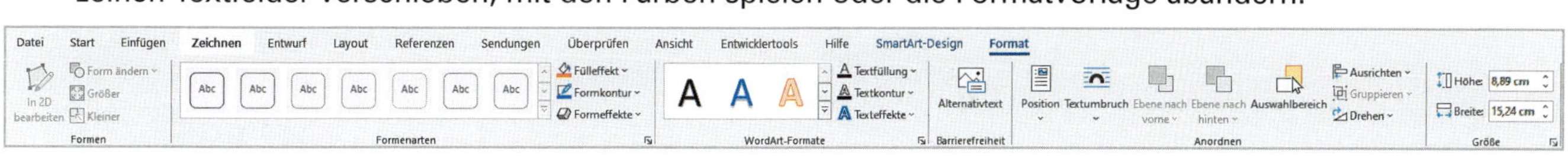

Die Tools der Registerkarte **Format** entsprechen den Möglichkeiten zur Formatierung der Textfelder und der Formen.

Klicken Sie das SmartArt an und betätigen die Entf -Taste, um das SmartArt zu löschen.

Auch bei den SmartArts kann der Textumbruch berücksichtigt werden. Siehe Textumbruch bei Textfeldern.

Übungsaufgabe:

Erstellen Sie das folgende SmartArt zu den nichtigen Rechtsgeschäften.

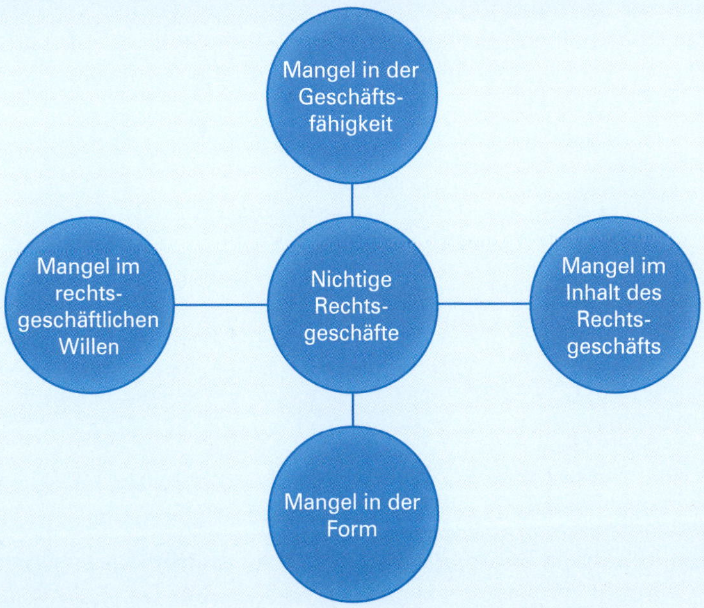

Kompetenztraining:

Stellen Sie die Hierarchie Ihres Unternehmens bzw. Ihrer Abteilung dar. Nutzen Sie hierzu die Formen, Textfelder und SmartArt-Illustrationen.

13.4 Wasserzeichen

Eine weitere Möglichkeit der Gestaltung stellt das **Wasserzeichen** dar. Wasserzeichen sind Texte oder Bilder (z. B. das Firmenlogo), die schwach hinter dem Haupttext liegen. Es soll so wirken, als wären sie Bestandteil des Papiers. Sie werden verwendet, um dem Dokument eine edle Note zu verleihen. Mit einem Wasserzeichen können Sie jedoch auch angeben, dass das Dokument besonders behandelt werden soll (z. B. Vertraulich, Wichtig, Eilt ...). Ein eigenes Bild als Wasserzeichen ist allerdings kein echtes Wasserzeichen. Es wird aber wie ein solches behandelt.

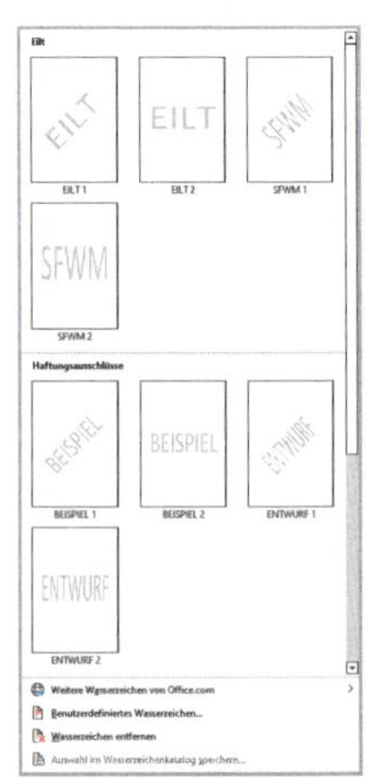

Klicken Sie auf der Registerkarte **Entwurf/Gruppe Seitenhintergrund/Wasserzeichen**. Entscheiden Sie sich für einen Vorschlag aus dem Katalog.

Gefällt Ihnen keines der angezeigten Wasserzeichen, klicken Sie auf „Benutzerdefiniertes Wasserzeichen“.

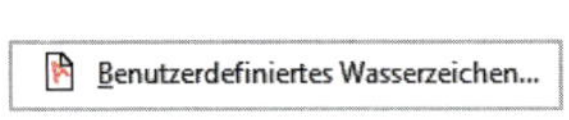

Im Fenster „Gedrucktes Wasserzeichen" rufen Sie das Feld „Textwasserzeichen" auf. Geben Sie den Text ein und ändern Sie evtl. die Formatoptionen. Sobald Sie auf „Übernehmen" und danach auf „Schließen" klicken, erscheint das Wasserzeichen als Hintergrund in Ihrem Dokument.

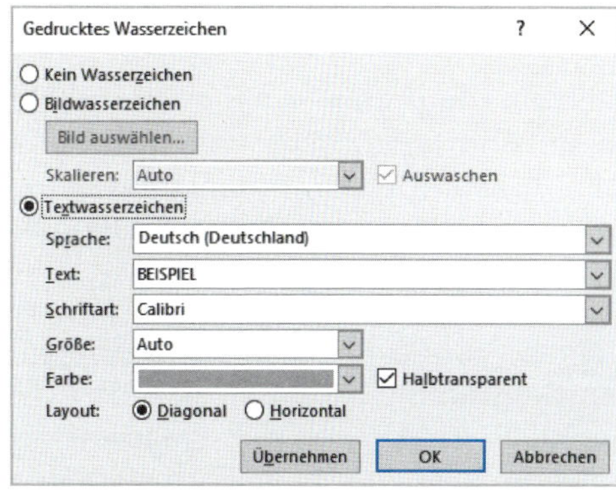

Sie haben auch die Möglichkeit, ein eigenes Digitalfoto als Wasserzeichen einzufügen. Zu diesem Zweck klicken Sie im Dialogfeld „Gedrucktes Wasserzeichen" auf „Bildwasserzeichen". Über „Bild auswählen" fügen Sie es ein. Sobald Sie auf „Übernehmen" und danach auf „Schließen" klicken, erscheint das Wasserzeichen als Hintergrund in Ihrem Dokument.

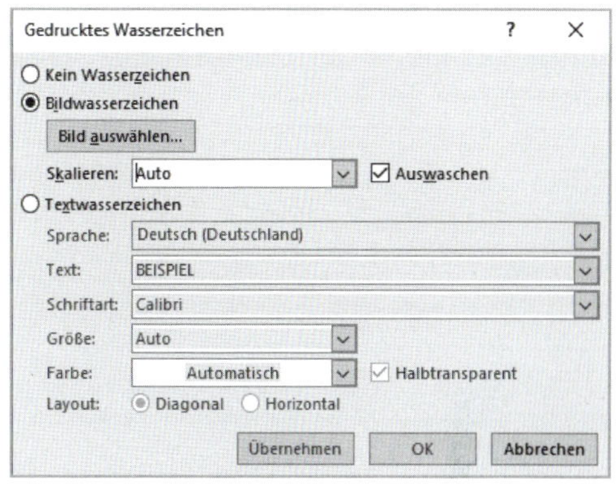

Um ein Wasserzeichen zu löschen, klicken Sie auf der Registerkarte **Entwurf/Gruppe Seitenhintergrund/Wasserzeichen entfernen**.

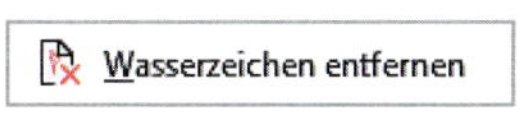

Übungsaufgaben:

1. Schreiben Sie eine Einladung für das Firmenjubiläum in der Schriftart „Comic Sans", Schriftgröße 12 p.
2. Fügen Sie ein Wasserzeichen in die Einladung ein.
3. Gestalten Sie die Einladung mit den Ihnen bekannten Absatz- und Zeichenformatierungen.
4. Fügen Sie auch geeignete grafische Objekte ein.

Einladung

Unser Unternehmen wird 25

Am 11. März nächsten Jahres möchten wir dieses Ereignis mit Ihnen feiern.
Wir beginnen um 11:00 Uhr in den Geschäftsräumen unseres Hauses mit einem Festvortrag. Anschließend laden wir zu einem Sektempfang ein. Gegen 13:00 Uhr erwartet Sie ein Spezialitätenbuffet.
Bitte teilen Sie uns auf der beiliegenden Antwortkarte Ihre Teilnahme bis zum 10. November d. J. mit.
Es freuen sich auf Sie Ihre Geschäftsleitung und die Mitarbeiter der Heinrich KG, Büromöbel und Zubehör.

13.5 Diagramm

Auch ein **Diagramm** ist ein grafisches Objekt. Unter einem Diagramm versteht man eine zeichnerische Darstellung von bestimmten Werten bzw. Daten, die miteinander verglichen und berechnet werden sollen. Diese Daten werden zunächst tabellarisch erfasst. Wenn Sie ein Diagramm in Ihr Dokument einfügen, öffnet sich neben dem eingefügten Diagramm ein Excel-Tabellenblatt mit sämtlichen Menübändern.

Wählen Sie die Registerkarte **Einfügen/Gruppe Illustrationen/Diagramm.** Es öffnet sich das Dialogfeld „Diagramm einfügen". Sie können sich zwischen vielen Diagrammtypen mit jeweils spezifischen Formatvorlagen entscheiden. Klicken Sie doppelt auf den gewünschten Diagrammstil. Überschreiben Sie in der Excel-Tabelle die Beispielzahlen mit Ihren eigenen Zahlen.

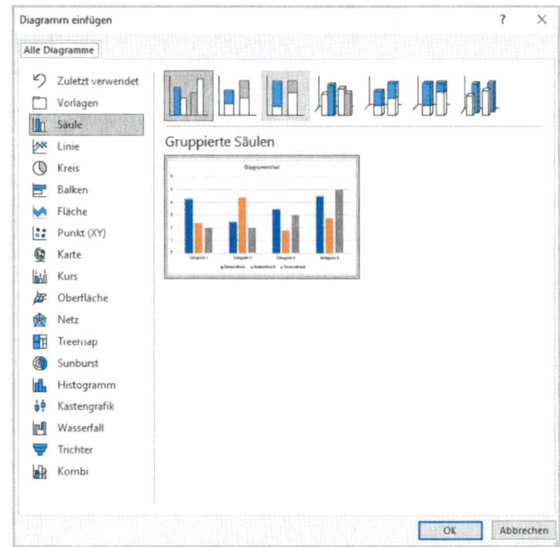

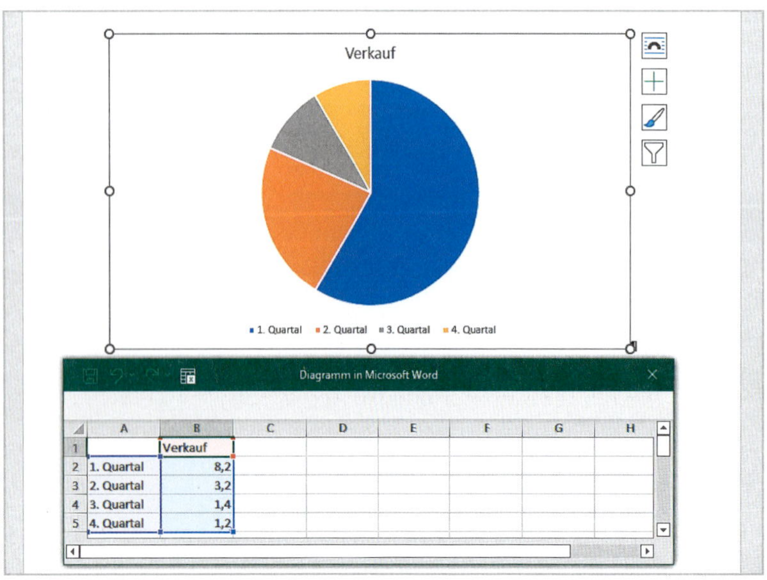

Um die Tabelle zu bearbeiten, stehen Ihnen sämtliche Zeichen- und Absatzformatierungen unter der Registerkarte **Start** zur Verfügung. Nach der Bearbeitung schließen Sie die Tabelle.

Ziehen Sie zum Ändern der Größe des Diagrammdatenbereichs eine Ecke des Bereichs.
Für weitere Formatierungen blenden sich die Registerkarten **Diagramm, Entwurf** und **Format** ein:

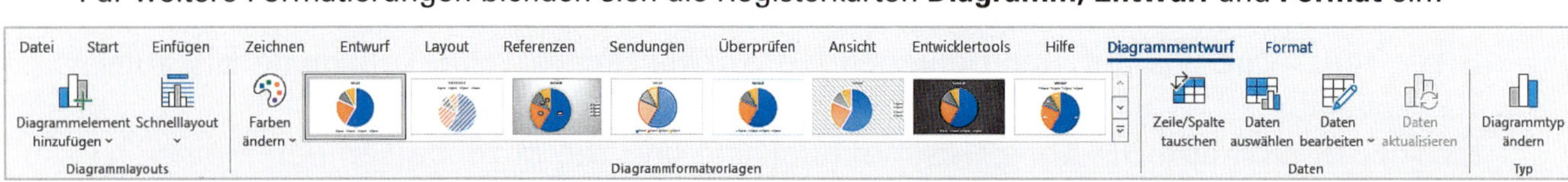

Unter **Diagramm-Entwurf** können Sie das Layout des Diagramms sowie die Farben und den Diagrammtyp ändern. Ebenso ist es möglich, über „Zeile/Spalte wechseln" die Angaben entweder auf der x-Achse oder auf der y-Achse anzuordnen. Sie können weitere Daten in der Tabelle ergänzen, die Excel-Tabelle ändern und diese Daten aktualisieren.

Über die Funktion „Diagrammlayouts" können Sie Titel, Legende und Balken des Diagramms unterschiedlich anordnen lassen.

Unter den „Diagrammformatvorlagen" finden Sie unterschiedliche Gestaltungsfarben und Schattierungen für Ihr Diagramm.

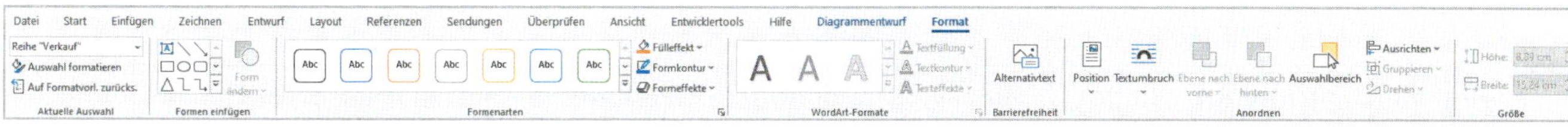

Unter der Registerkarte **Format** können der Datenreihe unterschiedliche Formenarten, Fülleffekte, Konturen oder Formeffekte zugewiesen werden. Den Text bzw. die Legende kann man mit verschiedenen Textfüllungen oder Texteffekten versehen. Sie können Formen einfügen und zwischen verschiedenen WordArt-Formaten wählen. Ebenso können die Größe und die Anordnung Ihres Diagramms verändert werden.

Übungsaufgaben:

1. Stellen Sie die Umsatzzahlen für die ersten vier Monate des Jahres 20.. der beiden Filialen Bottrop Süd und Bottrop Nord in drei verschiedenen Diagrammtypen dar.
2. Gestalten Sie die Diagramme mit den oben beschriebenen Formatierungen.

Filialumsatz 1. Quartal 20..		
	Bottrop Süd	Bottrop Nord
Januar	12.556,00 €	18.567,00 €
Februar	9.782,00 €	19.235,00 €
März	10.638,00 €	14.811,00 €
April	11.731,00 €	13.893,00 €

13.6 Leporello

Ein **Leporello** ist nach Duden „ein harmonikaartig zusammenzufaltender Papierstreifen", welcher im Querformat als Informationsblatt dient. Es bietet sich an für Firmen, Praxen, Verwaltungen, Vereine, Kliniken, aber auch für den privaten Bereich, um z. B. Einladungen zu gestalten.

Für ein Leporello wird ein A4-Blatt quer genommen und in Spalten aufgeteilt. Das Blatt muss zweimal bedruckt werden. Bei der Gestaltung müssen Sie auf die Reihenfolge der gefalteten Seiten achten.

oben 1. Druck

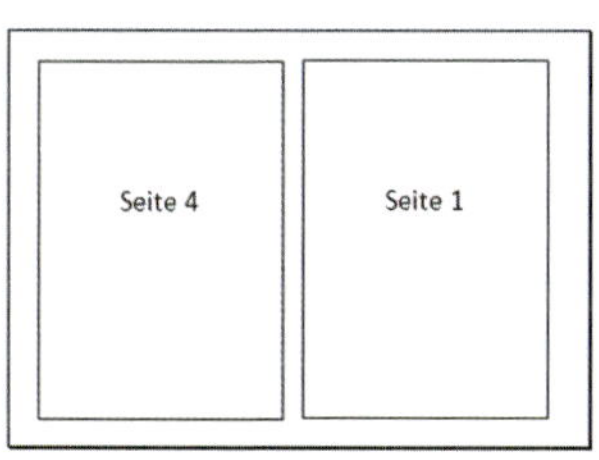

unten 2. Druck

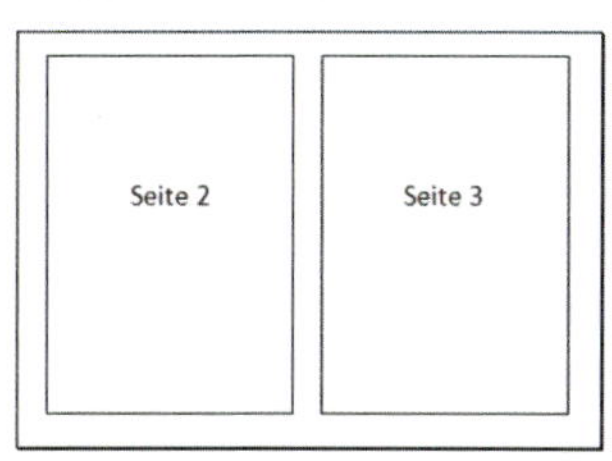

oben 1. Druck

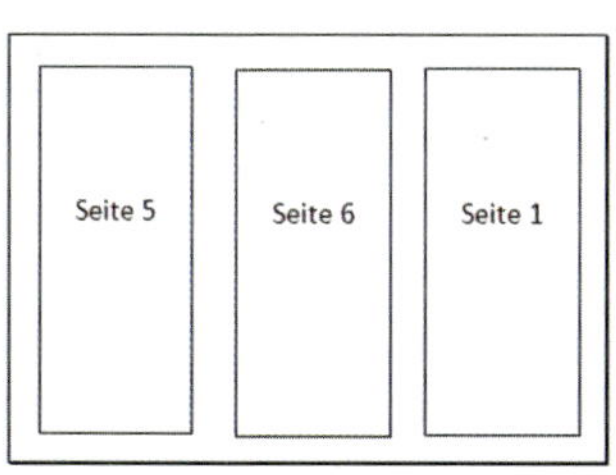

unten 2. Druck

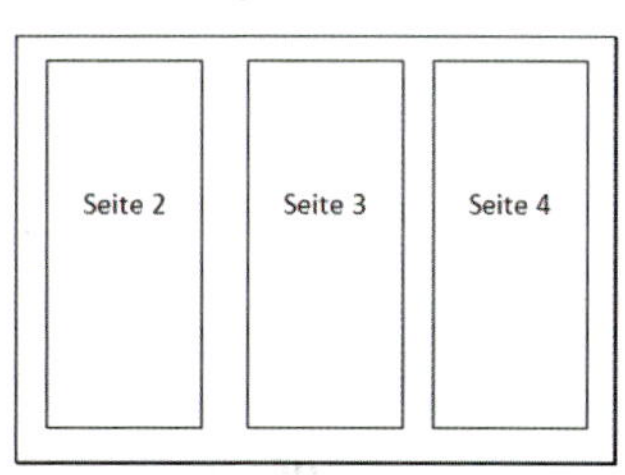

Folgende Arbeitsschritte sind notwendig:

<table>
<tr>
<td>Registerkarte Layout

Gruppe Seite einrichten/Schaltfläche Seitenränder
Benutzerdefinierte Seitenränder
das Fenster „Seite einrichten“ wird geöffnet
Querformat aktivieren

Seitenränder eingeben z. B. überall 1 cm bzw. 1,5 cm

mit OK bestätigen</td>
<td>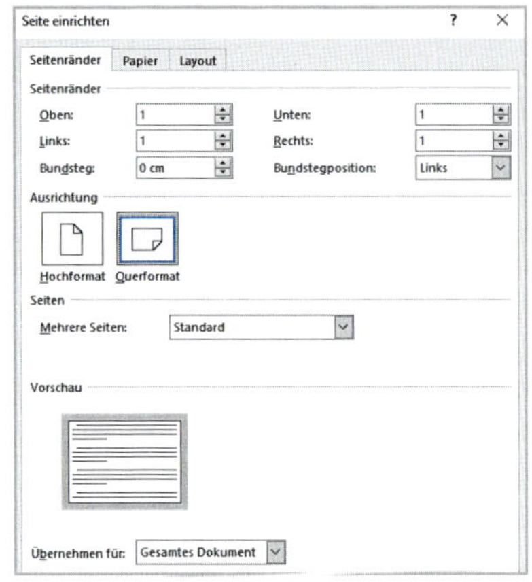
</td>
</tr>
<tr>
<td>Gruppe Seite einrichten/Schaltfläche Spalten
„Mehr Spalten“ anklicken
Voreinstellungen: zwei oder drei
Breite und Abstand können gewählt werden
auf Wunsch eine Zwischenlinie einfügen

mit OK bestätigen</td>
<td>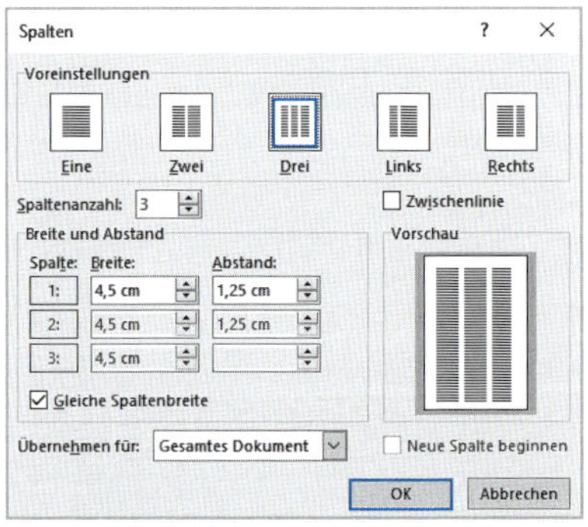
</td>
</tr>
<tr>
<td>Registerkarte Layout

Gruppe Seite einrichten/Schaltfläche Umbrüche
dort klicken Sie auf „Spalte“.
Bei einem zweispaltigen Faltblatt diesen Schritt dreimal durchführen,
bei einem dreispaltigen Leporello diesen Schritt fünfmal durchführen

mit OK bestätigen

Alternative: Strg + Shift + Return am Ende jeder Spalte</td>
<td>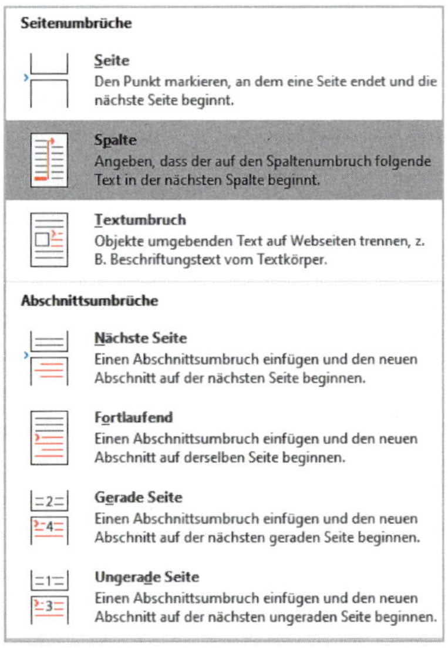
</td>
</tr>
<tr>
<td colspan="2">Nun können Sie Ihre einzelnen Spalten mit Inhalt füllen.</td>
</tr>
</table>

Übungsaufgaben:

Die Heinrich KG möchte in Zukunft einige Produkte auf einem Faltblatt präsentieren, weil ein Leporello von den Kunden eher mitgenommen wird als ein Katalog. Zudem könnte so ein Leporello auch als Werbebrief an die Kunden verschickt werden.

1. Gestalten Sie für die beiden Auszubildenden das folgende Leporello „Produkte auf einen Blick“.
2. Nehmen Sie auch die Ihnen bekannten Zeichen- und Absatzformatierungen sowie die grafischen Objekte zu Hilfe.

Linke Spalte:
Logo der Heinrich KG
Anschrift der Heinrich KG
weitere wichtige Geschäftsangaben

Mittlere Spalte:
Bürostuhl „Verdan"
A-1507155
mit Ring-Armlehnen
Textilleder grau gefärbt
Bandscheibensitz
verstellbare Rückenlehne
Rückenlehne mit Formschaumpolsterung
Unser Preis: 78,00 €

Rechte Spalte:
Solitärschreibtisch „Starlight"
in Nierenform
A-1001100 bzw. A-1002100
Massivholz
Ahorn oder Buche
Oberfläche der Tischplatte versiegelt
Standard: 200 x 100
Höhe: 72
Sondermaße auf Wunsch
Sensationspreis: 925,00 €

13.7 Screenshot

Unter einem Screenshot versteht man eine Kopie des Bildschirms. Der aktuelle Bildschirm kann ganz oder als Ausschnitt kopiert werden und als Grafik in eine andere Datei eingefügt werden. Der eingefügte Screenshot kann dann mit den bekannten Formatierungen für eine Grafik bearbeitet werden.

Öffnen Sie zunächst die Datei, von der Sie einen Ausschnitt kopieren möchten. Öffnen Sie dann das Word-Dokument, in das Sie den Screenshot einfügen möchten. Klicken Sie nun in dem Dokument, in dem der Screenshot eingefügt werden soll, auf die Registerkarte **Einfügen/Gruppe Illustrationen/ Screenshot/Bildschirmausschnitt**. Der Mauszeiger wird zu einem Kreuz (+). Mit gedrückter linker Maustaste können Sie den zu kopierenden Bereich einfassen. Wenn Sie die Maustaste loslassen, erscheint der Screenshot in dem Zieldokument.

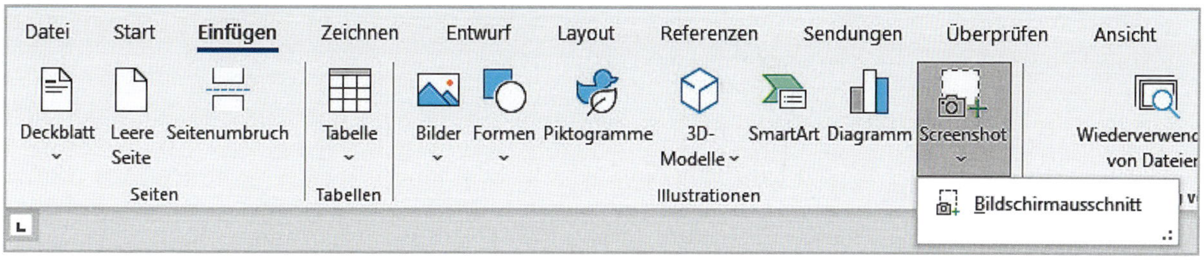

Der Screenshot wird in Ihrem neuen Dokument als Grafik eingefügt und kann mit der Registerkarte **Bildformat** bearbeitet werden.

Sie können auch den gesamten Bildschirm mittels Screenshot als Grafik in ein anderes Dokument einfügen. Dazu öffnen Sie zunächst die Datei, von der Sie den Bildschirm kopieren möchten. Öffnen Sie dann das Word-Dokument, in das Sie den Screenshot einfügen möchten. Klicken Sie nun in dem Dokument, aus dem der Screenshot kopiert werden soll und drücken Sie die Druck-Taste. Wechseln Sie in das Zieldokument und fügen den Inhalt aus dem Zwischenspeicher ein, indem Sie z. B. die Tastenkombination Strg + V drücken.

Übungsaufgaben:

1. Erstellen Sie folgende Übersicht.
2. Fertigen Sie von der Übersicht einen Screenshot an, den Sie in ein neues Word-Dokument einfügen.
3. Formatieren Sie den Screenshot mit einem passenden Textumbruch.

Marketingmix

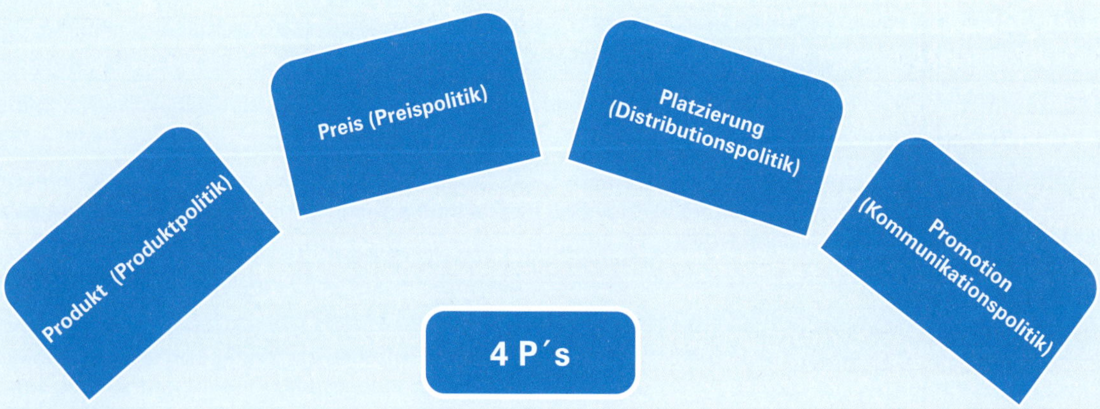

13.8 Zeichnen Freihand

Office 365 ermöglicht sowohl in Word als auch in Excel und Power Point mit **Freihandeingaben** in ein Dokument Anmerkungen zu setzen, Textteile hervorzuheben oder auch Formen zu zeichnen. Microsoft nennt dies „Zeichnen mit Freihandstift“. Das Zeichnen funktioniert mit Touchtasten, mit dem Finger, mit dem digitalen Stift oder auch mit der Maus – je nachdem mit welchem Gerät Sie arbeiten.

Unter der Registerkarte **Zeichnen** stehen folgende Werkzeuge zur Verfügung:

Gruppe Zeichentools:

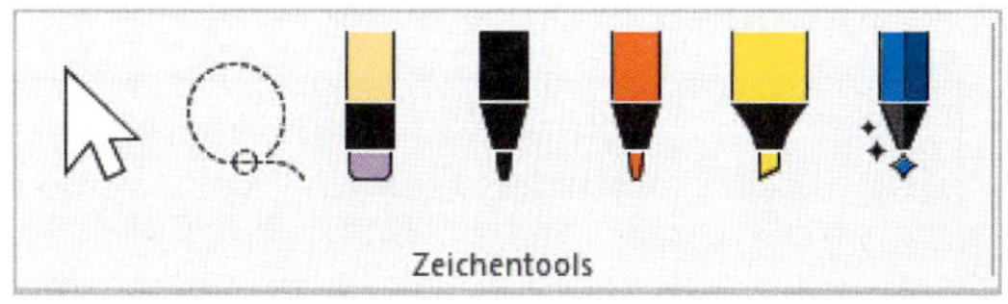

Aktivieren Sie das Icon „Auswählen“, können die gezeichneten Objekte verschoben und formatiert werden. Klicken Sie das grafische Element an, stehen Ihnen unter der Registerkarte „Formformat“ oder per Rechtsklick auf das Objekt die Formatierungen von grafischen Objekten zur Verfügung.

Mit der Lasso-Funktion kann man in Excel und Power Point mehrere Freihandobjekte einfangen und gemeinsam bearbeiten.

Wählen Sie den Radierer, lassen sich erstellte Freihandzeichnungen oder -anmerkungen wieder löschen.

Mit den verschiedenen Stiften kann gezeichnet und geschrieben werden. Durch einen Klick auf den Stift lassen sich seine Eigenschaften (Linienstärke und Farbe) ändern.

Des Weiteren kann man Änderungen nachverfolgen. Dazu können Freihand-Gesten ausgewählt werden. Sinnvoll ist diese Nachverfolgung, wenn mehrere Personen ein Dokument bearbeiten und überarbeiten.

Gruppe Konvertieren:

Freihand in Form: Bei Aktivierung dieser Schaltfläche zeichnen Sie eine Form und diese wird automatisch in die entsprechende Office-Form konvertiert.

Freihand in Gleichung: Es öffnet sich ein Dialogfenster, in dem eine mathematische Formel bzw. ein mathematischer Ausdruck geschrieben werden kann. Diese Formel wird dann mit dem Office-Formeleditor umgewandelt und als Office-Formel in den Text eingefügt.

Gruppe Einfügen:

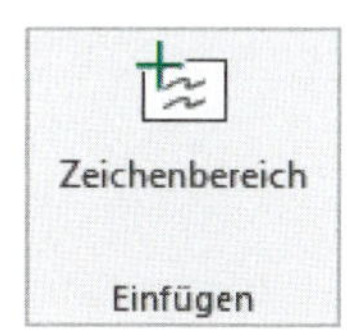

Sie haben die Möglichkeit, durch Aktivierung eines Zeichenbereichs einen Platz zur Eingabe Ihrer Zeichnungen zu schaffen.

Gruppe Wiedergeben:

Die Wiedergabe in Freihand ermöglicht die schrittweise Wiederholung Ihrer eingegebenen Freihandstriche bzw. Gedanken in Ihrem Dokument.

Kompetenztraining:

Entwickeln Sie eine Einladung zu Produktvorführungen in Form eines Leporellos. Das Thema sollte sein „Mein rückenfreundliches Büro“. Überlegen Sie sich geeignete Produkte, die Sie den Kunden vorführen können. Gestalten Sie das Faltblatt mit den bekannten Formatierungen und grafischen Objekten.

Kompetenztraining:

Die Heinrich KG möchte ihre Kunden über neue Schreibtischlampen informieren und beauftragt ihre Auszubildenden Gill Bates und Moni Tor einen entsprechenden Werbeflyer zu entwerfen.

1. Gestalten Sie das Werbeblatt mit den Ihnen bekannten Zeichen- und Absatzformatierungen.
2. Nutzen Sie zur Formatierung die grafischen Objekte.

Rücken Sie Ihren Arbeitsplatz ins richtige Licht

Luna B-2103137	Schreibtischlampe aus Metall, verchromt; Schnurzwischenschalter; Opalglas weiß; ohne Leuchtmittel	Fuß: Ø 20 Armlänge: 40 Breite: 25 Höhe: 35	68,00 €
Optima B-2103138	Schreibtischleuchte aus Metall, verchromt; grüner langer Leuchtenkopf; effiziente Leuchtstofflampe; gleichmäßige Ausleuchtung	Fuß: Ø 20,4 Armlänge: 52,2 Kopf: 69,2	90,00 €
Praktiker B-2103126	Schreibtischlampe aus Metall, beschichtet; Niedervolt-Halogenleuchte; schwarz; Halogenleuchtmittel inklusive	Fuß: Ø 18,2 Ausladung: 52 Höhe: 60	32,00 €

Heinrich KG
Büromöbel und Zubehör
Rahlstedter Str. 144
22143 Hamburg
Tel. 040 67245-0
Fax 040 67245-87
www.heinrich-hamburg.de
info@heinrich-kg.de

Stichwortverzeichnis

A
Absatz
– Abstand 35f.
– Ausrichtung 27
– Formatierung 12f., 27ff., 57, 168, 172, 176
– Kontrolle 36
– linksbündig 27
– rechtsbündig 27
– umrahmen 43
– zentriert 27
– zusammenhalten 37
Absatzmarke 35, 75
Abschnittsumbruch 13f.
Absenderangaben 101, 115f.
Abstand 21, 35
– selbst definiert 36
– vor/nach einem Absatz 36
Abstände 35
Adressetiketten 153
akademische Grade 96
Amtsbezeichnung 96
Anfrage 132f., 143f.
– Aufbau und Inhalt 133
– bestimmte 132f.
– DIN 5008 134
– Schnellbausteine 132f.
– unbestimmte/allgemeine 132f.
Angebot 112f., 134f., 145f.
– Aufbau und Inhalt 134
– DIN 5008 135
– Schnellbausteine 134f.
Anlagenvermerk 101, 112ff.
Anmerkung 53
Anrede 101, 110ff.
Anschriftfeld 95ff., 101f., 110ff., 116f.
Anschriftzone 95
Auftragsbestätigung 137f.
– Aufbau und Inhalt 137
– DIN 5008 138
– Schnellbausteine 138
Aufzählung
– mehrstufige 40
Aufzählungszeichen 37ff.
– entfernen 39
– im Text 40
ausgeblendet 20
Aushang 10
Auslandsanschriften 99
Ausrichtung
– linksbündig 27
ausschneiden 49f.
AutoKorrektur 23
AutoText 140, 142

B
Barrierefreiheit 164
Bausteinkatalog-Inhaltssteuerelement 79, 81
bedingter Trennstrich 8
Bedingungsfeld 160
Beglaubigungsvermerk 114
Behördenbrief 114
Berufsbezeichnung 96
Bestellung 136ff.
– Aufbau und Inhalt 136
– DIN 5008 137
– Schnellbausteine 136
Betreff 101, 103ff., 110ff., 116, 124
Bewerbung 104
Bewerbungsanschreiben 105
Bewerbungsmappe 104
Bild 58
Bildformatvorlage 59
Bildinhaltssteuerelement 79, 81
Bildschirmausschnitt 173
Bildtools 59
Bindestrich 9
Blocksatz 27
Brief
– Abschluss 110, 113ff., 141
– Anfang 126, 131f.
– Eröffnung 126, 133, 136, 138
– formloser 101ff.
– Gestaltung 92, 110ff.
– Kern 126, 133ff., 138
– Schluss 112f., 126, 131ff., 135, 137f.
– Stil 127ff.
Briefaufbau 126f.
– Grundregeln 126
Briefumschläge 100, 153, 158

C
Checkliste 11, 88f.

D
Daten
– exportieren 77
– importieren 77
Datumsauswahl-Inhaltssteuerelement 79, 83
Design 24f.
– Effekt 24
– Farbe 24
– Schriftart 24
Diagramm 170f.
– einfügen 170
Diagrammtools 170
digitale Bewerbungen 108
DIN 5008 17f., 26, 28, 37, 40, 92ff., 113ff., 124, 137ff.
Dokumentvorlage 123, 147ff., 157, 160
– erstellen 147
– öffnen 148f.
– speichern 147
doppelt durchgestrichen 20
Drag & Drop 48f., 70
Dropdown
– element 90
– Formularfeld 90
Dropdownlisten-Inhaltssteuerelement 79, 82
durchgestrichen 20

E
Effekt 20, 45
einfügen 49
Einrückung 28
Einzug 28f.
– hängend 28
– linker 28
– rechter 28
– vergrößern 28
– verkleinern 28
Elektronischer Schriftverkehr 124f.
E-Mail
– Abschluss 124
– Anhang 124
– Anrede 124
– Attachment 124
– bcc 124
– Betreff 124
– cc 124
– geschäftlich 124
– Kommunikationsverbindung 125
– Text 124
E-Mail-Bewerbung 108
Emoticons 124
Endnote 15f.
– einfügen 16
Entwicklertools 79, 86
Ergänzungsstrich 9
Ergebnisprotokoll 149
ersetzen 50ff.
– alle 51
– Formate 52
– Sonderzeichen 52
Erstzeileneinzug 29
Etiketten 153

F
Falzmarke 123f.
Faxnummern 92
Feldfunktion 148f.
fett 18
Filtern 161f.
Firmen- und Behördenanschriften 97f.
Flatterrand 27
Fließtext 8f., 13, 16f.
Fluchtlinie 30, 116
Formatierung
– löschen 52
Format übertragen 22f.
Formatvorlage 24
Formeffekt 61, 171
Formen 61, 123, 166f.
– formatieren 166
Formenarten 61, 163f., 166, 171
Formen einfügen 164
Formkontur 61, 166
Formular
– erstellen 78ff.
Formularfeld 79ff.
– erstellen 78
Fortsetzungsblatt 122f.
– mit Briefkopf 122
– ohne Briefkopf 122
Fragebogen 91
Freihandeingaben 175
Freihandobjekte 175
Fülleffekt 61, 166, 171
Füllung 43
Fußnote 15ff., 53
– einfügen 16
Fußnotentext 15
Fußzeile 11ff., 115f., 122

G
Gedankenstrich 9, 23
gehe zu 50ff.
Geschäftsangaben 112f., 115f.
Geschäftsbrief 92, 110ff., 122f., 126f., 147
– Absenderangaben 115f.
– Anlagenvermerk 113f.
– Anrede 110ff.
– Anschriftfeld 110
– Bestandteile 110ff.
– Betreff 110
– Bezugszeichenzeile 110f.
– Briefabschluss 110, 113ff.
– Briefaufbau 110
– Geschäftsangaben 115f.
– Grußformel 110, 113ff.
– mit Fortsetzungsblatt 122f., 126f.
– mit Informationsblock 106f., 110f., 116ff., 125f., 148
– mit Teilbetreff 121ff.
– Rücksendeangaben 110
– Seitennummerierung 122
– Texteingabe 110
– Verteilvermerk 114
geschütztes Leerzeichen 37
gesellschaftsrechtliche Angaben 115
Gliederung 41f.
Gliederungsliste 41
Grafikeffekt 22
grafische Objekte 58ff., 163ff., 169, 172ff.
Großbuchstaben 20
Grußformel 101, 110, 113

H
Haltepunkt 148
hängender Einzug 29
Hausmitteilung 91
Hausnummern 95f.
Hervorhebung 20, 26, 47
Hintergrundschattierung 43
Hinweiszeichen 15
Hochformat 9
hochgestellt 20ff.

I
i. A. 113f.
Illustration 58
im Auftrag 113f.
Informationsblock 102f., 110ff.
– mit Tabellenfunktion 118
Inhaltssteuerelement für wiederholte Abschnitte 79, 83
Inhaltsverzeichnis 41
Initial 47f.
Internationale Bankkontonummer (IBAN) 93
in Vollmacht 113f.
i. V. 113f.

K
Kalenderdaten 92
Kapitälchen 20
Kaufvertrag 136, 138
Kombinationsfeld 86, 90
Kombinationsfeld-Inhaltssteuerelement 79, 82
Kontrollkästchen 88
Kontrollkästchen-Formularfeld 88
Kontrollkästchensteuerelement 79, 81
Kopfzeile 11ff., 17, 101, 115, 123
kopieren 49
kursiv 18
Kurzmitteilung 89
Kurzstrich 9, 92

L
Langstrich 9, 23
Lebenslauf 107
Leitwörter 102, 116ff.
Leporello 171f.
Lesezeichen 148
Leuchteffekt 22
Lineal 28, 68f.
Linie
– vertikal 31ff.
Linienart 43, 72
Linienstärke 72
Link 25f.
Livevorschau 24
Lochmarke 123f.

M
manuelle Silbentrennung 8
markieren 48
– als Hintergrund 19

N
Nummerierung 37ff.
– entfernen 39
– im Text 40
Nur-Text-Inhaltssteuerelement 79, 81

O
Online-Bewerbung 108
Onlineformular 88
Online-Formular 108
Ordnungszahlen 37

P
Papierformat 10
Papierzufuhr 10
per procura 113f.
Personalfragebogen 151
Personenanschriften 96f.
Postfachnummern 93
Postleitzahlen 93
ppa. 113
Privatbrief 92, 101ff.
Produktvorführung 175
Proportionalschriften 30

Q
Querformat 9, 17, 172
Quickinfo 18

R
Rahmen 42 ff., 72
Rahmenbreite 43
Rahmenfarbe 43
Rahmenlinie
– entfernen 42
– schattiert 42
Ränder 7
Rechnen in Word 74
Rechnung 138 f.
– Aufbau und Inhalt 139
– DIN 5008 139
– Schnellbausteine 139
– Vordruck nach DIN 4991 139
Referenzen 16
Rich-Text-Inhaltssteuerelement 79 f.
Rücksendeangabe 95

S
Satzspiegel 7
Schatten 22
Schattierung 42 ff., 72
Schnellbaustein 140 ff.
– ändern 141
– einfügen 140
– erstellen 140
– löschen 141
– Organizer 140 f.
– speichern 140
Schnellformatvorlage 59
Schnelltabelle 63
Schreibregeln nach DIN 5008
– Firmen und Behördenanschriften 97 f.
– Hausnummern 95
– Internationale Bankkontonummer
– (IBAN) 93
– Kalenderdaten 92
– Postfachnummern 93
– Postleitzahlen 93
– Straßennamen 93 ff.
– Telefaxnummern 92
– Telefonnummern 92
– Uhrzeiten 92
– Zahlen 92
Schrift
– Effekt 24, 60
– Farbe 19, 24
– Grad 19 f., 101
– nicht proportional 19
– proportional 19
– Schnitt 18
– Zeichen 21
Schriftart 18 ff., 24 f., 101
Schriftgröße 19, 101, 116
Screenshot 173
Seitenausrichtung 9
Seitenformat 10
Seitenformatierung 7 ff.
Seitenlayout 45
Seitenlayout-Ansicht 13
Seitennummerierung 122
Seitenrand 7 f., 45, 101, 110, 115, 172
– benutzerdefiniert 7, 172
– Bundsteg 7
– gespiegelt 7
Seitenumbruch 13 f., 36 f., 122
– automatisch 36
– löschen 13
– manuell 37
– verhindern 36
Seitenwechsel
– manuell 13
Seitenzahl 11 f., 122
Sendungen 158
Serienbrief 151 ff.
– Datenquelle 151 ff.
– erstellen 153 f.
– Hauptdokument 151 ff.
– Steuerdatei 151
Seriendruck 151 ff.
– Datenquelle 154 ff., 158
– Datensatz 157, 160 f.
– Empfänger filtern 161
– Empfänger sortieren 161
– Regeln einfügen 159
– Symbolleiste 158
Seriendruck-Assistent 154, 156 ff.
Seriendruckempfänger 155
Seriendruckfeld 151, 155 f.
Signatur 125
Silbentrennung 8 f., 17, 29
– automatisch 8
– manuell 8
skalieren 21 f.
SmartArt 167 f.
– Text eingeben 167
Sondereinzug 29
Sonderzeichen 23 f., 50, 52
sortieren 73, 161
Sortierschlüssel 73, 161
Sortierung
– absteigend 73
– alphabetisch 67, 73
– aufsteigend 73
– chronologisch 73
– numerisch 67, 73
Spalte 14
– Abschnittswechsel 15
– Anzahl 15
– Breite und Abstand 15
– gleich breit 15
– ungleich breit 15
– Zwischenlinie 15
Spaltenbreite 68
– fest 63
– optimal 63
Spaltenform 30
Spaltenumbruch 13 f.
Spiegelung 22
Sprungmarke 30
Standardtabstopp 30
Steuerelement 79 ff.
Stockwerkangabe 97
Straßennamen 93 ff.
Streckenstrich 9
suchen
– Formate 52
– Sonderzeichen 52
Suchen 50 ff.
Symbol 23 f., 37 f., 47

T
Tabelle 63 ff.
– arbeiten in einer Tabelle 65 ff.
– bewegen in einer Tabelle 65
– einfügen 118
– erstellen 63
– formatieren 66
– Größe 63
– Inhalt sortieren 67, 73 f.
– Linienart 72
– Linienstärke 72
– markieren 65
– mit Formatvorlage 63
– Rahmen 72
– Schattierung 72
– Spalte kopieren 70
– Spalte nachträglich einfügen 70
– Spalte nachträglich löschen 70
– Spaltenbreite ändern 68
– Spalten sortieren 67
– Spalte verschieben 70
– Steuerung innerhalb einer Tabelle 65
– Textausrichtung 67
– Texteingabe 65
– Text in Tabelle umwandeln 75
– Text nachträglich in eine Tabelle umwandeln 75
– Text positionieren 65
– Textrichtung ändern 71
– umrahmen 43
– verknüpfen 76
– zeichnen 64
– Zeile kopieren 70

- Zeile nachträglich einfügen 70
- Zeile nachträglich löschen 70
- Zeilenhöhe ändern 69
- Zeile verschieben 70
- Zelle einfügen 66
- Zellenbegrenzung 72
- Zellen löschen 66
- Zellen teilen 66, 71
- Zellen verbinden 66, 71
- zentrieren 73

Tabellenform 30
Tabellenformatvorlage 66
Tabellenfunktion 62
Tabstopp 30ff., 76, 102, 115, 118
- dezimal 31ff.
- Füllzeichen 34
- links 31ff.
- löschen 32
- manuell 31
- rechts 31ff.
- verändern 32
- verschieben 32
- zentriert 31ff.

Tabstoppposition 31, 102, 115f.
Tabulator 30ff.
Tabulatortaste 30
Tabulatorzeichen 30
Teilbetreff 121f.
Teilumrahmung 43f.
Telefonnummern 92
Text
- ausgeblendeten ausdrucken 20
- ausrichten 27

Textbaustein 140
Texteffekt 22, 171
Texteingabe 101, 110
Textfeld 47, 61, 86, 166
- anordnen 164
- erstellen 61
- Form ändern 164
- formatieren 164
- Größe 164
- Zeilenumbruch 164

Textformularfeld 86
Textformulierungen 126ff.
Textfüllung 171
Texthervorhebungsfarbe 19
Textposition 37
Textrichtung 71, 164, 166
Textteil
- ausschneiden 48f.
- einfügen 48f.
- kopieren 48f.
- verschieben 48f.

Textumbruch 13f.
tiefgestellt 20ff.
Trennlinie 16

U

Uhrzeiten 92
umrahmen
- Absatz 43
- Tabelle 43
- Wörter 43

Unterschneidung 21
unterstreichen 18
- doppelt 18
- einfach 18
- punktiert 18

Unterstreichung 18f.
Unterstreichungsart 18f.
Urlaubsantrag 87

V

Vergleichsoperator 159
Vergleichswert 159
Verknüpfung 76f.
Verteilvermerk 114
Verzeichnisse 153
Vorlagen 147ff.
Vorschaufenster 43, 45
Vorversionstools 86, 88, 90

W

Wasserzeichen 168f.
- Bild als Wasserzeichen 169
- löschen 169

Werbebrief 121, 124
Werbeflyer 62, 176
Wohnungsangabe 97
WordArt 60ff.
- anordnen 61
- Formeffekt 61
- Formenarten 61
- Formkontur 61
- Fülleffekt 61
- Größe 61
- Zeilenumbruch 61

WordArt-Formate 164
Worttrennung 8f.

Z

Zahlen 38, 92
Zahlenformat 38
Zahlenformatvorlage 38
Zahlengliederung nach DIN 5008 92
Zeichen 37
- nicht druckbar 30

Zeichenabstand 21f.
- erweitert 21f.
- schmal 21f.

Zeichenformatierung 12f., 18ff., 23, 166, 169, 172, 176
Zeichenposition 21, 37
Zeichnen Freihand 175
Zeichnen mit Freihandstift 175
Zeilenabstand 35
- 1,5 Zeilen 35
- doppelt 35
- einfach 35
- genau 35
- mehrfach 35
- mindestens 35

Zeilenhöhe 69
Zeilenlineal 30, 37
- horizontales 31

Zeilenumbruch 36f., 59ff., 164f., 168
- automatisch 36

Zusatz- und Vermerkzone 95
Zwischenablage 49
Zwischenlinie 15

Shortcutverzeichnis

Strg + –	bedingte Silbentrennung	8
Strg + Return	Seitenumbruch einfügen	13, 37
Strg + Shift + Return	Abschnittswechsel manuell einfügen	15, 172
Strg + Alt + F	Fußnote einfügen	16
Strg + Alt + D	Endnote einfügen	16
Strg + Shift + F	Hervorhebung fett	18
Strg + Shift + K	Hervorhebung kursiv	18
Strg + Shift + U	Hervorhebung unterstrichen	18
Strg + Leertaste	Löschen aller Schriftart-Formatierungen	18, 20
Strg + ⇧ + Q	Text in Kapitälchen	20
Strg + ⇧ + G	Text in Großbuchstaben	20
Strg + K	Link einfügen	25
Strg + L	linksbündig	27
Strg + E	zentriert	27
Strg + R	rechtsbündig	27
Strg + B	Blocksatz	27
Strg + M	Einzug vergrößern	28
Strg + Shift + M	Einzug verkleinern	28
Strg + 1	einfacher Zeilenabstand	35
Strg + 5	1,5facher Zeilenabstand	35
Strg + 2	doppelter Zeilenabstand	35
Strg + Shift + Leertaste	geschütztes Leerzeichen	37
Strg + X	ausschneiden	49
Strg + C	kopieren	49
Strg + V	einfügen	49, 174
Strg + F	suchen	50
Strg + H	ersetzen von Text	51
Alt + F3	Schnellbaustein definieren	140
Strg + F9	Haltepunkt setzen	148
Alt + F9	Feldfunktion sichtbar machen	148
Shift + F11	zurück zum vorherigen Haltepunkt	148
F11	Feldfunktion anspringen	148

Schnellfinder

Befehlsübersicht für Teil 1 der gestreckten Abschlussprüfung[1] (Auszug zur Textverarbeitung) – Zuordnung zum „Erfolgreichen Büromanagement mit WORD 2021/WORD Microsoft 365"

Kaufmann/Kauffrau für Büromanagement (Teil 1 der gestreckten Abschlussprüfung) Prüfungsbereich „Informationstechnisches Büromanagement		
Befehle und Funktionen für die Textverarbeitung		**Seite**
Programmübergreifendes Basiswissen		
	Erläuterung	
Zeichenformatierung	Schriftart, Schriftgröße, Farbe, Fettschrift, Unterstreichung	18 ff.
Absatzformatierung	Textausrichtung, Zeilenabstand, Schattierung bzw. Füllfarbe, Rahmen	27 f., 35 f., 42 ff.
Seitenlayout	Seitenrand, Ausrichtung, Kopf- und Fußzeile, Anpassen an eine Seite, Feldfunktionen/Formel anzeigen	7 ff., 12, 13
Tabelle	Spaltenbreite, Zeilenhöhe, Tabellenstruktur (Zellen, Zeilen, Spalten einfügen, löschen und verbinden) Tabellenteil verschieben, kopieren, Tabellen(blatt) einfügen, kopieren und benennen	63 ff.
Textfeld, Hyperlink, Symbol, Grafik, ClipArt	Textfeld, Grafik und ClipArt einfügen, Größe und Position, Hyperlink und Symbol einfügen	23 f., 25 f., 58 ff., 163 ff.
Programmübergreifende Anwendung	Datei einfügen, Diagramm, Tabelle, Text programmübergreifend nutzen und verknüpfen, Screenshot	62 ff., 76 ff., 170 ff.
	Suchen, Ersetzen und Sortieren	50 ff.
Anwendungen und Befehle für die Textverarbeitung		
Die in der DIN 5008 aufgeführten Schreib- und Gestaltungsregeln sind nach Möglichkeit mit den Automatisierungsfunktionen umzusetzen!		
Text formatieren		
Weiterführende Absatzformatierung	Aufzählung	37 ff.
	Gliederung	41 f.
	Nummerierung	37 ff.
	Sondereinzug	29
	Tabulator (Tabstopp nutzen)	30 ff.
Dokument gestalten		
Weiterführendes Seitenlayout	Silbentrennung	8 f.
	Spalte	14 f.
	Umbruch	13 f.
	Wasserzeichen	168 f.
Weiterführende Illustration	Bild, Grafik formatieren	58 ff.
	Größe und Position	59 f.
Besondere Schrifteffekte	z. B. WordArt, Fontwork	60 ff.

Befehle und Funktionen für die Textverarbeitung		Seite
Texterstellung automatisieren		
Überarbeitungsfunktion	Änderung nachverfolgen, einfügen und überarbeiten	55f.
Kommentar einfügen, überarbeiten		53f.
Fußnote	ändern	15f.
	erstellen	15f.
	löschen	15f.
Formularerstellung	Auswahlfeld für Text und Daten	79ff.
	Dokumentvorlage	147f.
	Formularfeld	79ff.
	Kontrollkästchen	79ff., 88f.
Autotext einfügen	Dateiname	142ff.
	Datum	142ff.
	Seitenanzahl	142ff.
	Uhrzeit	142ff.
Serienbrieffunktion	Bedingungsfeld (Regel) erstellen	159ff.
	Serienbrief einrichten und bearbeiten	151ff.

1 Quelle: http://www.ihk-aka.de/sites/default/files/download/bu_bm_t1_6364.pdf (Befehlsübersicht für Teil 1 der gestreckten Abschlussprüfung, Auszug zur Textverarbeitung, Zugriff: 01.08.2020).

Notizen